# 专利技术转移
## 理论与实务

熊 焰 刘一君 方曦◎主 编

Theory and Practice of
Patent Technology Transfer

知识产权出版社
全国百佳图书出版单位

**图书在版编目（CIP）数据**

专利技术转移理论与实务/熊焰，刘一君，方曦主编. —北京：知识产权出版社，2018.1

ISBN 978 – 7 – 5130 – 5398 – 3

Ⅰ.①专… Ⅱ.①熊…②刘…③方… Ⅲ.①专利技术—技术转让—研究 Ⅳ.①F713.584

中国版本图书馆 CIP 数据核字（2018）第 006687 号

**内容提要**

本书以技术转移为主题，从理论与实践两条主线进行深入浅出的分析阐述，具体内容涉及技术转移的概念辨析、模式与路径、动因机理与影响因素、一般规律和作用以及操作实务等。其中理论部分参考了国内外技术转移理论研究的相关成果，并在其中阐述了编著者的自身见解。本书充分运用了实际案例、数据、图表等，并提供了一些可资借鉴的参考解决方案，是我国企业运用技术及专利资源进行战术性和策略性运营实践的实用指导手册。

本书对于企业专利管理人员及相关领域工作人员，尤其对于从事专利技术转移的工程技术人员有一定的参考应用价值。同时，本书既可作为高等院校管理类、经济类等专业本科生和研究生的教材，也可作为工科学生从事专利技术转移的培训教材。

责任编辑：王祝兰　　　　　　　　　　责任校对：王　岩

封面设计：久品轩　　　　　　　　　　责任出版：刘译文

**专利技术转移理论与实务**

ZHUANLI JISHU ZHUANYI LILUN YU SHIWU

熊　焰　刘一君　方　曦◎主编

| | | | |
|---|---|---|---|
| 出版发行： | 知识产权出版社 有限责任公司 | 网　　址： | http：//www.ipph.cn |
| 社　　址： | 北京市海淀区气象路 50 号院 | 邮　　编： | 100081 |
| 责编电话： | 010 – 82000860 转 8555 | 责编邮箱： | wzl@cnipr.com |
| 发行电话： | 010 – 82000860 转 8101/8102 | 发行传真： | 010 – 82000893/82005070/82000270 |
| 印　　刷： | 北京科信印刷有限公司 | 经　　销： | 各大网上书店、新华书店及相关专业书店 |
| 开　　本： | 720mm×1000mm　1/16 | 印　　张： | 23.75 |
| 版　　次： | 2018 年 1 月第 1 版 | 印　　次： | 2018 年 1 月第 1 次印刷 |
| 字　　数： | 425 千字 | 定　　价： | 85.00 元 |

ISBN 978-7-5130-5398-3

# 主 编 简 介

　　熊　焰　博士，教授，硕士研究生导师。同济大学经济与管理学院管理科学与工程专业博士，复旦大学管理学院管理科学与工程专业博士后。中国管理科学与工程学会理事，中国技术经济学会知识产权分委会理事。曾在《管理科学》《研究与发展管理》《管理评论》等核心期刊发表论文20余篇。主持国家自然科学基金项目1项、省部级项目4项，参与国家级及其他各类项目多项。拥有深厚的研究理论基础和丰富的知识产权、技术转移项目管理工作经验。

　　刘一君　博士，硕士研究生导师，上海市信息学会会员。2004年8月师从于美国东密歇根大学（Eastern Michigan University）商学院汤宏谅（Hung – Lian Tang）教授，2008年8月获管理学（资讯管理信息系统方向）博士学位。拥有理工科、行政与管理及商科教育背景，以及多年的研究所科研工作、国企、外企工作及公务员工作经历。现长期从事管理科学与工程、知识管理、技术转移方面的教学及科研工作。参与或主持了包括国家自然科学基金的子课题、教育部人文社科基金、上海市教委科研创新基金重点课题等一些课题的科研工作，在国内外重要期刊上公开发表学术论文30余篇，参加了国内外学术会议交流20余次，研究基础扎实，研究理论深厚，实践经验丰富。

方　曦　管理学博士，高级职称，知识产权管理硕士研究生导师。上海应用技术大学知识产权管理研究中心副主任，第一期全国专利信息实务人才。目前从事知识产权管理方面的教学与研究工作。已在《中国软科学》《管理工程学报》《情报理论与实践》《System Engineering》等期刊发表学术论文 10 余篇，主持国家知识产权局、教育部等省部级以上课题 4 项，参与国家自然基金项目 2 项，主持企业重大项目知识产权评议项目 5 项，主持和参与上海市知识产权局、徐汇区知识产权局、奉贤区知识产权局、漕河泾开发区等各类知识产权咨询课题 30 余项。

# 编 委 会

主　编：熊　焰　刘一君　方　曦

主要参编人员：梁玲玲　侯宽纪　胡梦澜

# 目　录

## 第二部分　市场篇

## 第三部分　战略篇

## 第四部分 实务篇

# 第一部分　理论篇

哈佛大学经济史学家戴维·S. 兰德斯在其著作《国富国穷》中指出：各国贫富的差异主要在于发明和采用新技术的能力、鼓励教育和学习的情况，以及制度的开放性和灵活性。❶

科学技术是推动人类社会进步、引领人类社会发展的强大力量，技术创新对经济增长的贡献已被创新经济学和世界性的实践所证实。20 世纪初，科技进步因素在西方发达国家国民生产总值中的贡献率只有25%左右，传统要素（土地、资本和劳动力）占到75%。20 世纪 80 年代后，这一比例发生了重要变化。在当今发达国家，科技进步对经济增长的贡献已占到60%以上。20 世纪，人类推出的汽车文化、电子文明、网络文明、生物文明，彻底改变了世界政治经济的格局，使经济增长模式和社会发展出现了翻天覆地的变化。

近些年来，特别是进入 21 世纪以来，随着信息、生物、材料和能源等高技术及其产业的迅猛发展，世界经济格局已经发生了重大变化，全球经济形态正迈向创新型经济时代。实践证明，科技进步、高新技术及其产业已成为经济增长最重要的源泉，技术创新对社会发展和进步具有决定性的作用。❷

面对新的机遇和挑战，世界各主要国家都加大了对技术创新的支持力度。它们不仅把基于创新基础上的发展高技术、实现产业化作为调整经济结构、培育新的经济增长点、保持经济稳定增长的重要手段，更作为提高以经济实力、技术实力、国防实力和民族凝聚力为主要组成的综合国力的重大战略。然而，发明技术不是一件容易的事情，使用新技术也并不简单；或者说，发明了技术并不能导致技术的自然应用。正如戴维·S. 兰德斯不仅关注技术发明与使用本身，更关注技术发明与使用得以实现的条件一样，使用技术有其内在规律和机理，技术转移及其价值的实现需要特定的资源、环境和制度条件。

---

❶ 兰德斯. 国富国穷 [M]. 门洪华，等译. 北京：新华出版社，2001.

❷ 杜因. 经济长波与创新 [M]. 刘守英，罗靖，译. 上海：上海译文出版社，1991.

# 第一章　技术与技术转移

知识经济时代，技术已经深入到人类社会生活的各个方面，在经济发展和社会进步中发挥着越来越重要的作用。技术转移是技术在不同国家或组织之间的传递扩散过程，是实现技术有效利用的重要手段。

## 1.1　技术的理论概念解析

### 1.1.1　对技术概念的认识框架

技术的概念有宏观科技发展的规律认识层面，区域或国家经济发展的政策层面，政府、企业发展战略层面，以及企业工程与商务经营操作若干层面的含义。同时，它也是一种难以简单化加以界定的社会文化现象。技术可以是工艺、设备、方法，甚至可以是创意和理念等。因此，给技术下一个通用的定义是很困难的。历史上许多著名的学者都对技术的定义有着自己的理解。

在西方国家，据《大不列颠百科全书》的解释，技术（Technology）一词源于古希腊，是由希腊文 techne（工艺、技能）与 logos（系统的论述、学问）演化而来的。❶

亚里士多德（公元前384—公元前322年）将技术定义为"制作的智慧"。❷

18世纪末，法国科学家狄德罗（1713—1784年）在他主编的《百科全书》中提出了著名的论述："技术是为某一目的共同协作组成的各种工具和规则体系。"这个定义一直到现在还具有深远的影响。它首先指明了技术具有一定的目的性，其次说明了技术的实现应该通过社会"协作组织"来完成，同时还指明了技术的两种表现形式：一种是"工具"，属于硬件设备；另一种是

---

❶ 大不列颠百科全书［M］. 北京：中国大百科全书出版社，2004.
❷ 亚里士多德. 尼各马科伦理学：修订本［M］. 苗力田，译. 北京：中国社会科学出版社，1999.

"规则"，即生产使用的工艺、方法和管理等，属于软件体系。❶

在现代，一些权威的机构和人士也给出许多技术的定义。

美国国家科学基金会（NSF）在 1993 年的技术创新评价中引用斯科恩（Schon）的定义，认为技术是"一种工具或物质设备，人们借助于它们扩展自己的能力"。在 NSF 看来，技术是人类从事劳动的物质，包括有形的装备和无形的知识。

世界知识产权组织（WIPO）从技术所包含的内容或内涵角度给出的"技术"定义是："技术是指制造一种产品或提供一项服务的系统知识。这种知识可能是一项产品或工艺的发明、一项外形设计、一种实用新型、一种动植物新品种，也可能是一种设计、布局、维修和管理的专门技能。"（WIPO，1967）而联合国工业发展组织（UNIDO）认为："技术是制造一种或多种产品以及以此为目的而建立一个企业、工厂时需要的知识、经验和技能的总和。"❷

在我国的史籍中，"技术"一般被解释为"专门的技艺、技巧"。

桑赓陶、郑绍濂在《科技经济学》中有如下论述：技术是人类在生产实践中应用的知识，是关于如何把生产要素投入转化为产出的知识（其中包括已经应用过、正在应用的和可以应用但尚未应用的知识）。它由三部分组成：①一部分科学知识。只有当它们与把这种知识应用于生产实践的知识结合后才成为技术的有机组成。②生产者的经验。技术可以分为专门技术和一般技术。专门技术指的是解决某个问题的一组专门办法，人们只有应用这种办法才能有效地达到具体的目标，这种办法常常与一种具体的产品、工艺或材料直接相关；一般技术则是对具有某种相似特性的专门技术的概括，在形式上表现为对某一类专门技术的创造有普遍指导意义的一系列原则、原理和规范。③把科学知识用于生产实践的知识。在生产实践中，技术一般以工艺操作方法、技能、生产工具、物质设备、工艺过程、作业程序与方法等形式出现。但是方法、技能、工具、设备、过程、程序等都是技术的某种表现形式，它们所包括的知识才是技术的实质。❸

1995 年 8 月由中国经济出版社出版的《现代管理技术经济大辞典》对"技术"一词进行了明确的解释：技术是人类在利用自然、改造自然和解决社

---

❶ 狄德罗. 狄德罗的《百科全书》[M]. 梁从诫，译. 沈阳：辽宁人民出版社，1992.

❷ 中美技术创新论坛会议纪要 [EB/OL]. http://www.law.gmu.edu/nctl/stpp/us_china_pubs/technical_innovation_summary_chinese.pdf.

❸ 桑赓陶，郑绍濂. 科技经济学 [M]. 上海：复旦大学出版社，1995.

会问题中所运用的知识、经验、手段和方法以及生产工具、生产工艺过程的总称。技术分为两个部分：一部分是从生产实践中逐渐积累起来的各种经验和技能，即通常所说的经验形态的技术；另一部分是人的专门技能与自然物质相结合的产物，即经验形态技术的变化。❶

我国出版的《辞海》对"技术"一词给出的定义是："技术是泛指根据生产实践经验和自然科学原理而发展成的具有实用功效的各种工艺操作方法的技能。"

《现代汉语词典》（第6版）❷ 中对"技术"的解释与上述定义差别不大，即：人类在认识自然和利用自然的过程中积累起来并在生产劳动中体现出来的经验和知识，也泛指其他操作方面的技巧。

由以上对技术的各种定义中可以总结出，技术的概念包含三个最重要的组成要素：目的性、知识性、操作性。

第一，技术概念的目的性突出了技术是一种解决方案的含义。技术区别于科学的重要之点在于这一概念强调依照并组合对于自然规律的认识，是最终解决客观生产活动中的实际问题的一种可行方案，而绝不局限于仅对客观现象作出的某种解释。从这个意义上看，技术概念所包含的创造性和创新特征是内在的、不言而喻的。任何一种技术的发生、发展都是针对人类社会发明发展过程中特定生产活动问题的一种创造和创新性的解决方案。

第二，技术概念的知识性强调了技术是一种对于客观世界的认识的积累。显然，当人类生产活动中一种新的解决方案被提出并付诸实施的时候，也是新的认识产生和积累的过程。这些认识的积累相对那类单纯解释客观世界自然规律的知识而言有其特殊性，即解决方案的知识具有更多的人类加工组合以往的认识并加以创造的痕迹，也就是说，具有所谓第二自然的特点；而人类社会创造这个第二自然的过程，除了人类作为个体生存的需要之外，便是人类作为组织整体，如企业单元直至国家整体进行生存竞争的奋斗过程。

事实上，从发展经济学的观点看，熊彼特主义的竞争学说其实已强调了技术创新过程对于原有经济发展途径的所谓"创造性"破坏，而不是传统观点上的所谓均衡状态的暂时偏离。世纪之交基于企业知识经济的种种研究，从各类企业，包括制造业企业的创新活动入手分析知识激励和知识积累过程对于企

❶ 董福忠. 现代管理技术经济大辞典［M］. 北京：中国经济出版社，1995.
❷ 中国社会科学院语言研究所词典编辑室. 现代汉语词典［M］. 6 版. 北京：商务印书馆，2012.

业发展的决定性作用，充分肯定了早先熊彼特主义的发展观点。也就是说，知识的有效管理成为当今企业竞争和生存并获得可持续发展的唯一可以依赖的资源。德鲁克（Drucker）曾将创新活动的深刻变化与知识的重要性联系起来，并对创新活动的新特征重新进行了定义："创新，即是应用已有知识来产生新知识的活动，它需要系统化的力量和高能量的组织。"这些分析都表明技术活动的知识内涵与科学活动的知识内涵有相当大的区别。

但另一方面，技术的知识性与科学活动的知识性也有共同点，那就是两者都以对自然规律的认识为基础。

第三，技术概念的操作性则表现为技术是一种更多赋予人类自身经验和技能形态的知识，因此，技术的载体不仅见于文图形式，而且可能物化于设备或生产设施中，还可能蕴藏于特别的人力资源，技术转移的过程则因此而不能离开实际操作的现场环节。这也意味着，技术的概念隐喻了更多的组织因素和管理因素。

如果从人与自然的关系，以及这种关系对人类物质资料生产的影响角度，从技术与经济的结合中去理解技术，则可以从以下三个方面去理解：

① 技术是人类从事某种实践活动的技能和方法。

② 技术是实现某种目的的物质手段或物质手段体系的总和，技术不只表现和停留在技能和知识形态上，它是可以物化的，也必然要物化，并物化在劳动手段上。

③ 技术是一种知识。在中世纪，技艺从生产中分离出来，经过人们不断用科学方法逐步加以总结、整理和提高，使之条理化、系统化、上升为理论，逐步形成了技术知识和技术科学，使其成为人类知识宝库中的重要内容。

在技术转移研究中所涉及的技术，通常仅指与自然科学相联系的那一类技术，包括具体的人造物质产品、工程方法、各种工艺操作方法和技能，以及各种生产工具和物质设备。

## 1.1.2　哲学与政策层面的技术含义

对技术究竟怎样认识，应当说，这一讨论其实首先属于所谓科学技术哲学或者技术论的范畴，即技术的概念讨论首先应基于哲学层面的概念含义。这主要突出技术发展对社会进化所施加的影响。对于技术概念的分析，也就应当从理解技术发展与社会发展之间的关系来认识，在现实社会中也反映为国家或产业层面的政策。

马克思曾经十分重视技术对于社会经济发展的作用，并把技术成果及其扩散看成一个社会过程。他指出："资产阶级在它的不到一百年的阶级统治中所创造的生产力，比过去一切时代创造的全部生产力还要多，还要大。自然力的征服，机器的采用，化学在工业和农业的应用，轮船的行驶，铁路的通行，电报的使用，整个大陆的开垦，河流的通航，仿佛法术般从地下呼唤出来的大量人口——过去哪一个世纪能够料想到在社会劳动里蕴藏有这样的生产力呢？"❶

但另一方面，马克思又对技术在资本主义社会中的作用采取了批判的态度，而且在马克思的资本运动学说中，技术装备实际上是资本运动的真实体现。例如，他认为"机器是生产剩余价值的手段"，"使工人家庭全体成员不分男女老少都受资本的直接统治"。他同时赞同李嘉图的观点，认为机器使用会造成"过剩的劳动人口"。马克思对技术创新的这种既肯定又否定的态度，使后来的各种马克思主义理论研究在技术进步与经济发展、技术创新与扩散的作用等领域的研究上面受到一定的局限。

德韶尔（F. Dessauer）在其所著《技术哲学》中曾经高度概括技术发展和转移的规律性，认为技术运动法则是德国哲学家康德所定义的著名的三个人类行为王国（自然科学王国、道德法则王国、判断力王国）之外的第四个王国，即知识和行为。

社会学以及技术创新经济学领域的学者倾向于通过技术发展规律的认识本身来看技术的概念。如雅克·埃吕尔（Jacques Ellul, 1954）在其专著《技术社会》中，将技术的发展划分为 18 世纪以前的技术（传统技术）和 19 世纪以后的技术（现代技术）。其划分的根据是，不同的技术发展范式中，技术在社会中的位置发生了根本性的变化。有意义的表现是，在第一阶段，技术的发展局限在相对狭隘的、各自独立的领域中，在自然人和类似作坊的个体水平上反映技术，也没有技术平台的问题，因此是社会约束技术的状态；进一步从技术转移和技术发展的意义上看，这一阶段也是技术的适用空间高度受限的阶段，因此技术的转移和技术信息的传播与扩散相对缓慢，甚至有人认为技术文明在不同的地理区域上是相对绝缘和孤立的。而在第二个阶段则不同，技术的发展具有平台性和渗透性，技术主要不是通过个体反映，而是通过企业或工业化组织反映，因而技术的发展影响甚至限制社会的发展；在技术转移的意义上，技术的扩散和转移相对开放，跨国界的技术流动幅度和广度都在急速发

---

❶ 马克思，恩格斯. 共产党宣言［M］. 中共中央编译局，译. 北京：中央编译出版社，2005.

展，因此技术的发展速度被描述为几何级数的增长，而非第一阶段的所谓算术级数的增长。

日本有一批学者曾经对工业技术的发生发展以及技术转移作了十分深刻的研究，将技术的运动发展规律上升到了哲学层面。例如，日本学者菰田文男（1987）从技术发展过程归纳了技术是劳动手段体系的观点，认为第二次世界大战之后，技术发展最为重大的作用表现在对于劳动手段的更新和变革，或者用今天的语言来说，是对于生产资料或生产力运营方式的改变。

概括来说，技术不但通过其最终产品改变了社会发展的文明化程度，即社会生活方式，而且通过其运行过程改变了社会组织生产的方式，进而改变了社会发展的结构；这样一种深刻的影响作用赋予技术及其变革一种外在的、左右社会发展的特殊力量，因此，对技术发展与人类文明社会发展相互协调的过程与相关发展规律的探讨和分析，就产生出所谓技术的外生理论体系。

芒福德（Mumford，1934）在其专著《技术与文明》中，根据技术与社会的相互作用将技术的发展划分为三个阶段：其一为 10 世纪之前，是技术与人类相互协调的时代；其二为 10 世纪到 19 世纪，是机械技术影响人类社会并使得社会发展充分机械化的时代，因而是技术与人类协调关系表现混乱的时代；其三为电气工程技术和电子技术所代表的、协调技术与人类社会发展的技术时代，也是人类文明价值最高的时代。

西方国家对现代工业技术创新和转移作了系列探讨。其中，从经济学层面上对工业技术发展现象作出解释的主要是以弗里曼为代表的技术创新经济学家。在这些经济发展的相关学说中，工业技术的发展作用于两个基点：一个是企业单位，另一个是国家，因此既有技术创新与企业规模、技术创新与产业特性、技术创新与企业战略、技术创新与市场的探讨，也有国家创新体系、技术创新与贸易、技术创新与技术转移的讨论。显然，工业技术的发展与技术转移活动，既是一个宏观经济学的命题，也是一个微观经济学的命题，但这一类理论探索和实证研究中反映出的共同特点，是工业技术发展的规律具有内在的逻辑和不确定性，并不能仅仅由现代经济以人为中心的发展逻辑来完全解释，因此总需要一定的哲学层面的分析。这一点尤其通过技术发展法则与社会同经济人的政策的互动和冲突特性反映出来。

我国社会主义建设的过程中，也曾产生和总结出丰富的针对科学技术发展、技术创新活动，包括技术转移过程的重要理论观念和政策性解释。尽管其中早先并没有对技术转移和技术创新这一概念在政策上的直接阐述，但大量的相关政策概念却都隐含了对于技术创新，特别是工业技术发展路径的潜在阐释。

例如，20 世纪 50 年代，我国政府十分强调工业技术的发展作用，在中国共产党第八次全国代表大会通过的《党章》中第一次提出"有系统、有步骤地进行国民经济的技术改造"。当时我国政府提出的产业政策和经济发展政策都渗透有政治和哲学思想层面的含义，并且起到了积极的作用。当时我国政府提出的"鞍钢宪法"，就充分体现了科学的工业技术发展观，强调实用技术的重要性：有关"两参一改三结合"的提法，即干部参加劳动，工人参加管理，改革不合理的规章制度；工人群众、管理者和技术员在生产实践和技术革新中相结合，都是强调适应生产的技术与适应产品设计的技术相互结合的道理，实践中起到了加速工业技术更新和发展的实际效果。但我国工业技术的发展也有曲折，曾经出现过分强调生产技术或者过分强调基础性科学的极端情况。

目前公认的结论是，技术发展的逻辑体系和技术发展的种种设施建设都不能与经济的发展相脱离，技术的发展是经济发展的必要组成部分，而且某些时候可能是起主导作用的部分。

我国进入改革开放发展经济的新时期，邓小平理论的核心论断之一就是提出并且确认科学技术是第一生产力的思想，强调科学技术的重要意义，特别是作为生产力体现的重要意义。这一政策层面上的思想对我国发展科学技术事业和工业技术转移与创新起到了重要的推动作用。

## 1.1.3　国家间技术转移分析模型中的技术概念

（1）舒马赫中间技术概念

中间技术模型由英国经济学家舒马赫在 1973 年提出。舒马赫认为，以"资本密集"或"劳动密集"来划分技术属性，没有反映经济发展与技术关系的实质。因此，事实上产业属性的选择取决于与技术内涵完全不同的基准，诸如原材料基础、市场、经营模式的差别等准则，因此舒马赫认为也不妨用其他准则来衡量技术转移的效率。

中间技术的概念源于发达国家，其实早先也是反映发达国家向发展中国家转让技术的基本考虑，即限制先进技术的转移。但中间技术以及相关的适用技术的概念也具有一定的合理性，即与本土技术相比，中间技术的应用效率往往较高，而与先进技术相比又便宜得多，于是，有可能在短时间内实现这类技术的转移。同时，中间技术也能适应相对简单和传统的工业加工环境，但中间技术的转移带来的最大问题是发展中国家无法以这类技术为基础加速技术的更新，甚至往往被锁定于发达国家的技术路线上，无法快速赶超世界市场上的先进技术。

（2）迪万适用技术概念

适用技术也是解决发展中国家以及所谓欠发达国家工业技术提升过程中的政策性概念。

"适用技术模型"由美国经济学家迪万提出。迪万认为，技术的价值在于应用，应当突出在"用"的方面。所谓技术的"适用"可以从三个方面来考察。

第一为材料：技术的应用可以更新能源或可以循环使用材料，对环境的破坏影响小，或充分利用本地资源；

第二为生产方式：生产活动在接近资源基地和消费地点进行，采用劳动力密集、生产规模较小的生产过程；

第三为适应性：指适应本地环境和文化情况。

迪万的"适用技术模型"是将本地资源属性以及经济发展属性和社会发展属性结合在技术发展之中，不是单纯地谈论技术本身，也不仅仅考虑技术与经济的关系，没有简单计算技术的回报率和技术对经济的促进率，而是把技术主体对技术的驾驭能力作为重要指标来考察。技术的"好"与"不好"，是以其能否在本地应用为标准。这种界定扬弃了以技术的先进程度作为技术采用标准的做法。总体上，所谓适用技术的概念和相关模型也与中间技术的概念相类似，其中包含一定的合理性，但本质上是主张维持国家、区域之间的技术资源势垒状态，主张国家、区域以其各自拥有的技术资源水平去选择和维持自己的技术发展路径，表现出一种仅仅实现渐进创新的发展方式。

其后，适用技术具有了更为明确的概念内涵：

1）适用技术首先强调的是技术的使用效率，特别需要和过时的技术严格区分开来。

2）适用技术的内涵根据不同的使用目的可能会具备多种变化。

3）适用技术的内涵通常由五个因素决定：

① 决策机构采用所谓适用技术的目标；

② 应用这一技术过程中的资源可获得性；

③ 应用这一技术过程欲采取的学习行为和行动；

④ 应用这一技术的主要行为者的状态；

⑤ 应用这一技术的最终结果。

显然，适用技术的概念内涵成为一种技术转移过程中的运行机构，特别是引进方对于技术的先进性和近期效率性的一种妥协，并且突出了近期采用这一技术的条件和效果，因此是一种协调近期目标和长远目标，但突出近期目标的策略概念。❶

世界银行对适用技术下的定义是：适用技术会提供最高的投资净现值，强调附加价值，强调就业。适用技术不可能依靠跨国公司的投资进行转移，而更多地是由政府间或者国际组织的安排来解决。值得指出的是，国家间技术转移过程中的技术概念具有多重性，从不同国家的角度理解的技术并不一致，例如适用技术的概念主要反映发达国家对发展中国家的政策概念，与发展中国家引进技术，以期加快自身工业技术体系的建设这一过程的概念并不一致。

## 1.1.4 技术的特点

技术是指人们在实践活动中，制造某种产品、应用某种工艺或提供某项服务的系统知识。技术具有很多的内在特性。总体而言，技术呈现出以下几个特点。

（1）商品性

在市场经济条件下，技术具有商品属性。技术的使用价值是它对社会生产、生活、决策、服务等的使用性，它的使用可以制造某种物质产品或提供某种劳务，技术通过不断进步而使生产率和经济效益提高；技术的价值是凝结在技术商品中的活劳务和物化劳动，技术是复杂劳动的产物，它的价值比一般商品的价值都要高。

（2）科学性与实施性

技术是人类在其社会实践中根据生产的实践经验和科学的原理而发明创造或总结出来的、可以实施、能够产生经济效益的知识，技术进步可引起经济的增长和发展。

（3）创新性和先进性

一般物质产品的生产是以重复劳动为主的生产，而技术的生产却是以创新性劳动为主的生产，要求研究人员在尊重科学、尊重客观规律的基础上充分发挥自己的创造性思维。

---

❶ 陈向东. 国际技术转移的理论与实践［M］. 北京：北京航空航天大学出版社，2008.

（4）复杂性、相互关联性与内隐性

技术的复杂性体现在两个方面：一是技术的系统性，即相互关联性，任何一项技术都不是孤立的，必然会在不同程度上与其他支持下和关联性技术形成某种联系；二是技术的内隐性，一项技术必然存在或多或少高度专业化和个性化、不易用文字描述的一类知识。

（5）可传授和可转移性

技术是知识，是可以传授和可转移的。人们可以通过教与学而掌握技术，可以通过适当的方式使技术在不同的主题之间进行转移，从而使技术得以在更大的范围内推广应用。

### 1.1.5 技术的分类

当今社会，技术已越来越多地与人类的经济活动相关，进入经济活动或在经济活动中产生的技术可以成为生产和消费的手段和对象，从而使技术具有了资源的含义。技术既可以存在于文献的形态之中，也可以被汇集和物化在机械设备、仪器或产品之中，还可以是与个人经历、经验有关的难以具体化的技术诀窍。根据不同理论研究和实际应用的需要，可以对技术进行不同的分类。

（1）以技术的应用领域划分

国际上第一个对技术进行分类研究的是德国的经济学家贝克曼，他于1806 年著有《技术学大纲》，成为研究技术分类和结构体系的先驱。在此基础上，技术分类体系不断发展，出现了按技术应用领域划分的三个层次的技术体系结构。

1）按物质的基本运动形式划分

可将技术分为机械技术、物理技术、化学技术和生物技术等，这类技术属于基础层次，是基础学科领域的技术。

2）按产业行业领域划分

可将技术分为农林牧渔业技术、采矿业技术、制造业技术、建筑业技术、电力燃气水的生产和供应技术、交通运输存储和邮政业技术等。

3）按生产劳动过程划分

可将技术分为采掘技术、原材料生产技术、机械加工技术、建筑技术、运输技术、信息及处理技术、农牧业耕作和养殖技术等。

（2）以技术的社会功能划分

20 世纪 30～50 年代，美国科学家默顿和英国科学家贝尔纳创建了"科学的社会功能"理论，启发人们按技术的社会功能进行技术分类，出现了"共性技术""战略技术""关键技术"以及"公益性技术"等概念。1992 年格雷戈瑞·泰奇（G. Tassey）提出了一个用于科技政策研究的"技术开发模型"，提出了基础技术、共性技术和专有技术等概念。

1) 基础技术

基础技术（Infrastructure Technology），这里所说的"基础"不是指基础科学形成的技术，而是指各种各样技巧工具（Technical Tools）的集合。包括两个方面：一是硬件系统——技术基础设施，如美国政府实施的"信息高速公路"计划被称为国家信息基础结构；二是软件系统——技术标准体系，包括技术产品质量标准、环保质量标准、技术测试标准和方法，可以引导技术发展的方向。不同的产业或企业的技术发展都基于这一技术平台。

2) 共性技术

共性技术（Generic Technology），是指与其他技术组合可导致在诸多产业领域广泛应用，能对一个产业或多个产业的技术进步产生深度影响的技术。这一类技术是建立在科学基础与基础技术平台之上的，具有产业属性的类技术；是技术产品商业化前的技术基础，是不同企业专有技术的共同技术平台。如发动机技术可应用于汽车、摩托车、发电机等多个产业，超大规模集成电路技术可应用于计算机、通信等信息产业。这一类技术的共性体现在该技术与其他技术组合可导致多个产业的大量不同应用。

3) 专有技术

专有技术（Proprietary Technology），是被界定为私人物品领域的技术，完全为公司或企业专属，拥有自主知识产权。

（3）以技术的公共福利效应划分

除了共性技术概念之外，目前国内使用较多的概念有"公益性技术"和"商业性技术"。公益性技术、商业性技术是根据技术的受益主体来划分的。目前公益性技术、商业性技术还没有一个统一的明确定义。公益性、商业性概念源自福利经济学的外部性概念。外部性是指一个人的行为对旁观者福利的影响。如果福利影响是不利的，就称"负外部性"；如果福利影响是有利的，就称"正外部性"。

1) 商业性技术

商业性技术成果，是指属于私人物品领域的技术，同时具备排他性和竞争性的技术，也称竞争性技术成果，或私人专利技术成果。只有专利或技术秘密的保有者才能享有该技术的收益。

2）公益性技术

公益性技术成果，是指属于自然垄断、共有资源和公共物品领域的技术成果。其不具备排他性或竞争性，服务于全部公众或者大部分公众利益。如自然垄断行业的部分技术成果，以及能源和资源节约、公共健康与安全、生态建设、环境保护与循环经济、国防等领域的技术成果。

（4）以技术的管理难度划分

根据企业对技术的管理难度可以把技术分为显性技术和隐性技术。显性技术是指以专利、发明创造、文件、规章制度、设计图、报告等形式存在的技术形态，而隐性技术则是指工作决策、经验、观点、形象、价值体系等。

1）显性技术

显性技术易于识别和处理，对其管理比较容易。目前有许多技术和方法可用于显性技术的管理。从当前技术管理来看，企业通过建立知识库，即通过内联网（Intranet）和互联网（Internet）来加强显性技术的管理是必要的，因为这可使员工方便、快捷地获取所需要的技术知识，从而提高企业员工对企业外部技术知识和企业内部技术知识的利用率。

2）隐性技术

隐性技术往往存在于企业员工的头脑之中，难以被明确地观察到，技术管理难度也很大。但是隐性技术包含着工作诀窍、经验、观点及价值体系等知识，隐含着更多的创新思想。这些思想不仅能促进企业技术的发展，更是企业提高未来竞争力的源泉。在策略上，隐性技术管理的首要任务是促进隐性技术的显性化，即提高隐性技术知识的可见度。隐性技术的显性化过程要经过四个不同的技术转化模式，如表 1-1 所示。❶

表 1-1　技术转化模式

| 转化过程 | 技术变化 |
| --- | --- |
| 社会化 | 从隐性技术到隐性技术 |
| 外在化 | 从隐性技术到显性技术 |
| 合并 | 从显性技术到显性技术 |
| 内在化 | 从显性技术到隐性技术 |

在这四个技术转化模式中，技术从隐性变为显性又回到隐性，通过技术创

---

❶ 谢富纪. 技术转移与技术交易［M］. 北京：清华大学出版社，2006.

新推动技术水平持续螺旋式上升，从而推动企业不断发展壮大。

如表1-1所示，可以把隐性技术显性化过程看成是一个黑箱，管理者输入条件和输出结果，促使企业员工个人或小组通过自我组织，快速、高效地将自己的隐性技术显性化，为企业的发展服务。输入条件包括为员工提供良好的工作环境和工作条件、提供学习和交流的机会、实施团队管理、制定鼓励技术创新政策等；输出结果包括员工工作业绩考核、知识创新的商品化率、奖励政策的落实、有效技术创新的标准化等。只要抓住了黑箱的两端——输入和输出，就能有效地促进隐性技术显性化过程的发展。

## 1.2 技术转移的理论概念解析

### 1.2.1 "技术转移"的起源

"技术转移"出自英文的"Technology Transfer"，最初是作为解决南北问题的一个重要战略，于1964年在第一届联合国贸易和发展会议上一份呼吁支援发展中国家的报告中首次提出："发展中国家的自立发展，无疑要依赖来自发达国家的知识和技术转移，但机械式的技术转移的做法是不可取的。"❶ 会议上把国家之间的技术输入与技术输出统称为技术转移。

此后，技术转移这个概念逐渐涵盖了更多的内容，如研究机构之间的技术项目转移、国际公司的技术许可、科研机构面对企业以及企业之间的技术转让等。"技术转移"一词，自20世纪70年代联合国有关部门对技术转移活动进行有目的的考察与研究以来，已经从早期的无意识行为、后进国家的政府行为、发达国家为了打破南北僵局的策略工具，以及跨国公司的扩大海外投资的先遣队等多种内涵，而演变为今天世界范围内不同行业、不同规模的企业、研究机构及政府都十分关注并广泛参与的战略性选择。

### 1.2.2 技术转移的定义

技术转移、技术创新与资本积累都是社会经济发展过程中必要的活动组成部分。其中，技术转移与技术创新活动存在相辅相成的内在关系。根据熊彼特经济学中对于技术创新的定义，技术创新是一种现实技术转移、技术组织等方

---

❶ 林耕，李明亮，傅正华. 实施技术转移战略促进国家技术创新 [J]. 科技成果纵横，2006.

面的变革与更替，具有破旧立新的含义，其间必然包含技术状态的变化，存在技术形态的转移。而技术转移过程，必然牵涉到技术在不同场合、不同环境甚至不同产品载体上的前所未有的应用，因此其本身也是一种技术创新。

纵观人类历史，知识和技术一经问世，便存在着传播或转移。但直到 21 世纪，由于科学技术在经济发展中的作用愈来愈大，人们才渐渐开始关注和研究技术转移问题。

布鲁克斯（H. Brooks，1967）曾提出纵向技术转移和横向技术转移。其中，纵向转移是指通用性技术知识应用于具体功能目的的过程（transfer of technology along the line from the more general to the more specific purpose），而水平转移则是指向技术最初开发出来的领域之外的其他领域发展的过程（adaptation of a technology from one application to another, possibly wholly unrelated to the first）。罗森布鲁姆（R. S. Rosenbloom，1976）也曾认为，技术转移是指技术与其起源完全不同的其他领域的开发、获得、利用的过程。实际上，这里的纵向和横向都强调了技术的创新，前者强调功能知识的形态应用于具体产品或工艺的过程，而后者则强调技术的跨领域应用，都是典型的技术创新活动。

一般认为，美国学者布鲁克斯是最早界定技术转移概念的。在他看来，所谓技术转移，就是科学和技术通过人类活动被传播的过程，由一些人或机构所开发的系统、合理的知识，被另外一些人或机构应用于处理某种事物的方法中。❶

此后，人们开始从不同角度研究界定技术转移。对技术转移的准确定义，不同的研究者有着不同的解释，以下列举一些比较有代表性的定义。❷

从国家之间的发展层面看，国家之间的技术转移，也可以看作一种横向技术转移，最初是作为解决国际上南北冲突的一个重要概念。1964 年第一届联合国贸易和发展会议上正式提出这样的政策概念，将国家之间的技术输入和技术输出统称为技术转移，应用这样的概念借以解决南北国家和地区经济发展落差问题。这一问题本身主要反映 20 世纪 60 年代以后发展中国家经济对于造成南北差距关键因素之一的技术资源的需求。单纯资本的积累和发展已经远远不足以促进经济的快速发展，随着技术对经济发展的贡献越来越大，发展中国家尤其需要借助于国际技术转移来缩小日益扩大的差距。

---

❶ 伯兰斯卡姆，凯勒. 为创新投资：21 世纪的创新战略［M］. 陈向东，译. 北京：光明日报出版社，1999.
❷ 郭燕青. 对技术转移的基本理论分析［J］. 大连大学学报，2003（6）.

在市场竞争与发展的层面，工商企业组织之间的技术转移现象和效应问题更为重要。

根据国际上的商务实践，所谓国际技术转移，指的是系统知识通过无偿或有偿的方式在国际输入和输出的活动。其标的物可以是技术知识，也可以是含有技术的设备。

《联合国国际技术转让行动守则（草案）》（1978 年 10 月联合国大会委托联合国贸易和发展会议负责起草）中把技术转移定义为：关于制造一项产品、应用一项工艺或提供一项服务的系统知识的转让，但不包括只涉及货物出售或出租的交易。该定义明确了技术转移的标的是"软件"技术，而单纯的不带有任何"软件"技术的"硬件"转移不属于"技术转移"的范畴。

哈佛大学的罗斯布鲁姆认为，技术转移就是技术通过与技术起源完全不相同的路径被获取、开发和利用的技术变动过程。该定义强调，技术转移并不是单纯地把技术从某一处挪到另一处，而是在这种转移中重视技术与环境的适应性。

美国学者斯培萨以人类学家林顿的人类行为组织化思想为基础，认为技术转移就是在有组织的工作中为了实现组织目标，使必要的技术、信息得以有计划地合理移动。他把技术转移限定为政府和企业的有计划、合理的技术移动，强调技术转移的有序性和制度性。

之后，由于观察问题的角度和强调的侧重点不同，因此对于技术转移给出的解释和定义也有所不同。归纳起来，大致包括以下几种。

（1）狭义技术转移说

技术转移是指作为生产要素的技术，通过有偿或无偿的各种途径，从技术源向技术使用者转移的过程。如威廉斯（William）和吉布森（Gibson）认为，技术转移定义为创意或想法从研究实验室到市场的流动；罗杰斯（Rogers）认为，技术转移是在创新者和最终用户之间进行的技术信息交换。

（2）广义技术转移说

技术转移是各种形态的技术及相关要素从技术源向技术使用者的转移。这里既考虑了技术本身，又考虑了与技术移动相关联的要素转移。如马奇特（L. R. Market）认为，并不是只要有合适的交流渠道，技术转移和扩散就一定会发生，社会文化、经济、政治环境等因素都会影响技术转移，更广泛的技术转移定义应包括转移条款、技术研发人员、交流渠道等实现技术转移的不同渠道和最终用户。技术转移可以在地理空间上进行，也可以在不同领域、部门之间进行，是一个动态过程。

（3）知识诀窍转移、分配说

即技术转移就是知识的转移和再分配。如日本的学者小林达就认为：技术转移就是人类知识资源的再分配。

（4）技术商品流通说

这种观点把技术理解为商品，按照技术商品的属性，把技术转移定义为技术商品或技术成果在不同所有者之间的交换和流通过程。

（5）技术知识应用说

这种观点并不把着眼点放在技术知识的流动和配置上，而是强调技术知识由个体知识形态向社会知识形态或商业形态的发展，以及被广泛推广和应用。也就是说，这种技术转移和技术应用，可以通过技术由一个社会主体向另外一个社会主体转移来实现，也可以通过一个社会主体沿着技术发展路径自己向前推进来实现。如弗兰克·普雷斯就认为："技术转移就是研究成果的社会化，包括其在国内和向国外的推广。"

（6）知识扩散说

技术转移是基于某种技术类型、代表某种技术水平的一个知识群的扩散过程。这种观点是目前国际上较为普遍的一种看法。

（7）地域、领域转移说

这种观点强调技术知识在不同地域和不同技术领域之间的转移。如美国巴·赞凯就认为："当某一领域产生的或使用的科学技术信息在一个不同的领域中被重新改进或被应用时，这一过程就叫技术转移。"

经济合作与发展组织也认为技术转移就是指一国作出的发明（包括新产品和新技术）转移到另一国家的过程。

（8）环节转移说

技术转移是技术信息经过一些阶段、一系列环节的顺序发展过程。实际上，这里所说的技术转移是指技术沿着技术自身的发展轨迹纵向发展的过程。一般来说，技术发展要经过技术发明（新技术诞生）、技术创新（新技术在商业上首次实现）、技术扩散（新技术成果外溢或其商业化形态被人学习、模仿）三个阶段。技术转移是指技术信息在三个环节之间的定向流动和传递。

（9）不同主体合作说

这种观点认为技术转移就是技术要素在不同主体之间的流动过程，其具备两个特征：一是存在不同的主体，二是存在主体间的合作。

（10）消化吸收说

技术转移不仅是指技术知识以及随同技术一起转移的机器设备的移动，而且还是技术在新的环境中被获得、吸收和掌握三方面的有机统一的完整过程。S. 洛杉布尔姆就认为，技术转移是指"技术在与其起源完全不同的路径、环境中被获得、开发和利用的技术变动过程"。

就其一般意义而言，技术转移是指为着一定经济目的而发生的关于技术及其知识的信息流动过程，也就是某种技术及其知识从技术输出方向技术接受方的流动过程。这种流动源自技术转移双方的技术输出及技术吸收的意愿，同时受制于转移双方的技术输出能力和技术吸收能力，是技术输出方和技术接受方相互作用和对接的一个过程，直到技术转移双方完全掌握该技术时为止。在此过程中，技术转移双方所在地区的相关政策、法律法规和政府的服务水平与能力等，则对技术的这种转移起着促进或阻碍的作用。

这一流动过程既可以发生在科技与生产部门之间，也可以发生在不同的生产部门之间；可以在国际，也可以在国内；可以通过市场的途径，也可以通过非市场的途径；可以表现为纯知识的形态，也可以是某种实物形态；可以是一种有组织、有计划的过程，也可以是自发的过程。

## 1.2.3　技术转移的内涵

（1）技术转移所体现的是知识的移动

技术转移的实质是知识的移动，而且所移动的知识，乃是基于某种技术类型、代表某种技术水平的一个知识群或知识整体。这一知识群或知识整体的移动，包括以下三个方面。

1）有形知识体系的移动

即物化在产品、设备、零部件等人工物品及生产企业之中的那一类知识的移动。这一类知识的移动，可称为"硬件"的转移过程。

2）无形知识体系的移动

即不以物化形式而是以认识、经验等形式而存在的纯知识的移动，如类似专有技术、专利、技术诀窍等知识的移动。这一类知识的移动，可通过技术数据、文件、标准、技术说明书、技术许可、服务合同等加以实现，可称为"软件"的移动过程。

3）同有形知识体系和无形知识体系移动相关的信息及知识的流动

这些信息及知识，广泛存在于国家、地区、企业组织及个体之中，既有

"显性"的，也有"隐性"的，内容极其广泛，转移最为困难。其流动，有的可以通过书面材料、文字等形式进行并加以实现，也可能只有通过操作实践、潜移默化途径，才能加以了解和掌握。

以上三类知识的移动是一个整体，是技术转移活动的全部内容。第三类知识虽然没有存在于通常意义上的技术转让交易中，但它的转移显然有助于第二类知识和第一类知识的转移。当然，这类知识的转移也最为困难。实际上，与生产技术相关的管理和销售技巧都是很难转移的知识部分，这里的转移在实践中多表现为引进方自身的体会、学习和创新过程。

（2）技术转移是一个由三个过程组成的有机整体

技术整体作为一个过程，可以看作由三个过程组成的一个有机整体。这三个过程是：

① 通用知识的转移过程，即目标转移技术的支持性知识的转移过程；

② 技术知识的转移过程，即目标转移技术的特定知识本身的转移过程；

③ 企业特有知识的转移过程，即特定企业伴随目标转移技术而形成的与目标转移技术密切相关的专有技术的转移过程。

通常的技术转让（技术贸易）只解决技术知识本身的转移问题，而通用知识和企业特有知识的转移往往都不通过技术转让的商业行为来完成，而是必须依靠技术引入企业自身的技术投入和技术积累来加以实现。问题还在于，没有通用知识和企业特有知识两个转移过程的密切配合，技术知识本身的转移过程将是难以进行并获得成功的。因此，一个完整的技术转移过程，必须是由上述三个过程有机结合而组成的一个整体。这种分析强调引进技术的企业必须具有一定的知识水平和学习能力，即能够通过自己的学习过程实现通用知识的转移，从而了解所引进技术的机理。同时，引进技术的企业还需要投入大量资源，为所引进的技术建设内生环境，即通常所说的消化吸收过程，这样才能实现企业特有知识的转移。否则，仅仅进行系统知识的转移，既缺乏通用知识的支持，也没有当地化的知识生长过程来配合，那么，引进的系统知识就很难发展。❶ 同时，技术转移在某些场合强调国家、地区的企业之间的技术和知识的横向转移，在另一些场合则强调研究机构、大学等学术组织的技术和知识向生产企业的纵向移动。不论是哪个方向上的流动，技术和知识的形态在转移之后都会发生变形，技术和知识所能发挥的作用都会有差异。技术不像普通商品，

---

❶ 张晓凌，周淑景，刘宏珍，等. 技术转移联盟导论［M］. 北京：知识产权出版社，2009：14-15.

它的效用在不同的地点和场合会有很大的不同。

（3）技术转移是一个既复杂又影响广深的综合化过程

由于技术本身拥有复杂性、广泛应用性和可累积与其作用的溢出效应性，因此，技术转移不只是表现为技术形态在地域空间上的移动和其权利的转移，而是在发生转移的同时，还将伴随众多有形和（或）无形因素的移动，并通过其溢出及波及效应对引入企业所在地区的经济、社会、产业、文化及至自然生态等形成极其广泛而深远的影响，表现为一个既复杂、又广深的综合化过程。

值得指出的是，由于技术资源往往构成国家、区域和企业的战略性资源，因此观察供方技术转移的动机和战略，可发现其实技术转移实现的仅仅是技术资源的出租，而不能实现技术资源的购买，即技术资源的所有权通常不能通过简单的市场交易来置换。技术供方与受方之间的这类针对技术资源的交易其实只能是一种当时当地的利益交换，往往表现为更大的交易，包括提供资本性设备、中间产品、管理、营销、融资等系统交易中间的一个组成环节。由于相类似的原因，从受方观察技术转移则主要是受方的所谓组织学习问题，技术转移的真正实现其实主要是靠引进方自身。

## 1.3　技术特性对技术转移的影响

### 1.3.1　技术的特性

技术有许多特性，技术生命周期现象、技术复杂性以及技术价值的不确定性，都对技术转移的绩效有着显著的影响。因此在理论上对技术的特性进行分析，理清它们与技术转移之间的制约关系，是促进技术转移的一个基本前提。

格兰特（Grant）将技术知识的特性分为三种：可转移性、可积累性和可专用性。[1]可转移性是指技术知识中的显性知识和隐性知识均可通过各种形式的沟通而进行主体间的转移，尽管其中的隐性知识在主体之间进行的转移是缓慢的、耗成本的，而且是不确定的；可积累性是指技术知识的吸收能力取决于接受者将新知识融入既有知识的能力，这就需要不同知识间能进行相互的融合

[1]　ALMEDIA P，SONG J，GRANT R M. Are firms superior to alliances and market? An empirical test of cross－border knowledge building ［J］. Organization Science，2002，13（2）：147－161.

与积累；可专用性是指技术知识是一种受专有性支配的资源，技术的持有者可以通过申请专利使其独占技术资源获得保护，也可以将所持有的技术作为技术秘密不予公开。

赫德伦（Hedlund）将技术知识分为内隐知识和外显知识。❶内隐知识是高度专业化和个人化的、不易用文字描述的、标准化的独特性知识；而外显知识是能以系统的语言表达和传播的，便于大家分享。

蒂斯（Teece）则将技术知识特性分为"不确定性、路径依赖性、积累性、不可逆转性、相互关联性、内隐性、公共性"七种特性。❷

国内的学者也对技术特性作了大量的研究，比如在技术创新领域中的技术生命周期研究和技术轨迹研究、技术哲学领域中的技术自主性研究等。❸

## 1.3.2 技术特性对技术转移的影响

许多学者指出学术界向产业的技术转移不是一件容易的事，受到多重因素的影响。贝茨（Betz，1994）指出要对技术转移持一种积极的态度，去思考和平衡学术界和产业界对创新的不同视角。罗杰斯（Rogers）等（2001）认为技术转移过程也是一个艰难的沟通和交流过程，需要由受过专门训练和有技能的人来具体组织开展或牵线搭桥，包括足够的资源、组织上的保证及奖励系统。

关于产业差异对技术转移的影响，目前大致有两种研究思路。一种思路认为技术转移模式因不同的产业有巨大差异，因为从知识流动的角度考虑，更为正式的转移机制（技术许可、专利或合同研究）与更为非正式的转移机制（如学术界和产业界研究者之间的个体交往）在不同的产业，影响效应是不同的 [优素福（Yusuf），2008]。另一种思路更为关注公共政策在技术转移中的作用及影响机理，认为政策设计将有助于推动学术界到产业的知识互动 [克拉贝尔（Krabel）和米勒（Mueller），2009]；不过也有学者认为现行的许多政策忽视了不同"产业－大学"技术转移活动的多样性 [博德曼（Boardman），2008]。

（1）技术生命周期与技术转移

生产技术商品的劳动是以脑力劳动为主的，它是具有探索性、创造性的劳

---

❶ HEDLUND G. A model of knowledge management and the N – form corporation [J]. Strategic Management Journal，1994，15（S2）：73 – 90.

❷ TEECE D. Time – cost tradeoffs：Elasicity estimates and determinants for international technology transfer projects [J]. Management Science，1997，23（8）：830 – 837.

❸ 陈孝先. 技术特性对技术转移的影响初探 [J]. 科技管理研究，2004（3）：32 – 34.

动，也是一种不断实践、认识、再实践、再认识的创新过程。根据技术生命周期理论，技术有着类似于生物的从产生到消亡的各个阶段，包括萌芽期、成长期（导入期、扩展期）、成熟期和衰退期等几个发展阶段。❶ 处于转移中的技术可以是尚未市场化的处于萌芽期的新技术，也可以是处于成熟期的技术，还可以是已经在某一地区被淘汰的技术。具体的技术转移方式和效果都与技术寿命有着密切的关系，而这又使得技术在转移中体现出了一种与普通商品显著不同的特性。

在我国的技术市场中，大量科技成果在市场上待价而沽，但是其转化率并不高，其中很大的一个原因就是这些中小型科技成果在其技术生命周期上处于与当时市场需求并不吻合的阶段。比如许多小型化工科技成果更新换代非常快，技术转让方所持有的技术在转移过程中就已经到了被淘汰或者即将退出市场的阶段；同时，一些尚有市场价值的技术被认为是落后的技术而不能得到重视，这就导致了其价值失效；而一些处于成长期的技术，由于超前于市场需求，同样很难顺利地转移。

因此，在技术转移过程中，对所转移的技术的认识，必须是动态的。无论是供方还是需方，必须认清技术的生命周期规律。只有明晰了技术生命周期与市场需求有时间上的对应关系，才能使技术能够在最恰当的时候转移，从而使得转移的成功率大幅提高。

（2）技术复杂性与技术转移

技术复杂性体现在两个方面。首先是技术的系统性，即相关联性。每一项技术都不是孤立的，都会在不同程度上与其他支持性技术和关联性技术发生关系。所以，在技术转移过程中，受让方期望通过技术转移而引进的技术内容，往往大于技术提供方提供的技术产品。尤其是有关配套技术的引进和协商，往往消耗大量的交易成本，甚而导致转移最后失败。

技术复杂性所体现的另一个方面是技术的内隐性。技术转移中的隐性知识往往对技术转让的成功与否起到决定性作用。尤其是在工业技术成果的转让中，大量的隐性知识蕴藏在所转移的技术中，大到厂房选址、设备设置，小到工艺顺序、安装力度等，这些知识很难都以书面的形式表达出来。知识的内隐性极大地增大了交易成本，并给技术受让方在技术转移后的经营带来了极大的隐患。同时，转让技术的内隐性过高，也常导致技术转移失败。

---

❶ 赵新军. 技术创新理论及应用 [M]. 北京：化学工业出版社，2004.

（3）技术价值的不确定性与技术转移

在技术转移过程中，一个促成技术转移成功的重要因素，就是技术持有方和技术受让方对技术价格能够达成共识。在已有的有关技术评估的定价研究里以及市场上现行的交易中，成本法已经基本被淘汰，单纯的以人力、物力折算成的成本已经不能够体现技术的价值。因此，以技术在预期中所能创造的价值进行定价，已成为通行的规则；技术转让方通过一次性收取转让费用或者分取未来技术受让方的收益的一定比例，成为较为常见的形式。但是一项技术在转让后到底会创造多少价值，而技术转让方又从中占到何种比例为宜，都往往成为技术转移中交易双方的分歧。

这种分歧就是由技术的市场价值不确定性所导致的。一般物质商品被用于生产中，只是将其价值大小相等地转移到新产品中去；而技术商品被应用于生产中，则是复杂劳动的潜在价值进一步释放和创造的过程。

具体影响技术转移成功与否的因素如表 1-2 所示。

表 1-2　技术转移有效性评价模型中的维度分析表

| 维度 | 关注点 | 示例 |
| --- | --- | --- |
| 转移主体 | 寻求技术转移的机构或组织 | 政府部门、大学、企业、组织或个人 |
| 转移媒介 | 转移的正式或非正式 | 许可、授权、个人的接触、正式文献 |
| 转移目标 | 转移的内容及表现形式 | 科学知识、技术设计、工艺、诀窍 |
| 接受方 | 技术需求方 | 企业、正式机构、组织、消费者、非正式的群体或机构 |
| 需求环境 | 影响转移目标达成的各类市场或非市场因素 | 与现在被使用的技术相关的因素、补助、市场保护等 |

（4）文化对技术转移的影响

随着经济全球化和国际贸易的发展，文化对国际技术转移的影响越来越突出，由此产生的国际技术转移中的各种摩擦也越来越多。随着技术的转移，一个国家的制度和文化往往会同时受到影响，因为一项技术从一国转移到另一国，必须要有与之相适应的文化环境，否则就会使技术转移的效果受到影响。

文化的定义在世界各国正式出版物中虽然说法不一，但一致认为文化是人类活动和经济发展的产物。广义的文化是指人类在社会历史发展过程中所创造的全部物质财富和精神财富的总和，一般可分为物质文化、制度文化、行为文化、形态文化四个层次。狭义的文化则是指社会的意识形态以及与之相适应的制度和组织结构。人们的一切活动都是在一定的文化观念指导下进行的，可以说人类的活动都是文化活动。每个国家文化都是在一定的社会历史背景下的。技术供方和受方进行一项技术转移活动，其表现出来的将是不同的思维方式、沟通方式和处世哲学，随之产生的将是由这种文化差异而导致摩擦。

技术是生产力的重要组成部分，属于经济范畴。但是，作为人类所创造的物质文化的组成部分，它又与文化有着内在的联系，是文化大系统中的一个子系统。文化与技术相互沟通，紧密联系，共同作用，从而使得国际技术转移无法回避文化的影响。在技术转移的同时，随之转移的还有社会价值观念、宗教信仰、消费者嗜好、风俗习惯等。

由于文化的差异会造成不同民族、不同国家的民族性格、心理、价值观念、思维方式、生活方式以及社会制度的差异，因此技术转移制度和观念往往滞后于技术转移本身，造成国际技术转移中的文化摩擦和冲突不断，进而影响到国际技术转移的成效。

1）价值观念和行为规范的影响

中国传统文化深受儒家文化的影响，讲究等级观念、忠孝观念、宗法观念，熏陶出的是内敛、拘泥的性格，倡导谦卑，强调个体无条件服从整体，强调群体意识和群体的和谐统一，注重人与人之间的协作，重视群体的力量，这种观念在中国历史中显示出巨大的力量。这是由于中国在历史上经历了漫长的农业社会，以务农为主，为了战胜天灾人祸，大家必须团结一致、自强不息。但是，中国的群体意识要求人们的个体需要无条件地服从整体需要，忽视了个体的独立性和创造性的发挥，忽视了个体的思想和感受。在这样的氛围下，个体往往服从、服务于群体的意志，群体的决策代表了个体决策，个体处在被动的位置，抑制了创造性和自主性的发挥。这是造成人们普遍缺乏责任感、敬业精神，缺乏工作的主动性，创新精神不足，工作效率低下等诸多问题的重要原因。这不仅阻碍了科技的进步，也严重影响了人自身的进步。

2）制度规范的影响

作为文化主要组成部分的社会制度产生、形成是个漫长的过程，而它一旦形成并产生效用后，就很难改变，带有极强的惰性。这些制度在一定时期内具有遗传性、长期性、稳定性的特点，如果该种制度表现为僵化和保守，就会成为科学技术进一步发展的桎梏。例如，中国的科举制度的产生，就是在漫长的封建社会中，统治者为了维护他们的长期统治而建立起来的一种统治工具，这种选拔官吏的制度就像一把双刃剑，在为统治者选拔出他们所需人才的同时，也扼杀了无数推动社会进步的思想，遏制了科学的灵光。近代中国在自然科学方面的落后多少与这种制度有关。

3）政策环境的影响

政策环境可分为国内政策环境和国际政策环境两种。国内政策环境是指技术输入国和输出国的社会制度，政治体制，国家对外、对内基本方针政策、法律措施等。具体包括：产业政策、贸易政策、科技政策、利用外资和引进技术的政策以及相关法律、法规等。国际政策环境是指有利于国际技术转移的环境，特别是指有利于发展中国家从发达国家引进技术的、合理的国际技术转移的政策环境。这些政策在很大程度上都会影响到技术转移的效果。

因此，一个国家产业政策的制定，就需要考虑到企业生产的组织方式、资本、劳动、技术等要素的变化，比如，工人对新技术掌握的熟练程度，对新经营理念的接受程度以及组织对新技术的适应程度等在很大程度上都会影响到技术转移的成效。再如，在国际技术转移中，要保证转移双方之间利益的公平分配，保证国际技术转移的自由进行，必须充分考虑到转移双方政策方面的差异，以尽量减少技术转移中的摩擦和冲突，促进国际技术合作和本国技术水平的提高。❶

在不同的文化环境中，技术转移的速度和成效也会存在很大的差异。一般来说，支持技术的文化应具有以下基本特点：

① 社会成员能够理解不断更新技术是在日益激烈的社会竞争中实现自身发展的必要前提，全社会对技术与经济发展关系的正确理解应该是技术转移顺利实现的思想前提。

② 企业要认识到只有不断更新技术才能提高企业运作品质、保持竞争实力。在争相应用新技术的竞争中，企业要成为技术知识的购买者，或者直接从事知识生产和技术创新，自觉依靠技术创新和技术更新实现新的利润增长。在企业发展的整体结构中，要把生产、技术等各个环节看成一个整体，形成支持技术转移的社会文化环境和保障机制。

③ 全社会要形成崇尚知识、尊重人才的风尚和舆论，科学家、工程师在社会中的职业声誉空前高涨，人们对科学家和发明家的劳动价值具有很高的认同，对于他们的成果倍加推崇。对知识的追求和创造成为青少年的时尚，以掌

---

❶ 吴翠花，万威武，张莹. 从文化的视角看国际技术转移 [J]. 中国软科学，2004（1）：157-160.

握和运用新技术为自豪。

（5）技术转移导致文化摩擦的过程

技术转移不仅是技术本身的转移，而且包括技术制度、体制和技术观念的转移。一般来说技术转移在先，随后会是技术制度、体制与观念等的转移。首先，技术的效用性满足人们普遍的物质需求，技术的中立性不与文化的特殊性发生矛盾。然后，技术制度及技术观念滞后转移，它们既与技术、文化特殊性有关，也与双方文化摩擦有关，又与其技术文化系统结构的特殊性有关，还与技术文化系统内技术亚系统与文化亚系统非线性相互作用有关。

技术转移导致文化摩擦是从技术制度及其观念的滞后转移开始的。技术转移是通过技术制度及其观念的转移来产生文化摩擦的；技术制度及其观念转移所产生的摩擦，又是以技术使用者、研究者、生产者和管理者等为中介或途径引发文化摩擦的。

（6）消除国际技术转移中文化摩擦的方法

国际技术转移是促进创业技术创新，促进地区、国家经济发展的重要途径，这一点已经得到世界各国的普遍认可并得到广泛实施。但为实施有效的技术转移，必须设法消除技术转移过程中的文化摩擦。

1）树立科学的文化技术观

随着国际技术转移的进行，转移双方或多方的价值观念、意识形态等文化因素也会随之相互传播和渗透，对各国的经济、技术造成一定的冲击。因此，应当正确地认识文化、技术的辩证关系，树立科学的文化技术观。

所谓文化技术观是指一个国家或地区在技术转移过程中体现在技术、技术价值观念和技术制度、体制中的带有民族性、地域性的价值观念、行为准则。在技术转移过程中，技术首先是从技术供方的文化技术系统中被转移到技术受方的文化技术系统中。在转移的过程中，不能忽视文化的作用。文化是人类发明创造的源泉，离开文化，技术的发明就是无源之水、无本之木。技术作为文化的一个重要组成部分，其发展壮大又会促进文化的进一步繁荣、兴旺。文化与技术在各国社会、经济发展过程中是相辅相成、不可分割的因素，二者不是等同或对立的关系。在树立正确的文化技术观时，应当注意在促进技术转移、达到文化一体化的同时，还要倡导技术的民族化，保留各民族的优秀传统文化，同时还应摈弃那种以本民族或国家文化取代其他民族或国家的文化的想法或做法，以维护各民族或国家优秀文化的存在与发展，促进世界各民族文化的融合和共同发展。

在进行技术转移时，应当根据技术、文化普遍性的客观要求，革新文化，改变其中落后的制度及其价值观念，以利于技术的顺利转移。同时还要根据技术、文化特殊性的需要，通过技术与文化的创新对外来的技术、文化进行民族化、本土化，以发展本国的经济，保持本国文化技术的相对独立性，正确认识和处理文化技术的冲突，促进技术转移的有效进行。

2）提高公众科技素质

通过大众传播媒介和社会教育机构的共同协作，实施针对全民的科技与社会发展教育计划，以提高公众科学素质和创造科学技术应用的社会环境。

从基础工作做起，包括了解社会公众的科学意识和科学态度、科学素养，了解科学技术时代的要求。寻找科技文化要求与现实之间的差距，制定全方位推进措施。科学选择科技与社会教育的途径直接关系到能否实现改变人们对技术转移行为与态度的目标。人类行为的基本机制是价值引导认知，认知引发意向，意向引起行为。然而，在人的行为机制中，认知、行动、习惯和价值的变革难度是逐步提高的。推动一项社会行为的变革直接从培育价值观入手往往十分困难。通过法规、政策和社会教育率先诱发某一个具体认知与行动的变革，再通过习惯积累实现价值观的变革往往更容易收到效果。

绿色理论的传播有效地推动了绿色技术在城市建设中的转移，文化扶贫工程有效促进了农业技术转移的过程。其中的重要启示就是从认知层面培育技术转移的具体行动开始，不断向社会公众传播新的文化思想、科学知识，倡导新的生活方式。通过技术应用的实际过程提高公众科学素质和公众对于技术转移的认识水平。让公众理解科学是技术转移顺利实现的良好社会心理条件。

把技术转移群体定位于全体国民。只有通过面对全体公众有效的沟通和公众对于技术转移问题的深刻理解，才能把关注科技、学习科技、应用科技的信息转化为全社会的自觉行动。如果公众的科学意识处于睡眠状态，绝大多数人除了偶尔对科学奇迹感到惊奇之外，总是把科学视为与己无关的事情，那么就很难形成发展科技和运用技术的良好精神文化环境。激活公众的科技意识，并且在政府的推动下，引导这种意识趋向于应用科技的实际行动。

3）引发公众学科学用科学的内在动机

在强化公众技术转移行为的过程中，需要引导与激励相结合。不仅要依靠社会教育的外在灌输，推动公众行为，也需要通过典型示范的内在激励引导公众行为。只有把引导和激励结合形成内外一致的合力，才能有效地激活公众的科技意识，充分调动公众应用科技的行为意向。研究科学家、发明家、企业家、官员、普通公众和在校学生等各类不同传播对象特点，特别是要以培育特定群体技术转移行为的动力机制为目的，针对技术转移传播的重点对象，定向地传播科技应用的信息，提出实践技术转移行为的不同要求。

通过政府科学讲坛的制度化建设，提高政府官员的科学素质和技术转移意识。通过领导干部教育获得的成效将会被干部本身具有的影响力放大和有效扩散，产生巨大的带动作用。

技术转移顺利实现的基本条件是企业经营者对技术转移抱有积极的认知和态度。企业家对于科学技术的理解愈深刻、态度愈积极，技术转移的过程愈容易实现。要让技术转移过程顺利实现，必须从科技文化的核心维度去引导企业家行为的动力机制。不仅对他们进行科技转移知识的教育，更重要的是要进行科技与发展意识、未来与全球意识、竞争与合作意识、主动精神与拓展能力，以及成就动机的系统开发。

4）国际技术转移中技术供受双方的相互理解与文化融合

技术供受双方应根据各自格局与对方交流的历史、文化特点，以及交流对象的特征等不同情况来改变自己的态度，以达到双方间的文化融合。通过培养或培训对方的技术人才，使之了解并认同本国文化，作为自身的代理人，让他们回国按照自己的目的行事，并从内部开展文化改革，使技术受方的技术文化系统与本系统相融合，以此消除文化摩擦。

5）通过技术转移代办消除文化摩擦

技术转移代办包括技术转移工作顾问、技术合作专家、技术培训中心等专门机构，也包括大学、研究开发机构、行业团体等，以及联合国有关机构（如联合国开发计划署、联合国教科文组织、联合国工业发展组织以及世界银行集团等），使得新技术适应接受方的环境，减少或避免文化摩擦。

6）实施"跨文化培训"或"经营当地化"

"跨文化培训"是指通过培训使受训者学习国外营销的语言，熟悉他们的生活方式、风俗习惯，了解他们的历史、宗教、文化、政治等基本情况，了解营销地民族所特有的价值观，学会用当地人的是非标准、行为准则来考虑和处理问题。"经营当地化"是指对当地人才进行培养录用，实现物料当地化、产品当地化等。

## 1.4 技术转移与相关概念的区别和联系

在对技术转移概念进行阐述的基础上，通过对与技术转移有密切联系的技术扩散、技术转让和技术引进等概念的辨析，进一步理解和把握技术转移的内涵。

### 1.4.1 技术转移与技术转让

汉语中的"技术转移"和"技术转让"都译自英语 Technology Transfer，严格地讲，把 Technology Transfer 译作"技术转让"是不确切的。英语中的"Transfer"，包括地点转移和权利转移两种含义，因此，"Technology Transfer"译成汉语，既可设作"技术转移"，也可设为"技术转让"。但在汉语中，"转让"指的是法律关系主体一方将一定财产或权利归于另一法律关系主体的行为。在西方财产法中，Transfer 只用于泛指财产的转移，在专指财产所有权的转让时，则使用 Assignment。

技术转让体现确定的目标对象，是转让方和被转让方之间的有意识的主观行为；而技术转移则不仅仅包括有意识的技术转让行为，而且还包括与技术转移有关的各种知识信息的转移、客观上导致技术转移的所有行为和活动、无意识的行为和活动。在技术转移活动中，技术转移与技术转让有着明显的界限。

因此，技术转移包括技术地点的转移和权利的转移双重含义，技术转移通常包含一切导致技术和知识迁移的过程和活动，包括有偿和无偿的，也包括有意识和无意识的转移活动。而技术转让只是技术权利的转让，是指一方将技术的使用权或所有权转让给另一方的行为过程，通常是指有目的、有意识的技术转移活动，是一种有偿的技术转移活动，常被称为技术贸易或许可证贸易。从这个意义上讲，技术转移的内涵更为宽泛，技术转让包括在技术转移之中。技术转让的实现必须满足两个前提条件：一是存在转让技术的双方当事人，二是以法律关系为基础变更技术的使用权和（或）所有权。

而技术转移则不受这两个条件的限制。一项技术只要发生了地点（含地区、行业和部门）和权利的变化，不论是二者同时发生变化，还是其中之一发生了变化，都可认定为发生了技术转移。比如，一项技术的发明人去另一个国家或地区，用自己的技术开办企业，生产某种产品，根本不存在技术转让的问题，但却发生了技术的转移。但现在技术转移更多的是指权利的转移（或部分转移）。

## 1.4.2 技术转移与技术扩散

技术扩散是技术创新扩散的同义词，对于它的含义的理解，国内外尚无定论。美国经济学家斯通曼（P. Stonman）则把技术扩散定义为一项新技术的广泛应用和推广。他应用数量模型对技术扩散概念进行了详尽解释，强调技术扩散不应该仅仅是模仿，而应该是包括不断自主创新的"学习"活动。❶ 技术创新理论的奠基人熊彼特（J. A. Schumpeter）将技术扩散定义为技术创新的大面积或大规模的"模仿"。在他看来，技术扩散的实质是后来者对创新者的模仿。❷ 舒尔茨（L. Scholtz）把技术创新扩散定义为创新通过市场或者非市场的渠道的传播。❸ 国内学者傅家骥教授把技术创新扩散描述为技术创新通过一定的渠道在潜在使用者之间传播、采用的过程。❹ 许庆瑞教授认为，所谓技术创新扩散，是指创新技术通过一种或几种渠道在社会系统的各成员或组织之间随着时间传播，并推广应用的过程。❺ 武春友等人认为，技术创新扩散是技术创新大过程中的一个后续子过程，但同时它又是一个完整的独立的技术与经济结合的运动过程。❻

由以上的定义可知，技术扩散的概念与技术转移的概念既有联系又有区别。它们之间的联系表现在二者都是指技术通过一定的渠道发生不同领域或地域之间的移动。它们之间的区别主要有：

① 技术转移主要是指一种有目的的主观经济行为，参与技术转移的双方都抱有明确的目的，虽然目的有所不同。而技术扩散则既包括有意识的技术转移，又包括无意识的技术传播，但更强调后者。

② 技术转移的受方一般来说只有一个，而且是明确的对象。而技术扩散的受方一般不止一个，而是多个，而且以潜在采用者为主。从供方来看，技术扩散存在一个扩散源。

③ 技术转移和技术扩散都既可以发生在国内范围，又可能发生在国际范

❶ 罗杰斯. 创新的扩散 [M]. 4 版. 辛欣，译. 北京：中央编译出版社，2002.

❷ 熊彼特. 经济发展理论 [M]. 何畏，易家详，等，译. 北京：商务印书馆，1990.

❸ 胡保民. 技术创新扩散理论与系统演化模型 [M]. 北京：科学出版社，2002.

❹ 傅家骥，姜彦福，雷家骕. 技术创新：中国企业发展之路 [M]. 北京：企业管理出版社，1992.

❺ 许庆瑞. 技术创新扩散研究概述 [G] //邓寿鹏. 技术创新研究（第一辑）. 北京：科学出版社，1996.

❻ 武春友，戴大双，苏敬勤. 技术创新扩散 [M]. 北京：化学工业出版社，1997.

围。但从研究的角度看，由于技术转移最早是作为南北差距问题的解决办法被提出来的，因此传统上一般以国际的技术转移为研究对象居多，现在国内学者已开始将研究的视野聚集于国内。而技术扩散概念最早来自对技术传播的研究，所以传统上主要是指国内范围的技术扩散。日本经济学家斋藤优就明确指出："通常所说的技术扩散往往指国内传播的情况，在国际则更多使用转移一词。"❶

④ 技术转移和技术扩散都可以发生在不同领域之间。但由于技术转移是一种目的性很强的经济行为，而且当技术是在同一领域转移时，其经济效益比较容易预测，而在不同领域转移时则难以预测，因此技术转移相较于技术扩散更偏于强调在同一领域的转移。

⑤ 从技术移动过程结束的标志来看，技术转移以受方掌握被转移的技术为结束标志，而技术扩散则要等到所有潜在采用者都采用该技术才停止，所以技术扩散更强调对时间维度的研究。

⑥ 两者研究的理论与方法有较大的不同。

技术转移是一个过程，技术转移是不断改进的技术、发明、创造、生产和扩散之间的转换过程，在这个过程中会涉及不同的利益相关者，因此，技术转移是一个"交流的过程"。

技术扩散则是技术转移的一种方式，是一种技术在空间传播或转移的过程，包括自发的和有组织的过程。里奥纳德·巴腾把技术转移分为两种普遍的情况：一种是点对点技术转移，另一种是扩散。

点对点转移是单一的技术转移，即某项技术从开发者向使用者的转移，表明技术开发者开发出某项技术，以便满足已知用户的某项非常具体的目的。

扩散则是一项技术向多个使用者的转移，说明开发者开发技术是为了服务更多普通用户，目的不是很明确。很多技术转移采取的是扩散的形式。

如果将点对点转移和扩散作进一步区分的话，可以以纵坐标表示被转移技术的应用范围，由使用者对技术应用的传播面所决定。一些技术用途较为单一，即应用范围窄；而另一些技术具有多种用途，应用范围宽。技术应用范围窄，意味着技术转移形式较为"简单"，而应用范围宽的技术其转移形式较为"复杂"。以横坐标表示技术使用者的跨度，即应用每项技术的使用者数量的多少。使用者数量少的技术，其转移形式为"点对点转移"；而使用者数量多

---

❶ 斋藤优. 技术转移理论与方法 [M]. 丁朋序，谢燮正，等，译. [出版地不详]：中国发明创造基金会，中国预测研究会，1985.

的技术，其转移形式为"扩散形式"。

由此可有以下四类技术转移模式：

① 简单点对点转移。该类技术发生在技术使用者技术应用的传播面窄、技术使用者数量较少的情况下。

② 简单扩散。该类技术转移发生在技术使用者应用的传播面窄和技术使用者数量多的情况下。

③ 复杂扩散。该类技术转移发生在技术传播面宽和技术使用者数量多的情况下。

④ 复杂点对点转移。该类技术转移发生在应用的传播面宽但使用者数量少的情况下。

技术扩散包含无形扩散和有形扩散。无形扩散指知识、专有知识或技术不必通过购买新型的机器设备而得以转移。有形扩散指在生产中引进包含新技术的机器、设备和零部件。

## 1.4.3　技术转移与技术引进

技术引进是指为发展本国经济和科学技术，通过各种方式，有计划、有重点、有选择地从国外获取先进技术的过程。《中华人民共和国技术引进合同管理条例》对技术引进作出了具体的规定：技术引进是中国境内的公司、企业、团体或个人，通过特定的途径，从中国境外的公司、企业、团体或个人获得技术。❶

从概念上讲，技术引进是技术转移的一个方面。这是因为技术转移客观上存在着技术输出和技术输入两方面的关系：从技术供方的角度看，技术转移就是技术输出；而从技术受方的角度看，技术转移就是技术输入，即技术引进。

我国目前主要是技术引进国，因此，在我国技术引进这一概念应用频率较高，国内学者对技术引进的研究也较为深入、透彻。然而，对技术转移的研究是十分必要的，因为我国终究要走向技术输出国之路。

技术引进与技术转移的区别除了研究的角度不同之外，较大的区别还在于二者对技术的定义不同。联合国工业发展组织编写的《发展中国家技术引进

---

❶ 《中华人民共和国技术引进合同管理条例》第 2 条中规定："本条例规定的技术引进是指中华人民共和国境内的公司、企业、团体或个人（以下简称受方），通过贸易或经济技术合作的途径，从中华人民共和国境外的公司、企业、团体或个人（以下简称供方）获得技术"。

指南》指出：发展中国家单纯购买机器设备，不涉及专利技术的也归入技术转移范畴。[1] 这显然与技术转移中的"技术"的含义差异很大，它把"硬件"也归入技术的范畴。另外，对技术引进的研究更强调对技术的消化和吸收以及之后的技术扩散。

---

[1]　经济合作与发展组织. 以知识为基础的经济［M］. 杨宏进，薛谏，译. 北京：机械工业出版社，1998.

# 第二章　中国技术转移的发展历程、
# 　　　　问题和对策

　　温家宝总理在 2009 年国家科学技术奖励大会上指出："历史表明，每一次大的危机常常伴随着一场新的科技革命；每一次经济的复苏，都离不开技术创新。通过科学技术的重大突破，创造新的社会需求，催生新一轮的经济繁荣。"❶

　　当今世界，技术与产品的生命周期骤短，对企业技术创新的速度和质量提出了越来越高的要求。《麦肯锡创新研究报告》显示，在当今竞争激烈的环境下，超过开发预算而及时将新产品投放市场的项目要比未超出预算而延迟进入市场的项目获得更多的收益；新产品拖后 6 个月投放市场，5 年内的累计收益将会减少 17% ~35%。❷ 因此，善于利用他人的创新成果的企业，能获得更好的创新绩效。

　　新古典增长理论、内生增长理论一致认为：经济增长的源泉在于技术进步，技术作为一种生产要素，其对长期增长的重要性要远远超过资本和劳动等生产要素，这是"科技是第一生产力"的理论根据，但前提是科技必须转化为物质生产力。❸ 如果科技成果只是束之高阁，那么它最多只是给社会带来了新的知识，而不是带来了物质财富。将科技的产出或实验室的成果，向市场需求的产品、工艺或服务转换，就是一个科技成果转化的问题。中华文明的未来，很大程度上取决于中国科技界的科技创新力。对中国而言，科技成果转化与技术转移有着特殊的意义。第一，中国作为全球加工厂的模式，依赖于廉价的自然资源、劳动力资源和低环境成本。而这一切都不具有可持续性。因此，

---

❶　温家宝. 在国家科学技术奖励大会上的讲话 [EB/OL]. (2009 - 01 - 09). http://www. gov. cn/ldhd/2009 - 01/09/content_1200959. htm.

❷　王圆圆，周明. 企业开放创新中的利益相关者管理 [J]. 市场研究，2008 (4)：49 - 52.

❸　李剑，沈坤荣. 技术转化障碍与经济增长方式转变：大中型工业企业的经验证据 [J]. 中国地质大学学报（社会科学版），2009，9 (3)：79 - 83.

需要科技进步实现产业的升级。第二，中国需要战略性新兴产业，为未来的经济发展找到新的增长点。第三，中国将面临越来越严峻的资源短缺局面，需要通过科技发展，寻找新的能源。[1]

## 2.1 国际技术转移的发展历程

国际技术转移的历史悠久。随着生产力的发展，世界文明古国的技术向外传播，国际技术转移开始出现。早在我国的唐朝时期，日本先后十余次派遣大批人员到中国学习科学技术、政治法律以及行政管理等。中国的鉴真和尚东渡日本，带去了中国的文化和农业生产技术。我国的四大发明先后传到国外，德国人古登堡的金属活字印刷技术就是在毕昇的活字印刷术影响下发明出来的。火药在 13 世纪传入欧洲和中东地区。指南针在 14 世纪传到欧洲，并得到了广泛的应用。

随着哥伦布发现新大陆、达·伽马绕好望角抵达印度，以及新航路的开辟使大西洋沿岸的欧洲国家迅速崛起，国际技术转移在 15 ~ 16 世纪得到了较快的发展。包括：①从罗马向各地的技术转移，主要是农业耕作技术；②从波斯（阿拉伯）开始的技术转移，如风车和植物；③从东方开始的技术转移，包括中国的四大发明。

1870 ~ 1913 年，世界经历了第二次工业革命浪潮，欧洲经济开始了现代化，新技术、新产品大量出现，促进了国际技术的转移。英国、法国、德国的近代产业迅速发展，主要技术领域有纺织、运输、钢铁和蒸汽机等。在这期间，法国、德国、荷兰的一批人士进入英国，把法国的纺织技术、德国的冶炼和机械技术、荷兰的土木工程技术带入英国，使得英国汇集了当时世界上最为先进的技术，出现了划时代的工业革命。

工业化不仅需要资本积累、技术创新、人力资源和资源优化配置，也需要政治、社会和文化的变革。随着当时技术转移以及资本、商品和人员的流动，1870 ~ 1913 年世界经济取得前所未有的发展。例如，1913 年世界贸易量占世界生产总量的 33%；1821 ~ 1915 年欧洲外流人口达 4400 万；1870 ~ 1913 年，德国是欧洲经济增长最快的国家，美国是世界经济增长最快的国家。1870 ~ 1913 年世界经济增长速度大大快于 1820 ~ 1870 年，美国和德国的经济增长速

---

[1] 柳卸林，何郁冰，胡坤，等. 中外技术转移模式的比较［M］. 北京：科学出版社，2012.

度提高了一倍。

第二次工业革命浪潮的巨大成功，导致世界经济秩序的重新洗牌，各国工业凭着蒸汽动力技术的传播和应用而发展起来。欧美国家工业的发展与技术转移有着非常密切的关系，许多国家购买了英国的蒸汽机、纺纱机、织布机、采矿设备、冶炼设备等机器设备来装备自己的工业，这样就无须以发明创造的途径重新走过工业革命的每一步。

尽管当时英国已有防范和限制措施，有较为完善的专利法，但各国还是可以通过各种途径获取英国的先进技术以及熟练人才，学习、借鉴和利用英国的科学技术成果。1825 年，英国废除禁止机器和熟练劳工输出的法令，为各国引进英国的技术和人才创造了更为便利的条件。

欧洲 19 世纪的自由贸易运动使欧洲各国的对外贸易获得巨大发展，由此推动了技术的转移。法国、德国、俄国和美国等国家在引入英国科学技术成果和机器设备的基础上，经过长期努力，到 19 世纪 80 年代先后完成工业革命。

技术进步与新技术的扩散推动了各国经济的发展。19 世纪的后 30 年，英国逐渐丧失工业和技术的垄断地位，德国、美国和法国等国家工业随后崛起。日本经过 1867～1868 年明治维新，在之后的 30 年，资本主义工业得到发展。

两次世界大战期间，国际贸易、国际技术转移都受到了严重影响。第二次世界大战结束以后，世界格局发生了巨大变化，国际分工进一步细化，使世界各国的科技、经济联系以前所未有的广度和深度向前发展。在这种情况下，全球范围内的生产与消费已经形成了一个包括不同经济体系、不同类型国家的彼此制约、相互依赖的矛盾统一体。任何国家自己的创新技术都是有限的，必须通过各种途径引进技术。

1946～1970 年是人类经济史上的黄金岁月，全球经济进入增长最快的时期，工业经济发展达到鼎盛时期，国际分工演变成世界范围内的工业产业分工，国际经济体系形成了一个阶段形结构，发达国家从事于技术密集型产业，新兴工业国家从事于资本密集型产业，一般发展中国家则从事于劳动密集型产业。

在当时的国际经济背景下，技术转移随着国际分工的变化和调整变得更为重要。事实上，战后许多国家和地区通过国际技术转移来加速自身的经济发展，最为典型的是亚洲国家和地区。日本在 20 世纪 50 年代开始走上高速发展轨道之时，就制定了吸收性发展技术的战略，非常重视从国外引进先进技术。1950～1975 年，日本引进了 25 777 项外国技术，支付国外专利费、技术指导

费等共约 57.3 亿美元。这些技术如果依靠本国进行研发的话，则需要 1800
亿~2000 亿美元的投资。❶

日本经济崛起之后，20 世纪 80 年代韩国、新加坡、中国的香港和台湾地
区经济发展迅猛，接着是马来西亚、泰国、菲律宾以及中国内地，引进、吸收
国外技术，陆续出现经济腾飞，创造了一个又一个经济奇迹。韩国、新加坡、中
国香港、中国台湾等国家和地区，已发展成为新兴的工业化国家和地区。从 20
世纪 80 年代开始，这些新兴工业化国家和地区又向后起的国家和地区转移落后
产业，输出资本和技术，促进了后起国家和地区的产业的升级和经济发展。

## 2.2　中国技术转移的发展历程

一直以来关于我国技术转移发展阶段的划分，学术界有着不同的看法和观
点，且争议颇多。其原因在于我国缺乏持续而稳定的技术转移政策体系。体制
与管理、政策与市场的冲突是我国技术转移市场中的突出问题。

康荣平（1994）认为，新中国成立至今，技术引进可以划分为三个阶
段。❷ 第一阶段："苏联模式"期（1950~1979 年）。主要特征是：以成套设
备引进方式为主；不开放；以初级产品出口换取外汇来支撑重化工业的技术引
进和建设。"引进—产业发展—出口"，在 20 世纪 70 年代进入不良循环。第二
阶段：转变时期（1980~1989 年）。主要特征是：各种引进方式都进行尝试。
改革开放，人员国际交流逐渐增多；出口结构逐渐优化。"引进—产业发展—
出口"，进入良性循环。第三阶段：新时期（1990 年至今）。主要特征是：以
吸引外商直接投资（FDI）为首位，多种方式并行；充分开放，大量人员国际
交流；形成以轻纺产品（出口额）占首位的出口结构。"引进—产业发展—出
口"的良性循环加快。

李建国将我国的技术转移活动大体分为三个阶段❸：第一阶段是模仿苏联
的模式，靠大量引进成套设备甚至整个工厂来引进先进技术，而且主要是从苏
联引进的。第二阶段开始由成套设备的引进向许可证贸易转变。在第二阶段
中，我国从 20 世纪 80 年代中期，开始承认技术是一种商品，有了技术市场的
概念，由此，国内的技术转移活动逐步繁荣起来。第三阶段以引进软件技术为

---

❶ 武贻康，杨逢珉. 战后经济强国盛衰的几点启示 [J]. 世界经济研究，2003（10）.
❷ 康荣平. 90 年代中国技术引进的新格局 [J]. 管理世界，1994（1）.
❸ 李建国. 我国技术转移的现状与问题 [J]. 中国投资与建设，1997（10）.

主，国内技术市场交易额超过引进技术交易额。

吴林海、朱华桂（2003）提出："回顾历史，可以发现，中国的技术引进明显地可分为三大阶段：第一阶段是 1950～1978 年，第二阶段是 1978～1991 年，第三阶段是 1992 年开始的市场经济新阶段。"❶ 尽管他们又对每一个阶段进行细分，但是细分阶段依然是粗线条的。

从上面的论述中，我们可以发现学者们大致都持三段论，这些阶段的划分十分笼统，且跨度相对较大，并不能完整表达我国技术转移阶段的实际情况，我们认为必须结合我国具体的历史情况来划分我国技术转移发展的历史阶段。由于每一个历史阶段都有其独特的特点，而且这在新中国成立后的几十年中反映得更加明显，因此按照这些历史轨迹来划分技术转移的发展阶段会更加明确可靠。根据已有的文章和材料，可以看出新中国的技术转移及其政策的发展可以划分为改革开放前和改革开放后两个时期、五个阶段。

## 2.2.1　改革开放前的技术转移

在新中国成立之后，中国技术转移的基本模式可以总结为："初级产品出口—引进—产业发展"。❷ 前后大致可以分为三个阶段。

（1）第一阶段（1950～1959 年）

这个阶段可以说是中国到目前为止所有阶段中最高的一个阶段。在这个阶段，技术转移的最终目的是要让中国建立起初步的重化工业体系。它主要依靠模仿苏联的发展模式，政治上实行一边倒的政策，经济技术合作则完全与苏联及东欧社会主义国家进行合作，通过成套设备乃至整个生产体系，也包括管理体制来引进当时先进的制造技术。根据我国政府政策和经济学界的学者的研究结论，这一阶段工业经济和重要的工业技术发展历史可以认定为有得有失，但总体上是成功的。在前后不到 10 年的时间内，很多现代工业的基础性产业都通过这些项目建立起来，其中有相当多的产业属于国家的基础工业空白，从而形成以重工业、制造业为核心的现代产业技术体系。

据统计，1950～1959 年我国与苏联和东欧国家共签订成套项目和单项设备合同 450 项，其中与苏联签订 215 项，用汇 27 亿美元。1953～1959 年第一

---

❶　吴林海，朱华桂. 中国技术引进的历程考察与历史经验的评析［C］//财政部财政科学研究所. 探索・交流・发展：第七届全国经济学・管理学博士后学术大会论文集. 北京：经济科学出版社，2003.

❷　张晓凌，周淑景，刘宏珍，等. 技术转移联盟导论［M］. 北京：知识产权出版社，2009.

个国家五年计划期间，我国共计支出 38 亿美元引进技术，使得我国移植和建设了许多新的工业部门，造就了一批技术骨干，缩短了我国与先进国家的技术差距。这对我国工业化建设产生了重大的积极作用。

国家是技术转移的主体，以成套购买技术来源国设备为主要的转移方式。技术转移有力地推动了我国的技术转化、扩散和创新。

总结这一段历史的成功经验，有以下特点：

① 技术来源相对集中，主要集中在苏联和东欧国家。

② 引进技术多以成套设备形式为主，并无单纯的技术进口。

③ 引进技术的组织方主要是国家和政府职能部门，并经常与政府高层的接触直接相关。引进所需要的资金也几乎全部是由国家负担。

④ 国家正确地执行了有利于工业技术创新的政策，调动了企业技术人员和一线工人认真学习技术、掌握新技能的积极性。比如党和国家领导人多次表彰以技术能手为特征的劳动模范，并且确实也涌现出一批善于技术革新的劳动英雄。以技术技能为核心的学习为时尚，技术革新能力光荣的意识深入人心，并且在以后发展出以"鞍钢宪法"为核心的技术专家与一线岗位工人密切结合的政策模式，成为设计技术、工程技术、操作技术也包括专有技术（技术诀窍）能够深入生产第一线的重要保证。

⑤ 苏联技术专家的贡献应当肯定。根据调查，苏联的技术专家在主要的技术转让项目中能够热心帮助生产一线的技术人员从图纸到实践领域的学习，超出了目前国际上商业型技术转让的局限性做法。

（2）第二阶段（1960~1969 年）

在此阶段，我国的技术转移开始转为从西方发达国家进口成套设备和技术。20 世纪 60 年代初苏联单方面撕毁合同、撤资、撤走专家，迫使很多项目中断，我国的技术引进工作受到严重影响。进入 20 世纪 70 年代后，中国技术转移的技术来源开始转向西欧、日本等拥有先进技术的工业发达国家，技术交流的范围也越来越广，内容也变得丰富起来。这一阶段的最终目标是建立新的轻工业体系和进一步补充、完善已有的重化工业体系。

当我国国民经济经过调整、巩固、提高，逐渐得到恢复之后，便考虑从国际上其他国家和地区引进先进技术。由于三年经济困难的影响，国民经济进入调整时期，解决人民的"吃、穿、用"问题成为首要问题，技术引进的产业结构也发生了重要变化。20 世纪 50 年代侧重重工业发展的倾向有所改变，增加了相当一些影响国计民生行业的技术引进，包括纺织业、轻工行业相关的技术门类。这一次较大规模的引进主要集中从日本、西欧、北美等国家和地区进口关键性的成套设备和技术，项目则主要分布在化工、化纤、冶金、石油和机械等工业领域。

这一时期，成套设备引进仍然占主要地位，同时也注意了单项设备和单项技术的引进。但技术引进规模较小，新建项目和大型项目较少。技术引进仍然以生产线的建设为主，纯技术转让的项目不多。据统计，这期间我国共引进技术 84 项，价值约 2.8 亿美元。

（3）第三阶段（1970～1978 年）

1972 年，中美、中日关系先后解冻，为从西方国家较大规模引进技术打下了基础。

1972 年 2 月，周恩来总理取得毛泽东主席同意，批准经李先念、华国锋、余秋里等研究提出的国家计委《关于进口成套化纤、化肥技术设备的报告》，开始有计划地引进新的工业技术。这一年里，我国引进技术的步子加大。根据周恩来总理的指示，国家计委向国务院报送《关于增加进口设备、扩大经济交流的请示报告》，提出从国外进口 43 亿美元成套设备和单机的方案，即著名的"四三方案"。引进项目包括：13 套大型化肥设备，4 套大型化纤加工设备，3 套石油化工系统，1 个烷基苯加工厂，43 套综合采煤机组，3 个大型电站，武钢"一米七"轧机，以及透平压缩机、燃气轮机、工业汽轮机制造工厂，航空工业领域的斯贝发动机等。如此大规模从西方国家引进机器设备和技术，新中国历史上还不曾有过。其中武钢"一米七"轧机项目是新中国成立以来最大的引进项目之一。1973 年 8 月，中共中央、国务院批准从联邦德国、日本引进"一米七"轧机，工程全部概算为 38.9 亿元人民币，其中国外引进费用 22.28 亿元，约合外汇 6 亿美元。其设计能力为年产 300 万吨热轧板卷，可用于加工 279 万吨成品板材。

"四三方案"牵涉的总体引进项目，自 1973 年起陆续签约、执行，后续亦有追加项目，合计签约金额 51.4 亿美元。到 1977 年底，实际对外成交 39.6 亿美元，同时，这些引进项目大部分也已建成投产。根据相关文献总结，虽然该方案中有一些项目存在技术老化等问题，但总体看，在当时的环境下为更新我国工业技术起到了重要的促进作用，同时对沟通我国企业与西方国家的经济、技术和文化的联系也具有重要的开拓意义。❶

---

❶　陈向东. 国际技术转移的理论与实践 ［M］. 北京：北京航空航天大学出版社，2008.

这一阶段后期，国家重新走向经济建设的主旋律，但引进技术的规律却没有把握好。当时我国出现了第二个以成套设备为主的大规模引进技术的新高潮。这一阶段，要求引进世界上最先进的技术，规模要大，自动化程度要高。然而，最先进的技术并不一定是最适合我国国情的技术。实践表明，有些技术与我国的基础设施、技术吸收能力等方面的状况不相适应，同时我国当时的外汇储备规模有限，缺口过大，事实上不能应付过分放量的技术引进规模。

总结前三阶段的发展，我国引进技术主要依靠成套设备和关键设备引进，国际上许可证贸易的形式十分欠缺。1950～1978年，我国以许可证贸易方式进口软件技术项目仅占进口项目总数的2.3%；而成套设备项目的引进则占项目总数的90%以上。从进口技术的费用看，1950～1978年引进技术累计花费145亿美元。其中，进口成套设备的金额为135亿美元，占全部技术进口花费的93%，而纯用于软件技术的花费仅1亿美元。

## 2.2.2 改革开放后的技术转移

从1978年开始，我国进入经济改革、对外开放的新的历史发展时期。与此相对应，我国开始承认技术是一种商品，有了技术市场的概念。由此，我国的技术转移开始进入由以国家为主体的成套设备引进向以许可证贸易为主的各种引进方式都进行的新时期。这一发展时期主要由以下两个发展阶段组成。

（1）第四阶段（1978～1999年）

这一阶段的我国技术转移的来源国家空前广泛，已不再限于某个区域或某种类别的国家，从而带来了前所未有、更为先进的技术，并开始了服务领域的技术引进。在引进方式上，已经抛弃了原来单一的成套设备或者关键技术或设备的引进方式，而是开拓了更为广泛的方式，例如技术许可、技术服务、特许经营等，这样就扩大了技术引进的渠道，活跃了技术转移。国家不再是技术转移的单一主体，而是变成了国家、企业同时并存的格局。

据统计，这期间的技术引进成交总金额约为302亿美元，比新中国成立初期近30年的148亿美元增长了1.04%。这个时期技术引进工作有以下主要特点：一是技术引进的规模明显增加；二是技术的领域由单一的生产领域转向生产领域与生活领域并举，除了从国际上引进经济建设所需要的技术与装备外，还大量引进了以家电为代表的消费品生产技术和生产线；三是由单一的成套装备引进转向技术与装备相结合，在引进所需要设备的同时，还引进了设计、制造和工艺技术；四是走向以引进制造技术为主的阶段。自20世纪70年代末，特别是80年代中期以后，我国逐渐改变过去单纯引进成套设备、成套包建的引进方式，提出以引进制造技术为主的技术引进方式。据统计，1979~1983年进口软件技术项目在引进项目中所占比例上升为46.3%，而成套设备的硬件引进下降为53.7%；到1987年这一比例分别变为59.9%和40.1%。这与1979年以前相比有了明显变化。我国从20世纪80年代中期起，政策层面和企业操作层面都逐渐树立技术作为商品交易的理念，技术市场逐渐活跃，国际、国内的技术转移活动趋向繁荣。特别是进入20世纪90年代，我国技术引进发生了深刻变化，技术引进呈现以下几个重要特点：一是引进规模大幅度提高，二是引进方式多样化，三是技术引进主动权逐步提高，四是技术引进结构不断优化，五是硬件引进比例高。

（2）第五阶段（1999年至今）

20世纪80年代中期，北京、深圳、武汉等地纷纷开始建立高新技术产业区，这就为中国技术市场的进一步发展开辟了一个新的天地。在这个阶段，技术转移理论开始出现和形成，由之前重视国际技术转移变成开始关注国内技术转移的研究。参与到技术转移中的企业主体也迅速增加，越来越多的企业利用其之前积累下来的技术，积极进行国内的技术转移，用来扩大市场影响力并占领了市场。国内资本市场也开始迅速扩张，使技术转移的资金来源得以扩大和保证。

1）引进技术多种并存，软件比例明显提升

我国引进技术的类型进一步呈现多样化，如技术许可或转让、技术咨询、技术服务等多种形式，并且这类软件形式的技术引进逐渐成为主导部分，而硬件设备处于辅助的形式。尤其是进入21世纪，我国技术引进数额基本保持稳定，技术引进项目技术含量不断提升，技术费占总引进金额的比例稳步增长（见图2-1）。

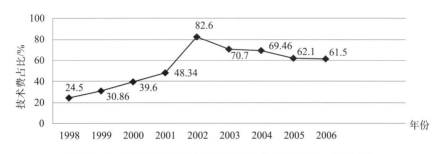

图2-1 我国引进技术中技术费所占比例（1998~2006年）

注：资料根据我国商业部网站有关数据编辑。

在这一阶段，传统的以关键设备、成套设备为主的技术引进格局已被打破，取而代之的是技术咨询、服务，以及专利技术、成套设备等多种技术引进方式相互交织的新局面。图2-2为2007年我国技术各引进方式所占比例。

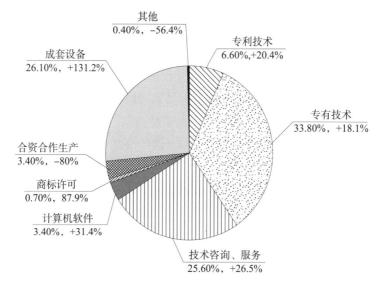

**图2-2 我国引进技术主要方式（2007年）**

（百分比：前为金额占比，后为同比增长率）

2）引进技术的来源国家和地区趋向多元化，但以合同金额衡量引进技术仍高度集中于某些国家和地区

2011年，我国技术进口来源国家和地区共62个，技术引进合同金额排在前10位的国家或地区依次是美国、日本、德国、韩国、法国、俄罗斯、瑞典、中国香港、芬兰、英国，合同总金额为275.7亿美元，占全部合同金额的85.9%。虽然技术引进国家和地区不断增加和变化，但美国、日本等发达国家和地区仍然是我国主要的技术来源地（见图2-3）。

3）引进技术的行业相对集中

从引进技术的行业分析，电子信息行业成为我国技术引进最为集中的行业。冶金、交通运输、化工、能源是我国技术引进的重点行业。无论从合同数量还是从合同金额上看，电子及通信设备制造业的技术引进都占很高比例。2011年，在电子及通信设备制造业领域，我国共登记技术引进合同7364份，合同金额为341.47亿美元。该领域一直是我国技术进口最为集中的领域，合同金额占全部技术进口的75.28%。

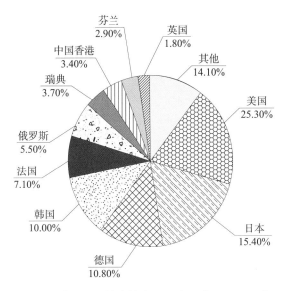

**图 2 - 3　我国引进技术的来源国家和地区（2011 年）**

4）外资企业是我国技术进口的主体

随着经济全球化的加快和中国经济迅速发展，尤其是中国加入 WTO 之后，投资环境日趋完善，越来越多的跨国公司将投资重点转向中国，并逐渐加大向中国投资企业的技术输出力度。外资企业，特别是独资企业越来越成为我国技术引进的主体。例如在引进技术最为集中的电子信息领域，在华投资的跨国公司独资或合资企业成为目前我国从海外引进技术的最重要群体，跨国公司内部技术转移在我国体现尤其突出。根据统计，电子信息产业约 90% 的技术引进合同是苹果、三星、惠普、戴尔、飞利浦、三菱、东芝、日立、微软、谷歌等国外著名跨国公司与其在我国的独资或合资企业签订的。这一发展形势充分体现了经济全球化形势下跨国公司的技术资源全球配置的发展格局。

5）我国的技术依存度逐年降低

技术的国际依存度（以下简称"技术依存度"）是衡量一个国家对国外技术依赖程度的指标，技术依存度可以从科学技术经费支出结构的角度测算，用技术引进经费和研究与发展（R&D）经费支出之比衡量。一般来说，一个国家技术引进经费与本国 R&D 经费之比低，表明该国的自主技术开发能力和技术竞争力较强；反之，则较弱。1996 年以来，我国技术引进费用与全国 R&D 经费支出之比呈逐年下降趋势，1996 年为 3.12:1，1998 年为 2.46:1，1999 年下降为 2.09:1。技术引进费用与全国 R&D 经费支出之比下降的主要原因是由于全国 R&D 经费支出的增加。1995～1999 年，我国技术引进费用增长了31.7%，年均增长 7.1%；而全国 R&D 经费支出增长了近 2 倍，年均增长速度为 16.1%。

综上所述，新中国成立以来，我国技术引进为国家工业技术基础的建设提供了重要的技术资源支持，虽然有过曲折发展的历程，但总体上我国引进技术的发展是成功的；同时我国企业和政府利用外国技术资源的发展经验也有许多地方值得总结、汲取、借鉴，可以为今后我国工业技术的快速发展提供宝贵的经验。表 2 - 1 总结了新中国成立以来我国引进技术的发展情况（合同数、金额数和引进技术的平均规模）。

表 2 - 1　新中国成立以来我国引进技术的发展情况

| 年份 | 引进技术项目数 | 引进技术金额数/亿美元 | 平均每项金额/万美元 |
|---|---|---|---|
| 1950～1959 | 450 | 37.00 | 822 |
| 1960～1969 | 84 | 14.50 | 1726 |
| 1970～1980 | 521 | 110.60 | 2123 |
| 1981～1985 | 1552 | 51.92 | 335 |
| 1986 | 748 | 44.60 | 596 |
| 1988 | 437 | 35.49 | 812 |
| 1990 | 232 | 12.70 | 547 |
| 1991 | 329 | 34.60 | 964 |
| 1992 | 504 | 65.90 | 1308 |
| 1993 | 493 | 61.10 | 1239 |
| 1994 | 444 | 41.10 | 926 |
| 1995 | 3629 | 130.32 | 359 |
| 1996 | 6074 | 152.57 | 251 |
| 1997 | 5984 | 159.23 | 266 |
| 1998 | 6254 | 163.75 | 262 |
| 2000 | 7553 | 181.76 | 241 |
| 2001 | 3900 | 90.91 | 233 |
| 2002 | 6072 | 173.89 | 286 |
| 2003 | 7130 | 134.51 | 189 |
| 2004 | 8605 | 138.56 | 161 |
| 2005 | 9904 | 190.52 | 192 |
| 合计 | 77 607 | 2197.15 | 641 |

1997 年后，中国确定了面向 21 世纪的发展目标和战略，随着市场经济体制改革的不断深入和市场经济体系的不断完善，市场中介组织和包括技术转移服务业在内的科技中介服务体系建设与发展被提到重要的议事日程。

2006 年，国务院发布《国家中长期科学和技术发展规划纲要（2006—2020 年）》（以下简称《纲要》）。《纲要》里对完善技术转移机制、建立健全知识产权激励机制和知识产权交易制度、建设社会化和网络化的科技中介服务体系等都作出了规定。❶

在这一阶段，技术转移理论逐渐走向成熟，相关法律也逐步出台，并有效指导、规范技术转移的实践活动。在此基础上，转移的方式也变得越来越灵活，越来越多样化。技术合作、外商直接投资、科技交流、技术转让等形式齐头并进。企业已经成为技术转移的主体力量，利用市场规则进行技术并购、资本和企业的并购，使企业规模加速壮大，并开始了技术输出。

## 2.3　转移组织体系

中国技术转移的组织体系，目前，主要由中国科学院（以下简称"中科院"）系统、教育部系统、科技部系统、国防科学技术工业委员会（以下简称"国防科工委"）系统和部门、行业系统等五大系统所组成。

### 2.3.1　中科院系统

中科院技术转移系统目前主要有三家国家技术中心：中科院北京国家技术转移中心、中科院上海国家技术转移中心、中科院沈阳国家技术转移中心。

中科院北京国家技术转移中心成立于 2003 年，由中科院高技术产业发展局直接领导，挂靠在自动化所。该中心实行理事会员制，理事单位由中科院京区有关研究所组成。

中科院上海国家技术转移中心于 2003 年 4 月 23 日正式成立，由中科院上

---

❶ 《国家中长期科学和技术发展规划纲要（2006—2020 年）》："要完善技术转移机制，促进企业的技术集成与应用。建立健全知识产权激励机制和知识产权交易制度。大力发展为企业服务的各类科技中介服务机构，促进企业之间、企业与高等院校和科研院所之间的知识流动和技术转移。""加快科技中介服务机构建设，为中小企业技术创新提供服务。""建设社会化、网络化的科技中介服务体系""大力培育和发展各类科技中介服务机构""引导科技中介服务机构向专业化、规模化和规范化方向发展"被列为"全面推进中国特色国家创新体系建设"的重要内容之一。

海微系统与信息技术研究所、上海硅酸盐研究所、上海原子核研究所、上海光学与精密机械研究所、上海技术物理研究所、上海有机化学研究所、上海天文台、福建物质结构研究所、上海药物研究所、上海生命科学研究院和上海分院11 个单位作为发起单位和自然理事会员。

中科院沈阳国家技术中心成立于 2003 年。该中心由理事会、一个综合业务办公室、一个知识产权办公室和若干个专业技术部构成。中心理事会由中科院沈阳分院"院地合作委员会"代行其职，是该中心的最高权力与决策机构。综合业务办公室设在中科院沈阳分院科技合作处。

### 2.3.2　教育部系统

2001 年 9 月，经原国家经济贸易委员会和教育部联合发文（国经贸技术〔2001〕909 号）批准，首批认定清华大学、上海交通大学、西安交通大学、华东理工大学、华中科技大学、四川大学 6 所大学的技术转移机构为国家技术转移中心。国家技术转移中心作为高校组织和整合科技资源的机构，其主要任务是：开发和推广共性技术，参与企业技术创新体系建设，促进高校科技成果的转化及技术转移，加强国际技术创新合作，为企业提供创新综合服务。

华东理工大学国家技术转移中心是全国第一家技术转移中心，成立于1998 年 10 月 25 日。该中心依托华东理工大学，面向全国，在技术产权清晰的前提下，重点吸纳化工、冶金、石油、医药、农药、新材料、生物等领域的小试技术成果，将其转化为可靠的工业技术。利用信息技术、先进制造技术以及重大的科技进步改造、提升传统基础产业的技术水平和国际竞争能力。该中心共设 6 个机构：①技术市场部：与国家大型企业对口，负责技术的推广、中介、交易。②国际合作部：加强国际科技合作，负责引进国外技术。③知识产权部：负责专利代理、技术产权保护。④工程设计研究院：负责技术的中试、集成及产业化实施。⑤环境咨询部：对拟转移的产业化项目进行环境安全咨询评估。⑥中试基地：对转化项目进行中试放大研究，实现实验室与产业化的对接。

清华大学国家（国际）技术转移中心是清华大学的一个跨院系机构，是清华大学科技服务社会体系的重要组成部分。中心定位于技术转移的理论研究，致力于促进科学技术向生产力的转化，面对产业界开展具有国际竞争力的共性技术研发、组织和扩散。该中心根据市场需求，致力于国外先进的科学技术的有效引进，并依托清华大学强大的科研实力帮助我国企业消化吸收外国技术，为企业的发展和创新服务。中心是国际技术资源与产业实现双向对接的桥梁，与国内外企业界和学术界保持着密切的联系。中心作为清华大学与国际化企业合作的窗口，广泛开展国际的人才交流与培训。

上海交通大学国家技术转移中心是国家级的技术转移基地之一，隶属于上海交通大学，接受国家发展和改革委员会和教育部的工作指导。中心是一个组织与整合学校高新技术资源，面向市场，实施产业化运作的机构；是集融资、投资、项目开发、产权管理、技术转移、技术服务、技术咨询、国际技术合作为一体的经营实体。中心不以营利为目的，而是致力于推动高校科技、人才、信息等资源与产业的结合，促进先进实用技术向企业的转移，以加快企业为主体的技术创新及体系建设、提高企业竞争能力为目标。

西安交通大学国家技术转移中心成立于 1999 年 6 月 9 日，是西安交通大学从事科技成果产业化和技术成果资本化运作的中介服务机构，经工商登记注册为"西安交通大学技术成果转移有限责任公司"。2001 年 8 月，该公司被原国家经济贸易委员会和教育部认定为全国首批 6 个国家级技术转移中心之一；2002 年 7 月，在陕西省科技厅的支持下，成立了"西安交通大学生产力促进中心"。

华中科技大学国家技术转移中心于 2001 年 11 月 18 日正式挂牌，其前身是于 1989 年成立的华中理工大学科技成果转化办公室。经过十余年的发展和组织机构的演变，目前该中心已建有技术协作办公室、知识产权中心、创业投资公司、风险基金和驻外研究院等二级机构。华中科技大学国家技术转移中心非常重视同重点大中型企业的科技合作，已与武钢集团、三峡总公司、首钢集团、中兴公司、海尔集团、赛格公司、创维集团、东方电机等 100 多家大中型企业进行了广泛的合作。华中科技大学国家技术转移中心的一个重要方向是加强与周边省份和地区的技术合作，在重点区域建立技术转移的示范基地。

四川大学国家技术转移中心是 2001 年 9 月 10 日由原国家经济贸易委员会和教育部首批认定的国家技术转移中心。中心的主要任务：一是围绕国家产业结构调整和重点企业技术创新工作，组织有关高校，并联合有关重点企业共同参与行业共性、关键技术的开发和扩散，形成向产业转移的有效机制；二是通过多种形式与国家重点企业技术中心共建研究开发机构，提高企业研究开发水平和技术储备能力；三是培育和孵化具有市场潜力的科技成果，促进高校科技成果转化及技术转移；四是积极参与国际技术转移工作，联合企业，做好引进技术的吸收消化、开发创新；五是根据企业需求，提供综合服务。

### 2.3.3 科技部系统

科技部系统的技术转移系统在中国技术转移体系中扮演着十分重要的角色，它承担着全国所有市场化运作的科技成果转移的重任。科技部技术转移体系的主体部分是四大国家级常设技术市场（上海技术交易所、北方技术交易市场、沈阳技术交易所、武汉技术市场），以及西南技术交易市场、南方技术交易市场等区域技术市场。

1993年，首家国家级常设技术市场上海技术交易所成立，标志着上海开始成为全国技术成果的集散地。

北方技术交易市场是原国家科学技术委员会与天津市人民政府联建的国家级常设技术市场，1995年3月正式开业运行，实行委员会领导下的总裁负责制。北方技术交易市场下设综合部、信息网络部、技术与人才交流部、项目部、财务部和办公室机构。目前正在致力于构建技术集成、中介集成、信息集成和国际交流集成四个服务平台，拓展和延伸信息服务、对接服务、中介服务、科技会展、技术产权交易、国际合作交流六大服务功能，打造一个以技术转移为主体，与创业投资、人才开发紧密连接的，具有国际竞争力的北方最大的技术转移中心。

沈阳技术交易所是科技部批准成立的国家级技术交易所。其宗旨是：促进科技成果向现实生产力转化，加速高新技术商品化、产业化与国际化，推动跨地域、跨组织间的技术贸易和高新技术产品交易。沈阳技术交易所采用国际惯例运作，以实行会员制为组织保证，以计算机为信息集散手段，以技术经纪人队伍为依托，开展一切有利于科技成果引进、消化、吸收、转移的多功能、全方位服务。沈阳技术交易所以其设备先进、高效运作，功能齐全、供需便利，立足东北，面向全国和世界提供服务，是我国东北地区的科技信息集散地和技术交易中心。

武汉技术市场是原国家科学技术委员会批准成立的全国第一家专业的常设技术交易市场，专门从事各类专利发明和科技成果开发、转让、咨询中介工作。

除技术市场外，在科技部系统内部以及各地方、各行业，还存在着另一技术转移体系——生产力促进中心。截至2012年12月，我国各级各类生产力促进中心已达2281家，遍布全国各地和各行各业。生产力促进中心在技术转移过程中发挥了巨大作用，尤其是在中小企业的技术转移工作中具有突出的作用。

### 2.3.4 国防科工委系统

国防科工委系统有一套独立的科技成果转化系统。20世纪80年代，在军转民的浪潮中，成立了国防科工委科技成果推广中心，专门负责军转民和军民两用技术的应用和推广工作，并且建立了"国防科技成果推广转化网"，按照"寓军于民、大力协同、自主创新"的方针，致力于整合国防科技工业科技资源，促进国防科技成果推广转化。目前已建成一个集技术成果、资金、需求于一体的国防科技成果网上交易咨询平台，成为国防科技工业中成果信息量最多的网站之一。该网站具有以下特色：①以网站为平台，依托专家和中介机构，提供"一站式"的完整服务；②以国防科技力量为支撑，具有"一条龙式"的资源保障体系；③以国防军民两用技术为基础，实现"网上合作，共同发展"；④以产业化为主线，搭建"技术成果、资金、需求"三位一体平台。

国防科工委科技成果推广中心提供以下服务：①信息服务：发布与国防科技工业相关的各类信息，提供搜索引擎，供客户方便、快捷地查询到相应的成果和需求；②对接服务：以技术需求为导向，以对接活动为载体，向技术供、需双方提供直接接触交流的环境和条件，为科研机构和广大企事业单位提供对接服务；③中介服务：利用广泛联系的大专院校、科研院所等，为企业的经济活动提供论证分析和价值依据；④企业助跑服务：针对客户的不同需求提供不同的网站建设方案及网站托管服务；⑤互联网广告服务：利用互联网传播范围广泛的优势，为客户提供多种形式的广告。

## 2.4 中国技术转移发展存在的问题、思考和面临的挑战

### 2.4.1 中国技术转移存在的问题

新中国成立60多年来，特别是改革开放以来，我国技术转移对提高我国科学技术水平、优化产业结构、增强经济实力和综合国力发挥了重要作用，对我国的经济社会发展起了巨大的推动作用。实践中虽然已经积累了很多成功经验，但同时也存在很多问题与不足，主要表现在政策导向、技术转移体系、市场机制、信用建设、舆论宣传及技术转移环节六个方面。

（1）政策导向问题

我国在以往的技术转移政策的制定以及实施方面都出现了不同程度的偏

差，即在政策导向方面存在着一些问题。

1）对技术转移性质的认识存在偏差

技术转移实践表明，技术转移不仅仅是机器设备和技术原理转移的简单过程，更是一个复杂的社会、经济和文化过程，涉及技术供方、技术受方、转移渠道和转移环境四个方面的多种因素。技术转移的成功与否，取决于技术转移是否有相容性较好的环境条件：技术供方的技术状况和合作程度，技术转移渠道的选择，技术受方的吸收能力，技术转移所处的社会、经济和文化背景，都直接影响到技术转移的成败，政府应该在技术转移中扮演重要角色。而长期以来，我们对技术转移的这种性质和要求认识不足，政府要么是计划经济条件下的全面包办，要么是在市场经济条件下的作用缺位。

政府的合理定位对政府在整个技术转移过程中的作用具有决定性意义。政府应在市场失灵的情况下，从政策上进行引导和规范，充当引导者；在资金投入上进行扶持，并引导企业和社会中介结构加大科技转化资金投入，充当支持者；在利益各方的关系上进行协调，使各方利益达到最大化，充当协调者；建立技术转移中介机构，为技术转移搭建平台，充当促进者；同时，为利益各方提供法律上的保护，充当保护者。因此，政府在技术转移过程中应承担引导者、支持者、协调者、促进者、保护者的角色，只有这样才能使技术转移顺利进行，从而提高技术转移率，提升高校和企业的知识创新和技术创新能力。这才是国家创新体系建设的关键。

2）缺少国家级协调单位与总体计划

我国的技术转移体制虽然有了相当大的改革，但无论从我国自身还是从外商角度看，其运行效果都不是很理想。就组织形式而言，这一体制中缺少对获取外国技术进行管理和协调的国家级单位。没有一个部门对获取外国技术担负全面责任，实际上导致了没有部门来关心技术的选择、转移机制、技术供方、吸收步骤等。从政策角度看，国家缺少技术引进的总体计划，而这种计划应该能将国家经济重点与获取外国技术的具体计划联系起来。

对技术转移的战略地位认识不足，缺乏总体战略和全局认识，宏观政策和微观政策执行不得力，直接造成了引进项目与国内产业结构调整相脱节，与国内资源供应能力和加工能力不协调，与现有的技术力量不适应，与消化吸收和科技攻关衔接不当。

技术获取问题与缺少国家级协调单位和总体引进计划有关。而作为改革方案一部分的分散化管理进程，更进一步加剧了这方面的问题。值得一提的是，地方在技术引进决策方面缺乏经验，实际上没有足够的技能对多种引进的可能性进行恰当的评估。此外，出于狭隘的地方利益，当地官员常常鼓励和批准一些并非符合国家整体最优利益的项目，所要求的可行性研究也常常只是支持既定决策的一种形式。因此，权力下放和缺乏中央及地方政府之间的协调导致了不适用技术的引进、在企业不具备必要的吸收能力的情况下购置外国技术、重复引进等问题。简而言之，分散化和狭隘的地方利益导致了许多不合理的项目。

（2）我国现有技术转移体系存在的问题

我国现有技术转移体系是在计划经济体制向市场经济体制转制的过程中形成和发展起来的，不可避免地带有计划经济的色彩，存在诸多弊病，严重地阻碍着技术转移的顺利进行，已经不再适应新形势发展的需要。这些弊病主要表现为：资源分散，各自为政，无法形成合力；服务功能单一，效益不高；政府主导作用不突出等。

1）资源分散，缺乏合作及联动机制

我国现在实行的技术转移体系主要是"条""块"体系。在"条"的方面分属五大系统（高校、中科院、科技部、国防科工委、各行业部门），自成体系，即使在同一系统内部，各技术转移中心之间也往往是各自为政，缺乏有效的沟通与合作，无法形成合力，实现资源共享、优势互补。

在"块"的方面，各地区更是画地为牢，缺乏应有的联系、沟通机制。目前已经形成的长三角、环渤海和东北地区三大区域技术转移联盟，实际的活动与作用也十分有限，在技术推广应用方面仍然缺乏有力、有效的合作及联动机制，无法发挥其应用的作用。

2）服务功能单一，效率、效能低下

现有五大系统及地方上现有的技术转移机构，其功能都显得比较单一，缺乏功能齐全、服务配套的综合技术转移组织。如高校设立的国家或地方技术转移中心，基本业务主要集中在项目筛选、项目孵化、项目融资、培训、企业服务等有限的几个方面或领域，业务的同质化现象突出。中科院系统建立的几个国家技术转移中心也存在类似的问题，主要限于转移、推广自有的技术成果，并未真正形成技术集成、中介集成、信息集成和国际交流集成的综合性大型服务平台。

3）技术转移主体缺失

技术转移主体缺失，从技术出让角度看，是从事技术研发活动的机构及企业科研能力和科研经费不足，科研意识淡薄，意愿不高。因此，从整体上看，国内的技术发明成果少，可供转移的技术不多。从技术受让方看，由于种种原因，企业往往缺乏采用新技术的使命感和责任感，参与国际竞争、占领国际市场的意识不强。

4）技术中介发展明显滞后

科技成果转化和技术转移是一项系统工程，技术中介作为该系统不可或缺的一环，在促进科技成果转化和技术转移中起着开拓、催化、加速和创新的重要作用。正因为如此，很多国家都高度重视科技中介的发展，形成了以政府为支持的技术中介服务和民间技术中介服务并存发展的局面。

我国技术中介经过 30 多年发展，目前仍处于落后状态，尚未形成有规模、有实力的技术中介集团，也缺乏国家政策的明显支持，大多处于发展的初始阶段，作用和影响力十分有限，尚难适应和满足大规模技术转移的实际需要。

5）政府主导作用不突出

政府在一国或一地区技术转移过程中扮演着极为重要的角色，对技术转移承担从政策上进行引导、规范，在资金上给予支持，在攸关各方的利益上进行协调，为技术转移搭建平台、促进其为技术转移提供法律上的保护等重要职能。在中国，政府的这一主导作用从总体上看并未得到充分、有效的发挥。突出表现：一是缺乏强有力的国家级技术转移协调单位与总体计划，目前设在中科院、高校及科技部、国家国防科技工业局的国家技术转移中心，其作用都十分有限；二是相关的法律法规与政策建设同实际的要求相比较，还有不小的差距，近十几年来，虽然已出台了一大批与技术转移直接相关的法律法规，但这些法律法规，总的来看是原则性的规定多，具体实施的规定少，缺乏可操作性，规定的柔性太强、刚性太弱，针对性差，大而无当等，从而无法发挥其应有的作用；三是技术转移缺乏相应的政府管理机构和自上而下的管理与协调机制，政府对技术转移的资金投入严重不足，等等。

（3）我国现有市场机制存在的问题

作为一个发展中国家，中国要尽快发展本国经济，缩小与发达国家之间的差距，引进、吸引发达国家的先进生产技术和管理技术势在必行。这是构成我国技术转移的自然机制。然而，如何引进技术，引进什么技术，则是我们面临的一个实际而且十分重要的问题，也是技术转移中人为机制所包含的主要内容。

改革开放以来，由于引进国外先进技术，我国的生产技术得到更新，产品实现了更新换代。但由于我们没有形成一个较为有效的技术转移机制，技术引进的效果并不理想。

我国技术引进机制发生过几次重大而意义深远的变化。

第一次是改革开放以前，我国主要以技术贸易的方式引进技术。总的原则是希望把技术买进来，通过消化、吸收而成为自己的技术，提高我国的技术水平。

改革开放初期，我国在外汇十分紧缺的情况下，依然实行"以资金换技术"的政策。虽然得到了一些技术，但是后果十分严重，"洋跃进"造成整个20世纪80年代的"消化不良"，大量重复引进带来的不是高新尖端技术，而是以设备为主的过期技术，而真正引进的一些尖端技术又由于没有人才而搁置，无人问津，这种引进甚至导致了许多企业的破产。即便在现在，仍有一些地方热衷于这种无法进行技术对接的引进。

第二次是在进入20世纪90年代以后，国家意识到前一阶段的技术引进机制失调带来了很多的问题，因此决定采用"以技术换市场"的机制。可以说，这种机制为我国的经济发展带来了很大的促进作用，但是在实施了二十几年后，也逐渐暴露出很多问题。

1）市场被占领，形成技术依赖症

我国原有机制是以引进为主，而将技术创新摆在不显眼的位置。这样技术创新没有机制的支持，势必沦为"弱势群体"。许多有志于技术创新的企业和人才没有得到应有的资金和政策支持，最终"功亏一篑"，是十分令人痛心的。而且，技术引进后如果没有创新，我国的二次开发能力没有得到发挥，企业活力无法释放，最后不得不再次引进更具竞争力的技术，这样就陷入永无止境的"引进—落后—再引进"的怪圈中无法自拔，对于国外技术的依赖性就越来越强。然而，即便是这样，对于很多我们急需的高新尖端科学技术，我们即使是出让了市场，还是无法获得，只能引进别人几十年前的老技术。

2）先进技术大多掌握在大型跨国公司手中，国内企业无法获得关键技术

许多公司都严格控制关键技术的转让，即使我们拥有广阔、足够的市场，也没办法获得这些关键技术。由于考虑到技术转移以后容易为自己带来强大的竞争对手，因此现在的跨国公司已经趋向于将必要的先进技术转移到其在东道国设立的全资子公司或者控股子公司，从而对自己的生产经营产生影响。这样一来，我国许多产品由于没有得到关键技术，而自身研发又没有突破，因此市场也被外商占领了。

21世纪的开局之年，中国如愿以偿地成了WTO的正式成员。加入WTO，

使我们获得了在世界经济大家庭中与其他成员平等的贸易和投资权利，也使我们真切感受到经济全球化和一体化的冲击。加入 WTO 后，大量外资、产业进入我国，特别是东南沿海地区，极大地推动了这些地区的工业化和现代化进程，也拉动了全国经济的持续健康发展。然而，当东南沿海地区，特别是上海及长三角地区基本完成工业化、即将向工业化后期阶段迅速迈进的时候，我们发现：跨国公司在进行产业转移的时候，并没有把一些重要产业的技术知识一起转移给我们，它们以技术谋求市场垄断和超额利润的企图反而不断强化。在一些关键产业中，我们在技术上受制于人的局面没有得到明显改变，某些产业甚至成为跨国公司的加工车间。❶ 如苏州的罗技公司，生产一只美国的罗技鼠标售价约 41 美元，但其只赚到 3 美元，大部分被母公司（8 美元）和原料供应商（15 美元）、销售商等（15 美元）拿走。我国生产的台式计算机每台只能"赚一捆大葱的钱"。同时，我们在很多产业领域已经形成日益强化的技术依赖，大到飞机、汽车、数控机床，小到服装、日用化学用品、碳酸类饮料，我们甚至已经或正在失去有些产业发展的主导权。❷

由于没有获得技术的有力支撑，立足于劳动力成本优势基础上的发展犹如空中楼阁，我们真切感受到它的脆弱和不可靠；特别是在越来越严峻的资源与环境因素制约下，我们深知传统发展模式的弊端和不可持续性。以上海为例，经过十几年的快速发展，城市土地成本急剧上升，劳动力成本不断提高，在制造业领域的优势逐步消失。为了应对周边城市及内陆省份在吸引外资上的竞争，上海启动了"173 工程"。所谓"173"是指上海市郊的嘉定、青浦、松江三区计划建设的降低商务成本试点园区的总面积，这个 173 平方公里的区域，是上海市继浦东之后全力运作的新的"经济特区"。虽然有了这个工程，但仍然无法阻止联合利华将生产基地转移到安徽，英特尔把生产线迁到成都，一期投资就达 10 亿美元的英飞凌落户到苏州，由韩国现代半导体和欧洲意法半导体公司共同组建、投资总额达 20 亿美元的芯片项目落户无锡。❸ 跨国公司在急于招商引资的地方政府之间讨价还价，宝贵的资源、优惠的政策成为地方政府可资利用的仅有筹码。在众多关键产业中，一些早在 10 多年前就已经合资的企业，技术主导权仍牢牢控制在外方手中。尽管我们交出了巨额学费，但本

❶ 傅家骥，姜彦福，雷家骕. 技术创新：中国企业发展之路［M］. 北京：企业管理出版社，1992.

❷ 徐冠华. 把推动自主创新摆在全部科技工作的突出位置［J］. 中国软科学，2005（4）：6-8.

❸ 徐美华. 上海市中长期科技发展规划［R］. 上海：上海市科学技术委员会，2005.

土企业的核心技术知识水平和技术开发能力没有得到相应提升。

3）自主研发资金缺乏，技术追赶效果不强

由于研发资金严重缺乏，我国只能在某些技术方面投入资金，这样就造成我国在很多领域的技术非但没有拉近与领先国家的距离，反而有越来越远的趋势。而机制的不灵活也使得许多民间资金无法进入这一领域。

第三次转变就是中共十六大五中全会之后，国家确定了以"自我创新"为主的科技国策。国家已经看到了这样的引进怪圈所带来的后果，在国家"十一五"规划中强调引进必须与创新相结合，并首次将技术创新摆到了前所未有的高度，强调以"自我创新"为主。但是，现在依然面临这样一个严峻的问题，就是规划的出台，还没有落实到实处，没有更多的细则来规范和引导、支持技术创新。原有机制的惯性依然存在，如何去摆脱这种困境是实际操作中让各方面都头疼的问题。如何发挥新机制的作用，也还远远没有得到重视。这些都需要政策进一步清晰起来，并完善各种配套的措施。

只有我国的自有技术获得了发展，才更有利于技术的转移，并可以提高引进技术的质量。如果没有机制的支持，技术引进中的对接将会十分困难，从而阻碍技术改进的进程和效率。

4）技术交易发展迅速，现有规模仍然不大

近20年来，中国技术市场合同成交额保持稳定的增长势头。技术转让、技术开发、技术服务、技术咨询四类技术合同交易中，以技术开发和服务为主，而且交易额都有不同程度的增长。但是从技术市场交易的相对总体规模看，发展到2012年，全国技术市场交易额仍仅相当于同年全国国内生产总值（GDP）的1.20%，虽已经比1995年的0.44%提高了0.76个百分点，但仍属于低水平范畴（见表2-2）。

表2-2　中国技术市场份额与国内生产总值比较

| 年份 | 1995 | 2000 | 2005 | 2008 | 2010 | 2011 | 2012 |
|---|---|---|---|---|---|---|---|
| 技术交易额/亿元 | 268.35 | 650.75 | 1551.36 | 2665.22 | 3906.57 | 4763.55 | 6437.06 |
| 国内生产总值/亿元 | 60793.7 | 99214.6 | 183867.9 | 316751.7 | 408902.9 | 484123.5 | 534123.0 |
| 技术交易额相当于GDP的比重/% | 0.44 | 6.56 | 0.84 | 0.83 | 0.95 | 0.98 | 1.20 |

5）科技成果中进入市场交易部分增加，比重仍低

这一点大致可以从R&D费用支出所带来的技术市场交易额的大小变化中看出，因为在其他条件不变的情况下，R&D费用总支出所带来的技术成果较

大部分进入技术市场并已通过交易。从这一关系的实际变化情况看，2000 年及其之前每百元 R&D 费用支出带动的技术市场成交额都在 30 元以下，1995年仅 21.52 元，2000 年增加到 29.95 元。之后，每百元 R&D 费用支出带动的技术市场交易额达到 60 元以上，其中 2001 年为 75.07 元，2006 年为 61.77 元（见表 2 - 3）。

表 2 - 3　全国平均每万元 R&D 费用支出带动的技术市场交易额

| 年份 | 1995 | 2000 | 2001 | 2002 | 2003 | 2004 | 2005 | 2006 |
|---|---|---|---|---|---|---|---|---|
| R&D 费用/亿元 | 349 | 896 | 1043 | 1288 | 1520 | 1843 | 2450 | 2943 |
| 每百元 R&D 费用带动交易额/元 | 21.52 | 29.95 | 75.07 | 68.63 | 71.38 | 72.38 | 63.32 | 61.77 |

6）技术交易的地区分布很不平衡，向大型城市集聚的趋势明显

在我国 31 个省、直辖市、自治区中，除个别年份外，技术市场成交额前 8名合计占全国成交总额的比重，一直在 65% ~ 75%，2006 年达到近 80%。北京、上海这两个城市合计的技术市场成交额占全国比重，1990 年为 33.85%，1995 年降至 23.93%，2000 年回升到 32.92%，2006 年达到 55.35%；加上天津、重庆，4 个直辖市的该比重 2006 年超过 60%，达 61.65%。

7）技术交易活动以企业为主体，科研院所和大学居于次要地位

以北京为例，2001 ~ 2005 年，全市企业输出技术由 12 154 项增加到22 628 项，增加近 1 倍，平均每年增长 15.81%；成交额由 101.95 亿元增加到404.42 亿元，增长近 3 倍，平均每年增长 41.13%；企业输出技术额及其成交额占全市总数量的比重分别由 50.81% 和 53.37% 上升到 60.14% 和 82.60%。从 2006 年开始，企业的技术输出额已经明显大于其技术吸纳额。企业在全市技术交易中的主导地位明显，且呈强化态势。

（4）我国信用建设机制存在的问题

毋庸置疑，市场信用机制在很大程度上出现了问题。尽管国家和各地政府不遗余力地推进信用建设，但是问题好像并没有得到根本的改善，这个问题已经开始对我国技术转移产生较为深远的影响。

我国的经济体制改革之前，一切经济活动服从计划安排。经济主体之间的联系主要依靠政府信用来维系，交易意义上的信用制度和信用体系基本不存在。改革开放以来，在计划经济向市场经济过渡的过程中，计划指令的作用逐步弱化，信用关系的功能越发突出。但是在体制转轨阶段，虽然旧的经济关系已经打碎，但与市场经济相适应的信用制度和信用体系尚未真正建立起来。在推进市场化进程中，信用意识的淡薄、信用体系的脆弱一定程度上引发了信用

危机的产生，这就提高了经济运行成本，降低了经济效率，阻碍了中国经济的健康发展。

信用的缺失使得在市场经济中运转的技术转移的受让方和出让方以及中介机构都深受其害。没有信用的保证，技术的转移将无法进行。因为三方都是围绕着经济成本和收益在运转，无论是哪一方出现了信用问题，都将严重损害各方利益，进而逐渐影响到大的信用环境，各方为了完成交易，都将花更多的成本来完成信用鉴定，以最大程度减少可能的损失，机会成本和时间成本都将大大提高，最终导致市场的方方面面的交易成本大幅攀升。信用问题俨然已经成为技术转移中的最大阻力之一。投资者和技术拥有者都强调对我国知识产权保护缺乏信心，从而不敢将最先进的技术带到中国，甚至与中国企业合作都缺乏基本的信任感。

（5）我国舆论宣传导向方面存在的问题

舆论宣传导向也是导致技术转移失败的一个因素，有时候甚至会误导一种错误民意的出现，而使得可能会给国家和企业带来利益的技术转移中途被迫停止。

任何一件事情一旦被宣传舆论机构盯上，想摆脱是十分困难的。这对社会的进步来说是一件好事情，对许多技术摆脱发明后无人问津的境况也是一件好事情，在很大程度上能够促进技术转移。但是它始终是一把双刃剑，也会对技术转移产生一些负面影响，甚至导致技术转移的失败。

在网络如此发达的今天，技术的保密也成为一件十分困难的事情，由此造成许多技术还没有得到回报就已经因为技术泄露而失去进一步回收成本的可能，而这在很大程度上是因为网络媒体的推波助澜。信息科学的发展带来了极大的方便，人们很容易在网络上获取自己所需要的信息，但是对这些信息是不是经过批准、是不是可以被公开媒体并不知道。网络成为非法传播的最大途径，成为关键技术非法扩散的渠道和载体，由此带来了很多的问题。最显著的莫过于技术发明人还没有获得研究回报就已经丧失了诸多权利，从而减弱了技术发明人再发明的动力。

许多高新尖端的科学技术在很大程度上会对国家安全造成一定影响，出于国家安全的考虑，必然要受到政府的管制，而某些政府更是通过舆论机构来散布一些言论，以达到阻碍技术转移的目的。宣传机构有意无意地成为一些事件的帮凶，一些子虚乌有的事件，经过媒体的大力宣传，极有可能产生很大影响，使得许多技术发达国家的公司在技术转移方面畏首畏尾，很大程度上限制和阻碍技术的进步和技术的转移。

（6）目前技术转移环节存在的问题

在整个技术转移环节中，主要包含技术转移主体和技术转移中介这两个方面。然而，现在我国明显出现了这两方面缺位的情况。

1）技术转移主体的缺位

技术转移主体应该包括技术出让方和技术受让方。在技术转移的过程中，技术出让方明显地成为技术转移的主体，只有这个主体的技术有高于受让方的技术势能，才能使得技术转移得以成功实现。而我们知道，现阶段我国的技术发明以及各种科研活动在科研能力和科研经费方面都有很大程度的欠缺，导致我国的有效发明和科研成果少之又少，对国家、社会和企业带来的社会效益和经济效益还很不够。主要体现在以下几个方面：

① 我国的技术成果转化率低

我国的技术转移或科技成果转化工作是在 1984 年经济体制改革后，为提高科技对经济增长贡献率而启动的。我国政府把技术转移及科技成果转化作为发展高新技术、实现产业化的重要手段和措施。在 1985 年 3 月出台的《中共中央关于科学技术体制改革的决定》中明确提出了"经济建设必须依靠科学技术、科学技术工作必须面向经济建设"的战略方针，并制定了支持技术转移及高新技术成果转化的具体政策措施。在其后 20 多年的时间里，我国不仅出台了一系列政策规定，如《国务院关于进一步推进科技体制改革的若干规定》和《国务院关于深化科技体制改革若干问题的决定》等，还由全国人民代表大会常务委员会通过并颁布了《中华人民共和国促进科技成果转化法》《中华人民共和国技术合同法》等法律。直到 2005 年全国科学技术大会发布的《国家中长期科学和技术发展规划纲要（2006—2020 年)》中，仍然把促进科技成果转化作为实现自主创新的重要手段。

不仅如此，我国还按照一项科技成果成为现实商品，进而发展高新技术产业要经过的几个阶段——一是技术的 R&D，二是 R&D 成果的工程化（中试），三是工程化的 R&D 成果商品化，四是商品化的 R&D 技术产业化，启动了一系列大型科技计划，制定了众多政策措施，构建了我国推动科技成果发展与转化的工作体系。比如启动"863"计划、火炬计划、星火计划、国家重点工业性试验计划等，推动了国家工程中心、技术中心、高新技术开发区、创业园区（孵化器、创业中心）、高校科技园区等基地建设，支持建立了科技创业投资计划、科技创新基金、孵化基金、科技成果转化基金等。

很显然的是，这种模式并没有取得预期成效。20 世纪 80 年代，我国的科技成果转化率不足 10%。而且，经过 20 年的广泛研究和艰苦努力，特别是促进科技成果转化的政策体系在实践中实施几十年以后，我国的科技转化成果转化率并没有得到有效提升。2004 年，中国工程院院士李国杰披露："我国从基础研究到企业产品开发过程中，有 90% 的科技成果死掉。"一份由清华大学、复旦大学等国内 20 所高校联合完成的 "大学科技成果转化的探索与实践" 课题研究报告也印证了李国杰院士的推断：我国大学每年取得的 6000 项到 8000 项科技成果中，真正实现成果转化与产业化的低于 10%。❶ 出现这种尴尬局面，不能不让我们反思我们推进科技成果转化工作的思路和政策效果，探询科技成果转化的真实意义。

② 科研能力的欠缺

科研能力的欠缺主要表现在人才的欠缺。没有好的人才，科研活动是无法进行的，在很多方面都会限制新技术和产品的研发。我国在改革开放后相继启动了 "863" "973" 等一系列国家科研活动，但是收效好像没有预期的大。这与科研人才的欠缺是分不开的：由于科研体制的改革远远滞后于经济改革和现阶段的实际情况，因此没有一个有效的人才流动机制来促进人才向科研机构转移，从而阻碍了科研能力的提高。

③ 科研经费的短缺

科研经费的短缺会造成许多项目无法进一步开展下去。我国的科研经费还是在计划经济体制下运行，分配机制不合理，本来就十分有限的科研经费又在被挪用和很多无法想象的情况下出现分流。这对科研来说是很大的打击。

④ 科研意识的淡薄

科研意识的淡薄是最致命的一个因素。我国很多企业本来应该担负起科研主体地位的重担，但是科研意识明显不足，很多企业领导人根本不关心科研情况，甚至将科研单位视为一个重大的 "包袱"，科研机构没有产生直接效益，让急于出成绩和政绩的企业领导人以及地方政府的官员漠视科研机构的存在，在各种人力、资金等方面没有给予适当的政策倾斜。这些都造成了科研人员的后续发展动力不足。

---

❶ 张玉臣. 技术转移机理研究：困惑中的寻解之路 [M]. 北京：中国经济出版社，2009.

⑤ 投资环境不利于企业进行技术引进的改造和开发

我国工业企业法定综合折旧率一直偏低，使得企业严重缺乏技术改造资金和新产品开发投资资金，在很多引进技术项目中自有资金不足，外债与利息负担过于沉重，从而导致项目投产后亏损严重。

我国的企业负担太重，也是企业严重缺乏投资资金的重要原因。在企业办社会及企业需要应付各种名义的摊派、集资、赞助的压力下，企业资金真正用于投资的比重较低，企业自有资金的使用首先确保奖金、福利，然后安排各种非生产性支出，最后才用于生产发展，结果导致企业自有资金大量涌向个人消费和非生产性建设领域，企业生产性资金严重不足。

⑥ 技术引进者缺乏使命感，参与国际竞争、出口创汇的意识不强

多年来，我国引进技术都以占领国内市场、替代进口产品为目标，造成内销与出口产品质量标准不一，企业对技术进步缺乏紧迫感，产品缺乏出口创汇能力。而且我国有相当多的厂家在引进技术时，不熟悉有关的国际惯例和做法，在技术引进中缺乏信息收集和调研，导致引进市场渠道单一，技术引进成本过高，在一定程度上抵消了技术引进的好处。

2）中介机构的缺位

技术中介是指为技术的社会转移、技术成果的商业化应用和知识的社会扩散而提供的居间服务。科技成果的转化和技术转移又涉及诸多因素，是一项系统工程，技术中介作为这个系统不可缺少的一环，在促进科技成果转化和技术转移中起着开拓、催化、加速及创新的关键作用。❶ 正因为如此，技术中介才会被众多国家和地区高度重视、支持，鼓励其发展壮大。

我国有两种类型的科技中介机构：第一类是以工业技术研究所名义出现的，但与国际上不同的是，它们几乎都是在改革开放以后由科技人员自筹资金兴办的民营性质的科技中介机构；第二类是服务型技术中介机构，经过近20年发展，已初具规模，且在继续壮大。但总体而言，国内还尚未形成跨地区或跨国的技术中介集团。

我国的技术转移中介到目前为止，还没有形成规模效应，也没有来自国家政策方面的明显支持，导致在很多情况下，技术转移中介是缺位的。

## 2.4.2　对中国技术转移现状的反思

面对诸多问题，我们不得不进行深层次的思考。技术知识虽然也是生产要

---

❶ 童泽望，王培根. 技术中介服务体系创新研究［J］. 统计与决策，2004（9）：109－110.

素，但并不是等同于土地、资源、资本等的一般要素，而是特殊的生产要素。这种特殊生产要素在经济生活中发挥着特殊作用，具有特殊的积累和形成规律。

（1）技术转移并不是简单的纵向发展过程

就技术知识转移和扩散的几个发展阶段而言，彼此之间在时序上的确存在着纵向递进关系，但技术转移本身并不是一个简单的纵向发展过程。首先，技术知识转移过程发展非常复杂，不仅涉及技术知识的创造、传递和持续推进，还包括资本投入的倍增和组织管理的日益复杂。其次，技术转移的每个发展阶段都包含大量综合知识的横向注入、资本等非技术知识要素的广泛参与，技术知识发展各个阶段本身也存在大量循环往复。最后，技术知识发展的根本动力并不来自上游技术知识的推动，而是来自下游需求的导引，大量来自需求的知识信息需要逆向融入技术知识体系之中。同时，技术知识的发展与融合，以及与其他生产要素的相互作用都发生在特定的社会背景下，受特定社会机制和资源状态等影响。

（2）技术知识成为当今国际竞争的重要武器

在 WTO 规则下，关税壁垒逐步降低甚至取消，知识产权、技术贸易壁垒和反倾销已经成为发达国家继续谋求领先优势的利器，也成为发展中国家难以逾越的三大障碍。目前，全世界 86% 的研发投入、90% 以上的发明专利掌握在发达国家手里。[1] 凭借科技优势和建立在科技优势基础上的所谓国际规则，发达国家及其跨国公司形成了对世界市场特别是高技术市场的高度垄断，从中获得大量超额利润。例如，微软和英特尔构建的 WINTEL 联盟，每台使用 INTEL 处理器的 PC 都会预装一套 Windows，占到在中国销售 PC 成本的 50% 左右。著名咨询公司麦肯锡的一份报告提出："在中国迄今长达 25 年、总额达 4000 亿美元的引入外资过程中，由于政策差异，使不同行业的外资利用成效大为不同。这可能直接导致跨国公司在某些中国行业成为最大赢家。"以汽车产业为例，美国通用汽车在中国的单车销售（税前）利润是 2300 美元，而在美国的这一数字是 145 美元，所以通用能够以在中国占其全部产量 3% 的份额获得 25% 的赢利。另据商务部的一项调查表明，2003 年我国有 71% 的出口企业造成的损失占到总损失的 95%。[2] 事实表明，在由发达国家主导的国际贸易规则下，后发国家企业的生存与发展空间将面临越来越多、越来越苛刻的

---

[1] 徐冠华. 中国科技发展战略及中欧科技合作的前景 [J]. 中国软科学，2005（8）：1-5.
[2] 梅永红. 自主创新与国家利益 [J]. 中国软科学，2006（2）：6-10.

挤压，技术知识、知识产权成为发展中国家持续健康发展的最大国际约束变量。

（3）知识资源成为决定国际分工格局的依据

尽管在知识经济的相关理论研究中，早就揭示了知识将取代资源禀赋和资本，成为决定国际分工新的依据的道理。但只有严酷的现实在我们面前发生以后，我们才有更为真切和深刻的体悟。首先，拥有知识资源和技术优势的跨国公司成为产业链中处于支配地位的"心脏"和"头脑"，而我们却成为受人支配的"躯体"和"手脚"。其次，由于知识产品的生产成本绝大部分都发生在研究与开发阶段，需要很少或几乎不需要成本就能大量以至无限复制生产，因此知识生产与制造领域往往是赢者通吃，只有第一或第二，不会再有第三、第四。最后，科技的复杂性、综合性、集成化特征，使得重大知识与技术创新越来越依赖于知识与资本的积累，产业核心技术的体现形式也发生了重大变化。以前是依赖产品和工艺技术创新就能领先市场，现在只有在产业共性关键技术上不断创新才能形成长久优势。国与国之间、地区与地区之间、企业与企业之间现有知识资源和技术实力上的巨大差异，以及知识产品的特殊属性，使得落后国家、地区或企业在新的经济环境下实现技术跨越的门槛越来越高，难度越来越大，极有可能演化为物质产品的加工地。

（4）技术知识与技术商品不一定同步转移

在新技术革命，特别是信息技术革命浪潮的推动下，现代经济出现了产业技术综合化、体系化，产业链分工精细化、专业化两大趋势。一方面，产业本身技术知识含量越来越高，越来越依赖不同科学知识的集成，越来越表现出综合化、体系化特征；另一方面，产业内部按照产业链进行的分工越来越精细，产业链高端与低端的界限越来越清晰，研发、设计、制造之间的专业化分工的趋势越来越明显，这使得跨国公司在进行产业转移时，可以牢牢把握产业链高端，实现研发、设计服务与制造的分离。产业转移承接方在承接产业和技术商品时，并不能同时获得技术知识的转移。以汽车产业为例，我们按照"高地点、大批量、专业化"的原则，选择了以合资生产为主要模式的发展道路。美国、欧洲、日本甚至韩国的主要汽车企业几乎都已在中国落户，我国的汽车企业几乎可以生产世界大多数品牌的汽车。但在长达 20 年的时间里，我们的汽车企业并没有同时获得汽车设计的技术知识。几家全面引进国外汽车技术和装备、生产外国品牌汽车的国有企业，至今不能开发设计出一款像样的自主汽车品牌，以至于目前 80% 的轿车仍是合资企业组装的外国品牌车。

（5）核心技术知识和能力不能依靠引进获得

在开放经济条件下，我们可以通过技术贸易获得一定的技术知识，但绝不可能通过购买获得核心知识，更不可能通过购买提升技术能力。由于核心技术知识、技术能力的极端重要性，发达国家政府和跨国公司才采取各种措施，对我们的技术学习、技术开发进行封锁和打压。从冷战时期的"巴黎统筹委员会"，到今天的"瓦森纳协议"，无不反映出美国对技术出口的严格控制。近年来连续发生的美国劳拉公司和休斯公司火箭发射事件、以色列预警机事件、捷克维拉无源监视系统事件、美国 SMIC 公司投资芯片生产厂受阻事件、欧盟对华军售解禁问题等，都反映出美国把对华技术控制作为扼制中国崛起的一个重要手段。此外，日本、韩国、俄罗斯甚至印度等国家也都在加强技术出口管制，防止对外投资中的技术流失。

（6）在应用创造知识的实践中提升创新能力

只有获得持续的技术能力，才能把握核心技术知识；而要获得持续的技术能力，必须进行应用技术知识和开发技术知识的实践。不论是今天称雄世界的美国，还是后起之秀的邻居——韩国，都是从技术引进起步，在消化吸收中学习、创新，最后积累了知识资源优势和技术创新能力。19 世纪 60 年代初期，美国使用的机械设备由欧洲输入的约占 80%，美国本土制造的约占 20%。在随后的 19 世纪后半期，为了在科技上缩小与欧洲的差距，美国各部门、学校和企业大量派遣人员到欧洲参观、访问、学习和进修，利用欧洲为美国培养人才，并将欧洲先进技术带回美国。到 1890 年，美国的工农业生产总值已经超过英国、法国和德国，跃居世界首位。日本在"二战"之后用 40 年的时间接近美国的技术水平，韩国在 20 世纪 80 年代成功地实现技术自主。❶ 它们取得成功的一个重要原因就是吸收和消化先进技术，利用、改进和发展先进知识，创造新产品。我国改革开放 30 多年实践中，国内也有通过消化吸收和不断学习，获得技术知识和技术创新能力的典型，如上海的宝山钢铁公司、上海振华港机有限公司等。上海振华港机有限公司是 1992 年成立的民营企业。当时，国内港机市场被日本、德国产品垄断。该公司坚持在模仿中学习，在学习中进行自主创新，用了 12 年时间，就被国外专业杂志誉为"代表新一代集装箱机械发展方向的"企业。目前，该公司产品国际市场占有率超过 60%，20 项集装箱机械的关键技术世界领先，很多技术为世界首创。

---

❶　高建. 中国企业技术创新分析［M］. 北京：清华大学出版社，1990.

### 2.4.3 中国技术转移面临的挑战

技术知识转移是技术创新的关键环节。把握了基于技术创新体系的技术知识的转移机理，对提高技术创新效率、提高技术创新水平有极其重要的现实意义。同时，我国技术创新体系的现状及技术知识转移中存在的问题，迫切需要得到解决。

（1）提高我国利用国外技术知识的有效性

2007 年 12 月 5 日，科技部、教育部、中科院发布了《国家技术转移促进行动实施方案》。其中的主要指导思想就是要以营造自主创新环境为重点，以加速知识流动和技术转移为主线，以建设技术转移体系为支撑，通过完善技术、人才、资本三大要素的结合，实现科技成果的商品化、国际化。主要目标有五点：营造有利于自主创新的技术转移环境；构建与增强自主创新能力、建设创新型国家的目标相适应的新型技术转移体系；着力培育和建设一批具有较强服务能力的技术转移机构和技术转移骨干队伍，促进知识流动和技术转移；围绕国家中长期科技发展规划纲要，推动一批重大计划项目成果、行业共性技术、关键技术的转移和扩散；将大学、研究院所的技术通过市场尽快向企业流动，促进技术与资本的融合。

尽管我国已经提出了科技自主创新、建设创新型国家的发展战略，但丝毫不排斥我国坚持的对外开放方针。相反，在经济全球化和生产要素包括科学技术在全球范围内流动和配置的背景下，我们要加大利用国际科技资源、国外先进技术的力度。充分把握科学和技术知识在全球范围内流动、领先国家和跨国公司科技创新成果不可避免的溢出效应、传统创新组织结构和创新模式发生重大变化等提供的机遇，能够有效支持我国的自主创新。因此，在今后相当长的发展过程中，充分吸纳他人的智慧和特有优势，大量学习和引进国外先进技术知识，仍是我们面临的重要任务。如上海汽车集团公司在 1987 年引进德国大众公司桑坦纳轿车生产线后，德国大众一直坚持技术封锁，普桑车型十几年不变；但当上海汽车集团引进美国通用汽车公司以后，德国大众不仅对普桑车进行了升级，还连续引入了新型帕萨特等车型，甚至将 POLO 车在我国市场与全球同步推出。由此可以看出：市场竞争结构对技术知识转移有重要影响，能提高我国利用国外技术知识的有效性。

（2）促进我国科技成果转化率的快速提升

上文中已经提到在过去的 30 多年间，我国的技术转化率低下的局面并没有实现根本转变。相关资料表明，迄今为止影响人类生活方式的重大科研成果70%诞生于高校和专门研究机构。我国2005年统计数据表明，高校拥有100个国家重点实验室，占全国总数的2/3；拥有23个国家工程研究中心和13个国家工程技术研究中心。由大学承担的高技术计划专题数占到总数量的49%，高校科技产业被视为中国科技产业的"富矿带"，每年由高校产出的通过鉴定的科研成果高达几千项。如何把这些技术知识创新成果转化为现实生产力，实现技术知识不仅在商业上的成功应用，重要的是要促使技术知识的高速流动和转移。❶尽管目前企业技术创新不断从原来的产品和工艺技术向产业共性技术和基础科学研发拓展，但把高校及专门研究机构的技术向产业领域转移，仍是国家创新体系面临的重大任务。特别是针对我国技术创新体系的实践情况和现实需求，更加迫切需要提高技术创新体系内部的技术转移效率。

（3）促进技术知识流动和技术转移

我国现有企业，特别是国有大中型企业尚未完全成为技术创新的主体，加之大企业本身固有的在创新上的惰性，提升企业技术档次，用信息化带动工业化、用信息化实现现代化的重任仅仅依靠企业的力量难以完成，必须构造合适的知识流动与技术转移通道，实现社会知识、技术资源（包括高校与研究机构，也包括高技术小企业）向企业的流动。而目前产学研之间技术知识合作的转移仍然存在诸多障碍，我们需要探究其中的原因及改善的对策。另外，大量创新企业的产生，不能仅仅依赖少数技术精英去当企业家，而应该立足于动员全社会的创新资源，即具有创新意识的企业家、具有创造能力的技术精英和具有承担风险能力和胆识的投资家的有机结合，形成一个技术成果转化链。没有技术知识的流动与转移，或者说没有一条技术知识转移链，技术创新就无从实现。

---

❶ 张玉臣. 技术转移机理研究：困惑中的寻解之路［M］. 北京：中国经济出版社，2009.

# 第三章 技术转移理论的产生及发展

## 3.1 技术转移的产生

技术转移作为一种经济现象，贯穿整个人类历史的始终。有关技术转移的动力问题，日本经济学家斋藤优的观点最具代表性。按照他的解释，需求（N，即 needs）与满足需求所必需的储备与资源（R，即 resources，包括人才、资本、设备、信息等）间的相互作用促进技术的开发与应用，如果一国的 NR 关系与另一国的 NR 关系互补互动，则推动技术转移的实现。如果一国的 R 不足，即形成瓶颈并促进技术创新，如果一国在技术创新上认为与其进行自主技术开发，不如从外部引进技术，那么，该国的 NR 关系即成为技术引进的 NR 关系，而对方的 NR 关系则成为技术转移的 NR 关系。[1]

国际技术转移从可能变为现实的前提条件主要表现为五个方面：①结合条件，即两国的 NR 关系能够相互协调地结合在一起；②同意条件，指能够同时满足双方在技术供求中的预期收益，即技术引进收益（$N_a$）和技术提供收益（$N_m$）；③资源供给条件，即两国的技术转移资源不仅可以结合，而且能较好满足技术转移的需要（$R_A + R_B$ 大于或等于 R）；④无对立条件，主要是指相互间在技术转移手段与对方需求的关系上不存在矛盾；⑤技术扎根条件，指为了使转移来的技术在接受国（A 国）扎根，要求接受国在技术吸收上投入相应的力量。

这两国之间 NR 关系的互助互动，包括需求与资源转移、信息交流、多样化的技术转移渠道、技术转移体制与技术转移基础设施（包括专利制度、技术教育、培训制度等制度性因素，以及交通、通信设施、研究开发机构、大学

---

[1] 斋藤优. 技术转移理论与方法［M］. 丁朋序，谢燮正，等，译.［出版地不详］：中国发明创造基金会，中国预测研究会，1985.

等硬件因素），等等。NR 关系的国际展开越广泛、越活跃，技术转移也就越容易。但是，这种 NR 关系结构所有的动力机制能在多大程度上发挥作用，取决于影响技术转移的四种速度因素：①某国最初尝试一种新产品的速度或者说需求时滞；②新产品引入国内市场后在消费者中间的扩散速度；③某国从国内获取生产技术的速度，或者说模仿滞后率；④一旦生产技术从国外进入后，国内生产者采用新技术的速度。

综合上述讨论，技术转移之所以发生，归根结底是由技术转移双方的利益期望所决定的。从技术供方看，其直接动力一是源于获取超额利润和潜在市场的欲望，二是来自其本身为适应市场竞争而必须不断更新其技术的需求，这一技术更新需求所形成的压力，同时也成为技术输出的一种动力。而从技术需方（受方）看，其直接动力则是希望在获得某种新技术后开发出新产品，进而获取更大的利润，以便取得市场竞争的优势地位，使企业的生存得以持续和发展。

技术转移的诱因在于技术供需双方的经济利益，而推动技术转移的实质性因素或者说主导因素，则是技术供需双方为追求其经济利益而形成的一种源动力。技术转移形成的过程如图 3 – 1 所示。❶

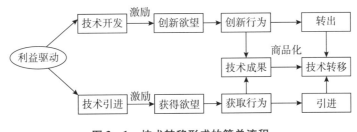

图 3 – 1　技术转移形成的简单流程

## 3.2　技术转移理论的产生和发展

### 3.2.1　技术转移理论的近代模式

国际社会对于技术转移所进行的比较全面、系统的理论及实践研究始于19 世纪末 20 世纪初。到了 20 世纪 30 年代至 40 年代，技术转移研究的重点发

---

❶ 张晓凌，周淑景，刘宏珍，等. 技术转移联盟导论［M］. 北京：知识产权出版社，2009.

生变化，开始从学术理论的角度逐渐转变到从经济价值的角度进行研究，并且注重在实践中对技术转移理论的验证。

1939 年，斯泰莱从世界经济发展的角度出发，倡导建立国际经济机构，进行技术转移国际开发计划。❶ 1943 年，美国学者莱安及其助手格鲁斯对美国爱荷华州农民传播高产玉米品种新技术的活动进行了统计研究，分析了发明者与采用者之间的交流机制和传播途径，并且研究了具体的技术传播过程。❷ 最后两人发表了研究报告《The Diffusion of Hybrid Seed Corn in Two Iowa Communities》，该报告得出的结论与泰尔德的 S 形曲线理论惊人地一致。莱安和格鲁斯的研究以实践的方式证实了技术转移理论是近代技术转移学的开端，成为技术转移研究传统模式和近代模式的划分标志。

### 3.2.2 技术转移理论的不断成熟和发展

20 世纪 50 年代到 60 年代中期，技术转移研究日趋成熟，关于技术转移的研究成果也相当丰富。

1944 年，拉查斯费尔德、凯兹等指出仅仅通过直接的物质媒介无法产生有效的传播效果。他们提出了"二阶段学说"，❸ 认为信息的沟通是通过大众性传播媒介和具有信息中枢作用的高层次权威人物之间的交往得以完成的。围绕着"二阶段学说"，许多学者从各个方面对传播和转移学进行了详细的研究，并主要集中在传播过程和手段的基础性研究上。

进入 20 世纪 60 年代，技术转移的研究逐渐成为一个独立的学科，并渗透到其他的研究领域。

1961 年，曼斯费尔德在研究工业技术传播过程时发现，技术传播的速度与企业规模、企业效益水平、企业经营者年龄、企业流动性和经营方向等因素有关。❹

1962 年，罗格斯出版的《Diffusion of Innovations》一书，成为技术转移学的经典之作。❺ 1964～1968 年，罗格斯领导下的一项国际技术转移调查计划，

❶ 李志军. 当代国际技术转移与对策［M］. 北京：中国财政经济出版社，1997.

❷ RYAN B，GROSS N C. The diffusion of hybrid seed corn in two Iowa communities［J］. Rural Sociology，1943，8（1）：15 - 24.

❸ 李志军. 当代国际技术转移与对策［M］. 北京：中国财政经济出版社，1997.

❹ MANSFIELD E，ROMEO A. Technology transfer to overseas subsidiaries by U. S based firms［J］. Quarterly Journal of Economics 1980，95（4）：737 - 750.

❺ ROGERS E M. Diffusion of Innovations［M］. New York：Free Press，1962.

对巴西、尼日利亚和印度三国农村的技术传播进行了深入研究，发表了大量的研究报告，在开创技术转移研究的国际合作新局面方面作出了重要贡献。

20 世纪 60 年代后期，由于国家间技术转移的迅速发展，有关技术转移的研究也已不再局限于一个国家内部的技术转移，而是同时开始了对国家间技术转移的重视，技术转移研究出现国家化的新趋势。为切实把握技术转移新的规律及其理论，从 20 世纪 70 年代开始，联合国贸易和发展会议（UNCTAD）、联合国经济及社会理事会（ECOSOC）、联合国教科文组织（UNESCO）、经济合作和发展组织（OECD）、世界银行（WB）等国际机构投入大量资金对国际技术转移情况进行专门调查，在探索技术转移规律及其理论研究方面取得了不少的重要成果。

至此，技术转移作为一门成熟、系统、理论与实践紧密结合的科学学科受到越来越多的国家的关注，关于技术转移的理论不断丰富并得到越来越普遍、广泛的应用。

## 3.3　具有代表性的技术转移理论

### 3.3.1　技术转移的产权论

产权论的核心观点为：技术转移的核心是对科技成果产权的确认，然后由市场来决定成果的转化。知识产权的制度是第一个对科技成果进行产权确认的国际法律关系。它明确了发明人拥有发明的知识产权。这一制度的产生和发展，极大地推动了技术转移。

但成果的转移转化是不能用一部法律解决的。知识产权制度比较适合激励企业和发明家个人。随着大学、科研机构在国家创新体系中作用的日益突出，政府成为重要的科技成果的资助者。如何激励大学与科研机构的积极性成为一个突出问题。在很长的时间内，相当多的国家都认为：国家支持形成的科研成果归国家所有，企业可以免费获取并进行无偿使用，实现国家支持成果的快速产业化和在社会上的推广。但现实表明，这种将国家支持的科研项目成果归属给国家的做法，遏制了科研机构、大学和企业进行成果转移转化的积极性。对企业而言，免费获取科研成果虽然降低了获取的成本，但其新产品却因没有知识产权而失去垄断市场的能力。大学、科研机构则因为不能从成果转化中获取经济效益而缺乏积极性。

美国在 20 世纪 80 年代从《拜杜法案》开始的一系列法律法规都强化了这一点：明确科技成果的产权归属被认为是一个促进科研成果转化的利器。其核心是明确大学联邦政府实验室用联邦政府资助的科研项目形成的知识产权归属于联邦政府研究机构或大学，特殊的除外。这一做法大大刺激了科研成果的产业化，大学研究机构在美国国家创新体系中的作用也大大增强。许多国家开始仿效这一做法。

但产权法的问题在于：相当多的科研成果，难以在事前明确其真正的市场价值。且产权法只在知识产权法律体系相对健全的国家比较有用。因此，科研成果的知识产权确认和政府资助形成的成果产权归研究机构或大学的做法，对成果的转移转化有一定的作用，但需要配套其他的措施。再者，由于科研成果的资助者有多个渠道，造成成果的产权难以真正区分清楚。例如，科技成果的产权归属明确，但对收益有不同理解。2007 年修订的《中华人民共和国科学技术进步法》，再次明确规定了国家财政性资金资助的科研项目中产生的知识产权的权利归属问题，可以称得上是中国法律形式的"拜杜法案"。

### 3.3.2 技术转移的功能趋同论：三螺旋理论

大学和科研机构作为知识的创造者，自身并没有成果转化的能力和功能。因此，大学、科研机构与企业在创新中形成了一定的分工，这种分工要求各有各的功能。但这种功能的确定使大学和企业有不同的价值观。三螺旋理论认为，为了促进知识产权在产业界的广泛流动并转化为生产力，应该使大学、科研机构与企业的功能趋同，且政府的功能也应包括创新功能。

埃兹科维茨（Etzkowitz）和雷德斯多夫（Leydesdorff）（1995）基于生物学中有关"三螺旋"的原理，创造性地提出了研究大学、产业和政府关系的创新系统理论——"产学官"三螺旋（The Triple Helix）理论。与创新系统理论认为企业是创新系统的核心单元不同，三螺旋理论认为大学、产业和政府的"交叠"（Overlap）才是创新系统的核心单元，三方组织的联系是推动知识生产和传播的重要因素，通过各参与者的互相作用，推动知识转化为生产力，进而推动创新螺旋的上升。❶ 根据三螺旋理论，大学、产业和政府之间通过组织的结构安排和制度设计等，能加强三者之间资源与信息的分享沟通，从而提高科技资源运用的效率和效能。尽管该理论在研究框架的普遍性、内在机理分析

---

❶ 涂俊，吴贵生. 三螺旋模型及其在我国的应用初探［J］. 科研管理，2006（3）：75 – 80.

上的科学性等问题上仍然存在较大争议，但被广泛认为是当前研究技术转移的最具有生命力的理论体系，也是分析大学、产业和政府间关系的主流理论。早在 2004 年，三螺旋理论就被联合国纳入千年计划"科学、技术和创新"专题组该年的中期报告中，并作为联合国的导向性意见用来指导发展中国家利用科技创新来推动国家的发展。三螺旋理论的要旨是，大学、产业和政府三种机构都表现出另外两种机构的一些能力，但同时仍保留着自己原有的作用和独特身份：大学在生产和传授知识的同时，还可直接创办公司，并经常成为组织创新的领导者；企业不但根据自身的特点进行研究导向或市场导向的定位，承担了传统意义上政府的部分角色，而且进行人才培养和科学研究；政府作为公共机构，不仅有自己的研究室，还在公司创建和经营过程中起着直接或间接的作用。

### 3.3.3　国际技术转移理论：供方观点

（1）技术差距理论

这种理论主要用来解释国家和地区之间的技术转移的内在机制。该理论认为，各国科学技术发展水平的不平衡是国际技术转让存在的必要条件。这种技术差距主要体现在各国的技术拥有量、技术水平和技术应用能力上。

技术差距理论从 20 世纪 60 年代开始出现。1961 年，美国经济学家波斯纳（M. Bosner）在《国际贸易和技术变化》一文中，首次提出用技术差距理论来解释国际贸易发生的原因。❶ 技术差距理论认为，技术具有一定的技术势，由于各个国家、地区科学技术发展的不平衡，因此国家之间、地区之间的技术势存在差异。已经完成技术创新的国家，不仅取得了技术上的优势，而且凭借其技术上的优势而在一定时期内，利用与其他国家间的技术差距，实现该技术产品的国际贸易。随着技术产品国际贸易的扩大，为进一步追求特殊利润，技术创新国家会通过多种途径和方式进行技术转移。其他国家也会因技术在经济增长中的示范效应，研究与开发同样的或类似的产品，使技术产品的国际贸易终止，技术差距最终消失。技术差距无论是在发达国家或地区之间，还是在发达国家或地区与发展中国家或地区之间都存在，是一个普遍存在的事实。

技术差距理论是用技术进步因素解释发达国家和发展中国家间的技术转移和贸易的理论。该理论认为世界经济存在一种"二元结构"，技术上也存在一

---

❶　POSNER M. International trade and technical change［J］. Oxford Economic Papers, 1961, 13（3）.

种"二元结构"，技术总是从其"中心"（即技术发达国家）向其"边缘"（发展中国家）实现转移。同时，"中心"控制和支配着"边缘"。但该理论只看到发达国家与发展中国家之间存在的技术差距，没有具体分析技术差距的种种形态，因此只能说明国际垂直的技术转移，无法说明技术水平大体处于相同阶段的国家之间也会发生水平技术转移的现象。

随着对理论的深入研究，美国学者克鲁格曼（P. Kvugman，1979）提出了一般均衡条件下的商品周期贸易模式，成为保持技术差距的依据。该理论把技术与资源配置、世界收入分配结合统一起来考察，认为技术在发达国家不断创新，新技术首先在发达国家以创新产品的形式生产出来，然后与发展中国家形成了技术差距，并由此影响发达国家和发展中国家的经济与贸易，影响的大小、受益程度的高低，取决于各自技术创新和技术扩散的增长速度。由于发达国家在技术创新和开发新产品上具有绝对的优势，也就决定了发达国家与发展中国家间的技术贸易类型，发达国家出口创新产品，发展中国家出口模仿产品。❶

弗拉格伯格（Fragerberg，1988，1991）等人进一步从经济发展过程的探索中，提出了创新与模仿或扩散（即技术转移）这两种冲突力量相互作用的非均衡过程导致经济发展差异的观点。该模型考虑了"国家创新绩效的影响"，直接以创新为增长变量，认为一国的技术与经济水平存在着密切的关系，一国的经济增长率受到该国技术水平增长率的影响，处于低水平的国家可以通过模仿提高其经济增长率，而一国利用技术差距的能力取决于动员资源进行社会制度和经济结构变革的能力。因此，一国的经济取决于以下三个因素：①来自国外的技术扩散；②本国技术知识的增长；③本国利用知识能力的增长。弗拉格伯格（1988，1991）的实证研究表明，对新兴工业化国家、半工业化国家而言，技术的扩散对经济增长的贡献要比创新大，但随着与工业化国家技术差距的缩小，创新则变得越来越重要。

在具体发展机制的解释方面，技术差距理论认为，不同国家、不同企业之间存在的技术势差可以表现为"总体技术势差"，也可以表现为"单项技术势差"。

此外，技术势差的存在对技术转移过程也有很大的影响。

技术转移过程还被形容为俯冲作用和平流作用。俯冲作用增大转移的质量

---

❶ KRUGMAN P. A model of innovation: Technology transfer and the world distribution of income [J]. The Journal of Political Economy，1979，87（2）：253 – 266.

和动量，表现为正向动力；平流作用则表现阻滞转移的能量和动量，表现为负向阻力。俯冲作用与平流作用呈现正相关关系。技术势差越大，一方面技术转移的势能就应当越大，发生技术转移的可能性越大，俯冲作用就越强；但另一方面，技术转移条件相对就越高，平流作用也随之增强。反之亦然，技术势差越小，俯冲作用越弱，而平流作用也随之降低。这是技术转移的俯冲作用和平流作用的二元性矛盾。

从当前的国际经济、技术环境来看，发达国家处于较高的技术势位，发展中国家处于较低的技术势位。所以，发达国家与发展中国家之间的技术势差较大，俯冲作用较大，发生技术转移的可能性就较大。但是，实现技术转移的条件也较高，通常存在技术障碍、环境障碍、经济障碍、文化障碍、制度障碍等，平流作用也较大。

（2）选择理论

美国经济学家邓宁把国际直接投资、国际贸易、技术转移三者有机地统一起来，通过建立国际生产选择模型来分析国际技术转移发生的机制。他认为，企业在国外拥有区位优势、又能控制技术专利权在国外进行生产的条件下，一般选择对外直接投资，企业在区位因素吸引力不大的情况下，倾向于选择出口贸易；企业在内部交易市场不具备一定规模，区位优势又不明显时，才选择技术转移，这显然是一种明智的选择。

美国经济学家凯夫斯（R. E. Caves）在上述选择论的基础上，总结了决定跨国公司在国际直接投资和技术转移之间进行选择的种种因素。[1] ①选择技术转移的因素：缺乏国际直接投资的基本条件，如知识存量不足、对国外市场不了解、投资成本高等；国际直接投资存在障碍，如市场容量小、缺乏规模经济等；技术创新的周期太短；风险考虑，技术转移不用在国外放置大量固定资产，从而避免政治风险。但是，当技术转移可能使技术泄露给竞争对手时，又会妨碍技术转移；在互惠回授条件下，即供方把技术转移给受方后，双方将改进技术回授给对方。②不选择技术转移的因素：技术转移交易成本过高，如谈判时讨价还价、因商品质量影响声誉、可能泄密等；跨国公司内部的技术转移成本大大低于企业之间转移，一般不鼓励技术转移。

邓宁的理论是受产品周期论的启迪演化形成的。该理论把国际技术转移的机制看成企业在某个周期内对外条件加以权衡的结果，而不是产品周期循环的

---

❶　CAVES R E. International corporations：The industrial economics of foreign investment ［J］. Economica，1971，38（149）：1 – 27.

内在趋势。

（3）技术生命周期理论

技术转移一定程度上遵从技术发展的生命周期理论。这一理论来自产品生命周期理论（Product Life Cycle Theory）。产品生命周期理论起始于研究产品进入市场后的销售变化规律，后被经济学家用于产品国内外循环所表征的国际经济技术交往关系的演变。

日本学者斋藤优从技术生命周期和谋取最大利益的角度，把跨国公司在国际生产经营中的战略归纳为三种形式：一是运用创新技术在本国生产产品并对外出口；二是国际直接投资，在国外运用该项技术进行生产并就地销售；三是直接进行技术转移。❶ 进一步分析认为，从表面上看，这三者是相互独立、互不相关的，但实质上却存在着内在联系，并按一定的规律周期循环。

从产品的发生发展看，哈佛大学教授费农（R. Vernon）1966 年在美国《经济学季刊》上发表了《产品周期中的国际贸易与国际投资》一文，文中首次提出了"产品生命周期"的概念：美国在新产品创新后拥有出口新产品的垄断地位；外国制造商开始模仿制造新产品，新产品日益成熟和标准化，美国优势下降；外国制造商开始向第三方国家出口该产品，取代美国市场；外国制造商开始向美国出口该产品。

费农将产品生命周期理论的基本思想与国际营销理论相结合，用以解释国际投资和技术转移的原因，认为企业可以通过把产品销往国外市场来延长其市场寿命，其中必然包含国际的技术资源转移。费农把一种产品的生命周期划分为创新、成熟和标准化三个阶段。在产品生命周期的第一阶段，即技术创新期，由于产品需求弹性较小，成本差异对企业生产区位选择的影响不大，因此，产品生产一般集中在国内；国外市场需求基本依靠出口满足。在第二阶段，产品技术逐渐成熟，国内外对产品的需求随之扩大，产品价格弹性增加，对降低成本的要求十分迫切。同时，产品的样型已经稳定，仿制开始，技术优势弱化。由于竞争对手出现以及担心丧失国外市场，企业纷纷将生产转移到国外，投资地区一般选在收入水平和技术水平与母国相近的地区。第三个阶段是产品的标准化阶段。此时，产品已完全标准化，企业的技术优势丧失殆尽，产品竞争围绕着价格展开。为了降低成本，企业将生产转移到劳动力成本较低的国家和地区，以延长产品生命周期，因而，企业该阶段的产业转移主要流向发

---

❶ 斋藤优. 技术转移理论与方法 [M]. 丁朋序，谢燮正，等，译. [出版地不详]. 中国发明创造基金会，中国预测研究会，1985.

展中国家。显然，在费农的产品生命周期理论中，必然存在生产技术资源的国际性转移，但这一转移是根据技术的成熟程度，特别是标准化程度来决定的。

将产品生命周期与创新联系起来进行研究的是艾伯纳西（N. Abernathy）和厄特巴克（J. M. Vtterback）。艾伯纳西和厄特巴克分析了产品生命周期中的技术创新分布形式，从创新过程演化的角度，将产品创新、工艺创新及产业组织的演化划分为三个阶段：流动阶段、转型阶段和专业化阶段（亦称固化阶段），并据此建立了著名的 A－U 创新模型❶（见表 3－1）。其他国际学者也相应地作出了技术生命周期有关的划分，比如安德森（Anderson）和图什曼（Tushman）（1990）提出的技术生命演化理论：新技术产生于技术非连续状态，经过技术拥有者之间的激烈竞争产生主导设计范式，并进入渐进变革阶段，直到一个新的非连续技术状态的出现。❷

表 3－1 工业技术发展的生命周期规律——A－U 创新理论中典型的技术状态

|  | 流动阶段 | 转型阶段 | 固化阶段 |
|---|---|---|---|
| 产品创新特征要点 | 高频度产品技术创新、多产品制造技术类型、按需设计、柔性设计、定向服务、高利润 | 主导产品技术类型、质量控制、标准化设计、差别化产品设计创新、库存管理 | 批量生产技术体系：高度标准化、日用品类型、规模经济效益 |
| 生产过程特征要点 | 通用设备、劳动密集型、专项工程（Jobshop）、解决瓶颈障碍类型创新、低效率 | 元器件系统化、专用设备/标准化过程、高频度过程创新、支持性供应商体系 | 专业化设备体系：标准化原材料、降低成本类创新 |

技术生命周期，是指技术同一切有机体一样，也有一个生产、发展、衰退和消亡的全过程，这一过程称为技术生命周期。技术生命周期理论认为，技术的优势、技术创新的成果最终都要体现在产品上，体现在产品的工业化生产上，体现在技术实施的经济效果上。不同载体的技术资源，其生命周期也表现出不同的发展状态。

第一阶段：新兴技术阶段，也称为产业化阶段。这一阶段，技术的知识特征主要表现为功能原理的一种新的应用方案，并未解决任何生产和工艺问题；技术方案往往表现为对现存的同类产品和相关技术资源的一种突破、一种革新，有可能成为实施商业化应用的企业的一种核心竞争力，甚至有可能预示着一种新的产业部门的出现，但也有可能迅速走向衰败。因此，在这一阶段，技

---

❶ 多西. 技术进步与经济理论［M］. 北京：经济科学出版社，1992.

❷ 齐建国，等. 技术创新：国家系统的改革与重组［M］. 北京：社会科学文献出版社，1995.

术的实用价值和社会需求都是不确定的。也由于新技术及产品的市场存在极大的不确定性，技术本身的应用和转移活动也包含巨大的风险。

第二阶段：导入阶段，也称前期产业化阶段。这类技术及其产品出现一定的社会需求，但市场需求不稳定；技术方案投入产业化使用，产品产业化的主要问题得到初步解决，但仍存在较大的生产技术缺口和较大的市场风险。产品功能有待完善，产品市场有待开发。该阶段产品创新频繁，且以重大产品创新为主；工艺创新较小且为适应产品创新需要而进行工艺改进。这类技术也孕育着巨大的市场赢利的可能性。因此，这种技术的实用价值较高，交易价值也比较高，但通常能够接受。这是因为，处在这一状态下的技术不单表现为文图载体的知识，也表现为产业化的设计专利、知识和一定的操作性的专有知识。但是，引进方同样要进行较大的当地化投入，只是投入的幅度和风险都相对降低。因此，通常认为这类技术的引进可以较低风险取得较大的竞争实力。这类技术的表现形式包括技术的原理性设计专利、专利化工艺专利和一定的操作性专有知识，交易成本较高。

第三阶段：发展阶段。随着生产经验的增加、产品的完善、市场的逐渐认可，主导技术及产品功能在这一阶段内逐步形成。主导设计的形成为产业的发展提供了"标准"，大大降低了市场的不确定性。此时，产品创新率急剧下降，产品趋于稳定，大规模生产成为可能，专用生产设备逐步取代通用生产设备；创新的重点从产品创新转移到工艺创新，重大的工艺创新大多在这一阶段中出现。企业最为重视的是成本的降低和市场份额的扩张，工艺创新多为提高产品性能、降低产品成本；将主导设计推向市场企业，往往将赢得明显的竞争优势；其他企业也可以通过在产品性能、可靠性方面对主导设计进行技术改进，加强市场开发和完善服务，也能够从中获得较大的经济效益。由于此时的技术资源发展稳定，产业化问题基本解决，市场需求稳定增长，引进这类技术时也不需要投入大量资金进行技术开发，而且具有较高的市场回报，因此往往这一阶段的技术属于高度垄断的对象，实现商业性技术转移的可能性较小。

第四阶段：成熟阶段，也称为产业化发展时期。此时，市场容量扩张到较高水平且需求趋于稳定，竞争也趋于激烈，技术创新潜力逐步被消化掉，产品和工艺创新都逐渐减少，且以渐进式产品和工艺创新为主。企业追求产品多样化，强调规模经济基础上的品牌、服务、价格竞争。

第五阶段：衰退阶段。在这一阶段，市场容量趋于饱和，按照现有的技术轨迹，已不存在创新的可能性，技术资源已充分固化，主要以专用设备的形式来实现技术的转移；操作风险很低，但社会和市场需求也在迅速降低，只是局部市场需求有可能会增大。此时的技术引进方只需具有基本的操作能力和一定的技术设备条件即可直接使用这类技术。这类技术交易成本仍然很昂贵，但引进后的资金投入降低。

### 3.3.4 国际技术转移理论：需求方观点

（1）需求资源（NR）关系理论

日本学者斋藤优在 1979 年出版的《技术转移论》中提出了需求资源关系理论，当时称为 NR 关系假说。[1] 1986 年 9 月，他在另一专著《技术转移的国际政治经济学》中把这一假说作为一种理论加以运用。

需求资源关系理论认为，一国发展经济及对外经济活动，不但受其国民的需求和其国内资源关系的制约，而且也受经济、技术交往国家的需求与资源的制约。资源指该国现有的资本、劳动力、原材料、技术及种种手段。

该理论从需求与资源的关系方面，阐述了国际技术转移发生的机制，认为 NR 关系的不相适应，既是技术创新的动力，也是产生国际技术转移的原因，即国际技术转移产生于对技术这一特殊资源的需求。在国与国之间，有对技术资源的需求，才会有满足这种需求的技术资源的转移。技术创新能弥补资源的匮乏，促进经济发展。新技术产生能节约资本、劳动力和原材料，能创造新的原材料，支持原材料替代。一国 NR 关系是动态发展的，通过技术创新和技术转移不断完善，国民经济也将不断发展。原本不相适应的 NR 关系通过技术创新和技术转移加以调整后还会产生新的不平衡，这种资源瓶颈会推动新一轮技术创新与扩散，于是技术转移不断从低层次向高层次发展。

需求与资源的不平衡也是国际技术转让的原因。技术落后国家不仅要技术创新，而且也需要引进国外先进技术来及时弥补资源的欠缺。技术先进国家之间、技术相对落后国家之间，由于需求差异和资源差异，会发生技术转让。各国有不同的 NR 关系，各国不同发展阶段 NR 关系也不尽相同。只有本国的 NR 关系与另一国的 NR 关系形成互补互动，才能实现国际技术转移。这种互补互动也规定了一国的产业发展及其对外经济活动方向。

发达国家与发展中国家之间存在着不同的 NR 关系。两者之间不仅存在着平均收入水平上的明显差距，而且存在着技术上的明显差距。发达国家平均收

---

[1] 斋藤优. 技术转移论 [M]. 东京：文真堂，1979. 转引自：李志军. 当代国际技术转移与对策 [M]. 北京：中国财政经济出版社，1997.

入水平较高，其需求质量与需求数量与发展中国家相比较有明显差别。发达国家总体技术水平较高，为了追求高额利润，获取其所需的各种资源，回收过时技术的研究与开发成本并获得高额的经济租金，积累新一轮技术创新的研究与开发资本，继续保持其技术优势，可能在输出产品、资本的同时，输出某些技术，以调整、改善本国的 NR 关系或追求更高层次的 NR 关系。

技术本身既是特殊的资源，又是促进资源的合理利用、改进资源结构和创造新资源的手段，又会随着时间的推移和经济的发展出现新的不适应。国际的技术创新和技术转移就在于方法和手段。技术创新或技术转移使原有的 NR 关系得到改善，而改善后的 NR 关系在这一循环中发生，世界经济亦在这一循环中得到发展。

（2）中间技术理论

如果说技术差距理论、技术生命周期理论和技术转移理论主要是从发达国家角度提出的，是从发达国家的观点来看待国际技术转移的，那么，中间技术理论则主要是从发展中国家的角度，针对发展中国家经济、技术落后，与发达国家间的经济、技术差距日益扩大的现状，提出的解决社会问题和经济问题的理论，是从发展中国家的观点看待国际技术转移的。

中间技术理论由英国经济学家舒马赫（E. F. Schumacher）于 1973 年提出。舒马赫认为，对于发展中国家来说，经济发展主要是一个完成更多工作的问题，是一个充分利用现有劳动力，使之充分就业的问题。为了做到这一点，需要有四个基本条件：要有动力；要有技术知识；要有资金；要有出路，即额外的产量需要有额外的市场。在这四个基本条件中，任何一个处于像印度这样地位的国家必须采取的一个最大的集体决策就是作出技术选择。技术选择是一切选择中最重要的选择。

该理论认为，发展中国家应该优先选择劳动密集型工业，而非资本密集型工业。贫穷地区的经济发展，只有立足于中间技术才能获得成果。中间技术最终将是劳动密集的，适合小型企业采用。这种中间技术与本地技术相比，生产率高得多；与现代工业资本高度密集的高级技术相比，又便宜得多。

中间技术的发展意味着真正向新的领域推进，在这个新领域内避免了因节省劳动力、取消工种而需要的巨大费用和复杂的生产方法，并且使技术适合于劳动力过剩的发展中国家。就适用性而言，中间技术虽不一定是普遍适用的，但还是有极其广阔用途的。所以，技术选择是一切选择中最重要的选择。新技术固然好，但不一定适合发展中国家的具体情况与技术落后带来的限制条件。

（3）技术从属理论

与技术中间理论一样，技术从属理论主要也是从发展中国家的角度提出来的。

技术从属理论的主要代表人物是比昂契克和贝托索斯。他们认为，发达国家与发展中国家之间存在支配与从属、掠夺与被掠夺的关系。其间技术转移的实质是发达国家维持对发展中国家的支配地位的一种手段。因此技术从属理论主张建立符合国际经济新秩序的国际科学新秩序，发展中国家应建立科技自主体制，互相之间要在自助的基础上实行互助，采取共同行动，加强与发达国家谈判的实力地位；废除专利制度，因为科学技术是属于人类的财富，而专利制度与此相违背，它维护了科学技术的垄断；停止技术引进，切断支配与从属关系的纽带。即使需要引进技术，也必须实行非一揽子化，把技术从与资本、支配权相结合的体制中分离出来再引进，同时强调从多数国家引进技术，以削弱技术的支配力量；要求发达国家承担技术协作义务等。

该理论强调改变发展中国家技术上依附发达国家的从属地位的状况，如建立国际科学新秩序、发展中国家应建立科技自主体制、从多数国家引进技术等，反映了发展中国家的要求和愿望，具有积极的意义。但也有一些主张不现实，如废除专利制度、停止技术引进等。

# 第四章 技术转移的途径和形式

## 4.1 技术转移的途径

知识经济时代的主要特征之一就是技术的加速转移，技术转移比以往任何时期更加深化。尽管技术转移的活动方式相当广泛，但技术转移有其基本的活动路径以及相应的动力机制。

技术转移可以通过多种渠道、方法及方式进行。较为重要的途径主要包括以下几种方式。

（1）技术转让

以技术（包括专利和非专利科技成果）转让方式进行的技术转移，是目前技术转移中最受关注和最为重要的方式，通常被称为技术转让。这是一种有偿的转移方式，技术以商品的形式在技术市场中进行交易。

技术转让的具体方式多种多样，但以许可证方式居多。其他方式包括技术咨询和服务、合作生产、招标和承包、交钥匙工程等。

通过技术转让途径及方式实现技术转移的优点是：按市场规律及原则办事，易为技术转移双方所接受，特别是有利于调动技术供方的积极性，能够在转出技术的同时，提供与之相关联的其他各种服务，从而有利于技术转移的顺利展开和成功。缺点是市场失灵现象时有发生，当出现市场失灵现象时，技术转移将陷入困境。

（2）技术引进

通过购置设备和软件获取需要的技术，是最常见的技术转移方式之一。其优点是能最快地获取现有的技术，技术供方还可能会提供培训，投产获利较快，风险小。缺点是新设备可能不适应企业现有的环境，企业需要在组织上进行相应的变革，成本较高，不能从根本上提高技术能力。

（3）信息传播

以文献、数据库等信息传播的方式促使技术的传播、转移或获取所需技术，包括：①通过现场、会议或新闻媒介交流技术方面的经验、技能或进行样品、样机的展示；②通过报纸、杂志、书籍、音像资料等形式传播、转移或获取技术方面的理论、知识、经验等。这种方式的优点是简单易行、成本低、取得技术知识的速度快。缺点是无法获得系统、完整的技术知识，特别是难以获得技术诀窍，要求引入技术的企业自身具有较强的技术能力或模仿能力。

（4）技术推广和技术帮助

技术推广是指通过示范性活动使目标技术传播出去得到广泛应用的过程；而技术帮助是指大学和技术研发单位通过派员、解决技术问题等途径对生产企业提供技术帮助，从而达到技术转移目的。

技术推广、技术帮助通常是由政府或公益性社会组织出面组织的一类经济、技术活动。通过技术推广、技术帮助途径及方式实现技术转移的优点是能在关键时刻满足企业的特殊需要，政府提供财政支持，社会的受益面较大，可以减少企业获取技术的成本，能促进人员之间的技术交流；缺点是难以找到合适的专家参与，应用管理较为困难，政府要给予财政支持，技术供方的积极性、主动性可能受到某种程度的影响，技术传播、转移的实际效果往往与目标预期相差较大。

## 4.2　技术转移的基本形式及其比较

### 4.2.1　技术转移的新形式

传统的国际技术转移以国际技术贸易形式和直接投资形式为主。目前，这种情况已经发生了很大的变化。如果按照技术转移的主体、流向和技术内容来划分，许多企业的国际技术转移正通过以下新的形式来实现。

（1）发达国家企业间结成战略技术联盟

战略技术联盟可以简单定义为，企业之间主要为了技术创新活动而进行的战略性合作。它是一种新的技术合作方式和技术创新的组织新模式。发达国家之间企业结成的战略技术联盟，大多形成于高新技术领域，其动机主要与研究开发有关，可以归纳为两个方面。一是分摊技术创新的高成本和高风险。因为高新技术具有高度的不确定性和高昂的研究成本，任何一家企业都难以独立承担，所以通过联合研究开发可以大大降低研究阶段的成本和风险，并能迅速缩短产品开发周期。二是可以及时获取合作伙伴的缄默知识和技术成就。在合作企业之间建立一个共享的技术创新与学习组织或契约安排，可以充分利用合作企业的创新资源，缩短创新扩散的时间。

战略技术联盟按照不同的分类标准，即体现为不同具体形式的技术联盟。

根据技术创新过程在研发不同阶段选择不同联盟伙伴而结成的技术联盟，可以有三种形式：一是公司或实验室之间以协议或备忘录的形式规定具体的研发项目，此为初级联盟形式；二是不但在研发方面签署合作协议，而且在生产方面也进行风险共担的"合资生产"；三是不但包括研发、生产，还包括促销方面的有关条款内容，即合资建立专门的技术促销公司，此为高级联盟形式。上述三种战略技术联盟形式中，第一种和第二种属于非股权形式的契约合作，而第三种则是涉及产权治理结构的股权联盟。目前，战略技术联盟以第一种形式较为常见。值得注意的是，发达国家的跨国公司并不仅仅在某一领域与其他跨国经营企业结盟，而是同时在多个领域中与不同企业结盟，从而形成一个庞大的国际企业间战略技术联盟网络。

根据技术资源的不同互换方式，技术联盟可分为五种形式：由不同行业的组织互换技术资源而结成的"交叉型技术联盟"；由竞争对手在特定研发领域结成的"竞争战略型技术联盟"；由拥有先进技术的组织与拥有市场优势的组织结成的"短期型技术联盟"；由多个组织为适应市场环境变化，大规模合理调配技术资源而结成的"环境适应变化型技术联盟"；以及由多个组织共同体以某种新技术资源开发新产品领域而结成的"开拓新领域技术联盟"。

根据技术价值链理论，技术联盟则可分为"横向技术联盟"，由技术研发的研发前、研发中、研发后活动组织结成的"纵向技术联盟"，由横向及纵向活动组织共同结成的"混合型技术联盟"。其中纵向技术联盟又分为"前向技术联盟""后向技术联盟"和"同位技术联盟"三种具体形式的联盟。

（2）欧美等国企业在发展中国家投资设立研发机构

近年来，发达国家的跨国公司一改以往以母国为技术研究和开发中心的传统布局，而利用一些发展中国家在人才、市场和科研基础设施上的比较优势，在当地设立科研机构，合作进行新技术、新产品的研究与开发工作，以促进跨国公司的研究与开发活动朝着全球化方向发展。目前，已经有几十家发达国家的跨国公司在中国设立了多种形式的研发机构。

欧美跨国公司在发展中国家设立研发机构这种技术转移形式，其动机体现在两个方面。一是进一步扩张市场，通过在发展中国家设立研发机构，及时捕捉市场各种信息，开发出东道国市场所认同的产品和服务，从而达到进一步扩张的目的。二是科研成果本地化和降低研发费用。跨国公司在把母公司的科研成果移植到东道国时，必须考虑本地化问题，即如何适合东道国市场消费偏好和需求变化，而产品或服务的本地化，更适合由跨国公司在东道国设立的研发机构来完成。另外，通过在当地设立研发机构，可以把原来在母国进行的部分研究和产品开发工作转移过来，充分利用当地的优秀人才和其他资源，大大降低研发费用。

（3）发展中国家逆向到发达国家投资输出技术

与发达国家企业纷纷向发展中国家投资的潮流相反，目前少数发展中国家有竞争力的企业敢于到发达国家投资并输出技术。其动机主要在于拓展市场，即利用成熟的"差别产品"技术和个别尖端技术，来满足发达国家的消费多样性需要，从而避开国内同行的过度竞争，开拓和占领海外市场。如中国海尔集团在美国南卡罗来纳州的卡姆登，投资 4000 万美元建立了一个冰箱厂，其产品定位是低端市场，主打产品是以大学宿舍为销售对象的价值 115 美元的速冻冰箱。由于海尔集团在开发家电的"差别产品"方面拥有成熟技术，所以这种迷你冰箱一上市就占领了美国冰箱销售的低端市场，成为沃尔玛连锁店的畅销品。另一种情况则是利用企业研发的尖端技术与跨国公司合资，以打入发达国家的高端产品市场。如中国科龙集团发明了冰箱制冷系统的"分立多循环"专利技术，由于这一技术无论在民用市场还是在商用市场（如医疗制冷）都有着极大的发展潜力，且许多国外同行耗尽多年心血而毫无收获，因此立即吸引了多家跨国公司的注目，争相与之合资生产。

## 4.2.2 国际技术转移分类

国际技术转移可以分为三组六种类型：垂直转移与水平转移；商业性转移与非商业性转移；简单转移与技术吸收。

（1）垂直转移与水平转移

垂直转移（Vertical Transfer）是指以发达国家为技术供方、发展中国家为技术受方所进行的技术转移。总体来说，发达国家的技术水平高于发展中国家，技术会由高向低转移。从梯度理论来说，这种转移就是由高梯度向低梯度的转移。由于发达国家与发展中国家属于不同的技术梯度，前者远高于后者，所以，不论是从国际分工理论，还是从梯度理论来看，垂直转移都是指技术由发达国家向发展中国家转移。

水平转移（Horizontal Transfer）则是指水平或经济发达程度相同或相近的国家之间进行的技术转移。发达国家之间、发展中国家之间的技术转移即属于水平技术转移。从梯度理论来说，水平转移就是技术梯度相同的国家之间的技术转移。在当今世界，基本上可以认为技术梯度的高低与国家的发达程度是一致的。发达国家的技术一般处于较高的梯度，发展中国家一般属于技术梯度较低的国家。这样，同一水平、同一梯度国家之间的技术转移，基本上就是发达国家之间或发展中国家之间的技术转移。

（2）商业性转移和非商业性转移

商业性技术转移是指按一般商业条件、以不同国家的企业作为交易主体进行的技术转移，是有偿的技术转移，又称国际技术贸易。从一个国家的角度来讲，国际技术贸易包括技术进口和技术出口两个方面。技术出口，又称技术输出；技术进口，又称技术输入，在我国通常称之为技术引进。

非商业性技术转移是指以政府援助、技术交流、培训考察等形式进行的技术转移。这种转移通常是无偿的，或转移条件非常优惠。

（3）简单转移与技术吸收

简单转移是指技术的受方直接应用供方的技术，供方不管受方的工业基础、管理与技术水平如何，也不问受方采用所转移的技术后能否消化吸收。从某种意义上讲，这是一种产业移植，是把一国的产业移植到另一国。日本在20世纪50年代曾经对外国先进技术采取照搬照套、直接拿过来用的办法，完全按照外国技术的要求改造本国的技术和产业，这实际上就是简单技术转移。

技术吸收是指在引进外国先进技术的过程中，通过消化、吸收、创新，结合国情，创造出新的技术，即国产化的过程。

## 4.2.3　中国国际技术转移的主要方式

从我国国际技术转移的发展经验来看，存在两个典型的技术转让渠道：①贸易渠道，包括技术贸易以及许可证贸易等；②投资渠道，包括合作协议、项目或工程合资、公司合并以及由跨国公司并购等形式。

1978年以前，向我国转让技术一般是通过贸易渠道，主要是通过购买设备和承接项目等形式。根据国际上的研究，我国政府颁布的对外开放政策使得我国的产业从重工业向消费品工业转变。此外，在1978年以前，在引进国际技术项目上，企业是政府的外延，后者决定技术进口的类型和企业，决定选择哪个企业去接受技术进口。在这种情况下，就没有什么市场或者竞争压力来促使中国企业参与技术转让，工业部门成为这种技术转让的唯一部门。

我国实行改革开放政策后，企业引进技术的自主能力不强，但是在逐渐改善。特别是作为对外开放政策的一部分，作为贸易渠道的补充物——投资渠道也逐渐开放，企业也逐渐具有了引进技术的自主性和积极性。自那时开始，外商直接投资便开始快速增长。外国直接投资已经成为在市场经济条件下引进技术转移的重要渠道之一。

表4-1列出了20世纪90年代初期美国、日本和英国企业向中国转让技术类型上的对比情况。

**表4-1　20世纪90年代初期美国、日本和英国企业向中国企业转让技术的主要方式及比例**　　　　单位:%

| | 美国企业 | | 日本企业 | | 英国企业 | | |
| --- | --- | --- | --- | --- | --- | --- | --- |
| | 大型企业 | 小型企业 | 大型企业 | 小型企业 | 大型企业 | 中型企业 | 小型企业 |
| 技术设备销售 | 61 | 76 | 85 | 75 | 5.9 | 42.7 | 12 |
| 装配线（成套设备） | 14 | 8 | 46 | 9 | | | |
| 技术许可 | 47 | 11 | 28 | 3 | 47.1 | 42.7 | 56.0 |
| | 整体24.4 | | 整体16.1 | | | | |
| 合资企业 | 49 | 12 | 27 | 8 | 52.9 | 33.3 | 15.0 |
| | 整体24.4 | | 整体9.1 | | | | |
| 合作生产、合作设计 | 12.2（合作生产） | | 48.5（合作生产） | | 11.8 | 0.0 | 12.0 |
| 技术咨询、技术服务 | — | — | — | — | 11.8 | 8.3 | 12.0 |
| 其他 | 7 | 15 | 19 | 16 | — | — | — |

注："其他"包括技术培训、通过开设专门课程传授技术和技术信息的输出等。

从表4-1中可以看出，美国和日本的大型企业和小型企业的设备输出的情况较多，而装配线或成套设备的项目日本大型企业输出较多。大型企业依靠自己比较强大的经济实力和技术实力，更重视设备销售和合资形式的合作，并往往通过技术输出来促进这种合作。比如，通过技术输出方面的合作，发展到合资企业经营；或者先发展合资企业，之后注入技术。这些活动都表现出大型企业所特有的战略性活动特征。

综合而言，我国企业开展的国际性技术转移活动，特别是引进技术的活动，主要分为设备贸易、许可贸易和投资方式。其中，外国企业投资方式所开展的技术转移的效果在20世纪90年代后期最为明显。

## 4.3 技术转移的特点❶

### 4.3.1 定向性

技术在空间上发展的不平衡,是技术转移及其定向性的内在根据。从技术效率与功能的角度来看,可以把技术内容定性为尖端技术、先进技术、中间技术、初级技术、原始技术五种级差形态。任何特定技术都能从中"对号入座"。当然,这种座次是变动不居的,随着技术的发展,大体呈依次后移的态势。正是技术效率与功能上的"级差",造就了不同技术所特有的技术"势位",也赋予它特有的运动"惯量"和特定的运动方向。只要技术形态之间存在着技术势位的"落差",技术就会由高势位向低势位发生转移,表现为技术上先进的国家、地区、行业、企业向技术落后的国家、地区、行业、企业实行技术让渡,前者是技术的溢出者,后者是技术的吸纳者。同时,技术转移实践表明,在技术定向转移过程中,技术转移的"惯量"、成本和效应与技术之间势位的"落差"成正向变化,而转移的频率及成功率与技术势位的"落差"成反向变化。

### 4.3.2 功利性

人类社会的早期,技术转移多是一种无意识的活动。随着人类社会的发展,技术转移越来越呈现出功利性的特征。技术转移的功利性,主要体现在经济目标上。无论是技术的供给方,还是需求方,都瞄准了技术转移所带来的市场机会和商业价值。出于竞争目的而发生的技术转移,归根结底也是经济利益的需要。为达到某种政治、军事、环境等"超经济"目标而发生的技术转移,只不过是国家整体利益借以实现的途径或形式。因此,当今世界,在国家、部门、行业、企业之间所发生的技术转移已经完全与功利性紧紧地联系在一起。

### 4.3.3 重复性

与实物商品不同,技术商品的使用价值在流转过程中具有不完全让渡性。它作为知识性商品,尽管有时以实物商品形态而出现,但实物形态只是技术的

---

载体或物质外壳；交易完成后，虽然它的使用价值已让渡给对方，但让渡者仍然保留了这一技术知识的使用价值。至于以图文、技能、方法等非实物形态存在的技术转移，实质上只是使用权的转移，不影响让渡者对这种技术的拥有权。从这个意义上说，技术商品的使用价值在转移过程中具有显著的非完全让渡性质。正因为如此，技术的供给方能够不断重复出卖技术，如果不加限制，技术的购买者也可以连续不断地将该技术转卖出去，直至所有人都掌握这种技术。这就是技术转移的重复性特征。也正是技术转移的重复性，加速了社会的发展和技术进步，给人类带来巨大的物质利益。

### 4.3.4 市场化

一般来说，在社会发展的不同阶段，技术转移的方式是不同的。在古代，技术转移主要是通过技术人员流动来实现。产业革命后，主要是通过向外进行强制性的生产资本投资来实现。而今天，技术转移主要是通过市场化的商业形式实现的。因此，技术转移越来越显现出自身独特的市场化特征。其具体表现是：①市场供求规律制约着技术转移的几率和成本；②技术交易价格主要取决于技术的研制费用、生命周期、转让成本、机会成本、体制环境以及转移所潜在的经济价值等；③技术转移发生的频率与该技术物化商品的市场"待遇"具有极强的相关性，技术的命运与产品的销路是休戚与共的；④市场竞争既刺激技术需求者吸纳技术的冲动而加速技术转移，同时又强化技术供给者对技术的有限垄断而延续技术转移的进程。

# 第五章　技术转移的一般规律及过程

## 5.1　技术转移的一般规律

技术转移虽然是一个复杂的过程，要涉及许多步骤和大量的决策，但它并非杂乱无章，而是有其内在的规律性。

### 5.1.1　技术转移适用律

印度经济学家 A. K. 雷迪（Amulya K. N. Reddy）在 1975 年提出了"适用技术"（Appropriate Technology）理论。他指出，发展中国家引进技术不仅应该根据本国经济发展的需要，而且也应该考虑到发展中国家的现状，如生产要素和技术的状态、市场的规模、社会文化的环境及技术吸收的创新能力等因素，力求获得技术引进的最大效益。这一理论得到了许多学者和实际工作者的赞同。技术转移的适用性实际上就是根据生产要素状况、市场状况、技术吸收能力、社会文化背景等许多相关要素，对技术转移所作出的适用性选择。也就是为了实现技术转移的价值目标，根据特定社会、经济、文化等环境条件，选择其中某种技术的一种决策思路、准则和方法。但对于技术转移的适用性理解必须着眼于国际市场，通过大市场进行再创造、再转移，从整体上增强国家的综合实力，不能仅局限于一个企业、一个行业或一个地区。因此，技术转移适用律可以用如下函数关系来描述：

$$V = f\ (X,\ Y)$$

式中，$V$ 表示技术转移的适用价值函数。$X$ 表示技术转移的内容价值目标函数，由社会经济等多种因素决定。$Y$ 表示技术转移的外部价值目标函数，是根据大市场的需求与拉动所确定的价值取向。技术转移应满足这一函数，并使之最优化。因此，技术转移适用律就是相关主体的技术转移行为必须同时满足技术需求的内部价值目标和外部价值目标，它构成技术转移的必要条件。

## 5.1.2　技术转移生命周期律

作为技术转移客体的技术，具有明显的生命周期。就技术供方而言，技术生命周期主要指技术的扩散周期。许多学者经过大量的研究指出，技术的扩散过程一般可以用 S 形曲线模型来概括（见图 5 - 1），扩散过程一般可分为三个阶段：扩散初期、扩散中期和扩散后期。

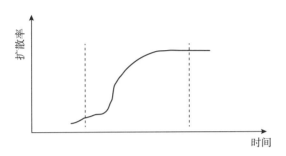

**图 5 - 1　技术扩散的 S 形曲线**

在扩散初期，采用该技术的企业很少，虽然其数量是逐渐增加的，但增加的速度较慢；在扩散中期，采用该技术的企业迅速增加，所以此阶段的扩散以正的加速度进行；在扩散后期，采用该技术的企业数量的增加逐步放慢，最后停滞。技术扩散的不同阶段扩散速度的差异，主要取决于扩散行为发生赖以存在的大环境中的社会因素与经济因素及二者的共同作用。就技术转移的受方而言，技术生命周期主要指技术引进周期，包括技术引进、技术吸收、技术成熟和技术老化等几个阶段。

作为技术转移律之一的技术转移生命周期律包括两层含义：①鉴于上述两类生命周期的匹配规律，技术受方要善于从技术供方技术生命周期的有利阶段选择技术，并尽可能缩短引进吸收的时间以防止引进技术的过时；②力争在原有技术老化之前，通过技术转移及时引进新的技术因素，使原有技术的生命周期得以延长。

## 5.1.3　技术转移选择律

对转移技术的选择主要是选择该种技术赖以植根的经济、社会、文化、生态等环境条件，而不是选择某种具体形态的技术。既然"选择"主要是指对技术转移环境的选择，因此就有一个技术与环境的相容性问题。技术与环境的相关性程度可以用概念"技术与环境的相容度"来描述。尽管相容度的强弱不同会影响到技术转移未来实施的效果，不过总存在一个"区间"，使得当技术与环境的相容度落在这个"区间"时，技术转移的效果是正的，即技术转移产生正的效应。当技术与环境的相容度小于上述"区间"的"下限"（即临界相容度）时，技术转移的效果是负的，即产生负的效应，此时的技术转移是不相容的，不相容的技术不能进行转移。

## 5.2 技术转移的一般过程

技术转移是技术在供需双方之间有组织的传递过程。在技术转移过程中，技术的供给方和需求方是相互制约、相互联系的，技术转移作为一个动态过程，其实现是技术供需双方共同努力的结果。

### 5.2.1 技术转移的效用场

技术供给方与需求方达成技术转移的原动力是各自的经济利益。对于技术的供给方来说，由于新技术的层出不穷及当代技术发展的突飞猛进，其拥有技术的价值的"无形损耗"越来越明显；对于技术需求方来说，由于对其引进技术的了解和自身技术能力的限制，承担着一定的引进技术的风险。因此，供需双方的诚信合作就成为技术转移过程中的必然选择。只有当供需双方相互协调一致时，技术转移才会出现某种动态的平衡。也就是说，技术供给方能够为需求方提供技术创新性强、实用性强、经济效果潜力大的科技成果；这种科技成果又正是企业所必需的、与企业引进消化能力相适应的。技术转移的这种均衡是可以通过技术转移供需双方追求技术产品效用最大化的行为来实现的。

事实上，在技术转移过程中，供需双方之间存在着一个效用场。在这个效用场中存在着三种力：第一种力是技术供给方对技术需求方所产生的吸引力，其大小取决于技术产品的效用、技术产品的价格、技术产品的先进性以及技术产品满足需求方需要的程度和技术产品的辅助技术水平及配套程度；第二种力是技术需求方对技术供给方所持有技术引力的承受程度，称之为需求拉力，其大小取决于技术产品具有的效用、需求方的支持能力、需求方消化吸收能力以及需求方对技术产品的需求强度和需求方经营管理水平；第三种力是技术引力和需求拉力在社会调控系统作用下相互融合、相互适应的能力，称之为效用场的融合力。效用场中三种作用力的相互作用如图 5 - 2 所示。

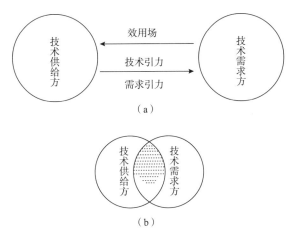

图 5 - 2　技术转移效用场

## 5.2.2　技术转移的合作范式

　　技术转移供需双方的完全合作是实现技术产品效用最大化的选择，但"完全的合作"是以互惠互利为条件的。合作双方各有自己关注的主要问题以及解决这些问题的程序，双方关注的问题、解决问题的程序又是紧密联系在一起的。因此，供需双方的合作范式可以用图 5 - 3 来表示，它是图 5 - 2（b）的具体化。供需双方合作的条件性约束决定了技术转移过程中合作结点的产生和发展，这些结点把技术转移过程中的一些质的变化按阶段反映出来。结点的出现是供需双方合作的结果。而从一个结点发展到下一个结点则更需要技术转移供需双方的密切合作。因此，技术转移过程就成了技术供给方和技术需求方共同把握合作机会的博弈过程。

　　在结点 A 之前，技术供给方和需求方分别单独地进行自己的工作。技术供给方对技术信息进行处理，明确技术的有效范围、界限等，并针对实际情况，决定对技术进行转移，寻找用户，成为技术供给方集合中的一员。技术需求方则相应地寻找"感兴趣"有能力的技术供给方，成为需求方集合中的一员。

　　到结点 B，双方开始结成合作伙伴，共同对技术的开发前景和未来市场进行预测和分析论证，达成合作的共识。

　　到结点 C，是技术转移供需双方合作的关键阶段，是双方分割利益的阶段，决定着合作能否继续进行下去。技术交易具有与一般商品交易完全不同的特性，特别是技术商品交易的双边垄断性决定了双方的经济行为，既有共同利益，又有利益冲突，既有竞争，又有合作。

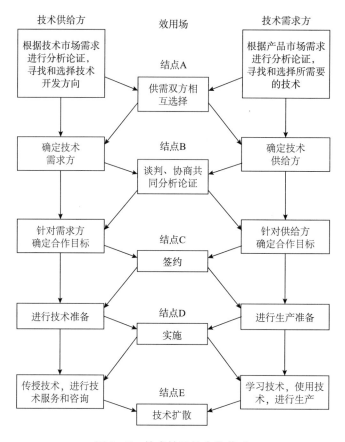

**图 5 - 3　技术转移的合作范式**

　　因此，技术转移过程中必须进行双方的谈判和协商，特别是技术价格的确定只有通过双方的谈判才能完成，而非一方所为。这一阶段双方把握得好，就为技术转移做了实质性的准备。

　　从结点 C 到结点 D，技术供给方对技术进行实质性准备，可针对技术需求方需求，制造出原型、原型演示等，充分保证技术上的可行性。技术需求方则为技术实施做实质性准备，如人员、资金等。然后，技术需求方在技术供给方帮助下，开始学习技术，消化吸收技术，使用技术，直到技术转变成技术产品并进行生产和进入市场。

　　到结点 E，属技术扩散阶段，但扩散涉及对供给方技术的保密性，直接影响供给方的进一步转让，和供给方利益直接有关。而技术的进一步扩散对提高社会的整体技术水平和整个社会效益有利，所以，对技术的进一步扩散，供需双方仍需要合作。

### 5.2.3 影响我国企业技术转移的障碍因素

20 世纪 80 年代以来，随着我国"科学技术必须面向经济建设，经济建设必须依靠科学技术"的战略方针的实施，经济体制与科技体制改革的深入发展，科技与经济结合的实践活动日益高涨，技术转移已成为实现科技服务于生产、依靠科技进步推动经济发展的最直接手段。但在我国技术转移的实践中也存在着诸多障碍因素。

从技术供给方来分析，影响技术转移的因素主要有：①许多科技人员和管理人员对技术转移的意义缺乏认识，对科技成果推广工作缺乏热情；②研究课题缺乏对市场需求的调查，研究成果不符合市场需求；③许多研究成果的技术创新性差，或者成熟度不够，难以满足企业技术创新的要求。

从技术需求方分析，影响技术转移的主要因素有：①有相当数量的企业只满足于当前产品的生产，不注重技术积累，企业领导科技意识不强，经营行为短期化；②许多企业技术力量薄弱，对引进科技成果转化缺乏应有的技术支撑能力；③一些企业对未来的国内外市场状况缺乏了解，对高新技术在企业未来发展中的地位认识不足。

从社会宏观政策环境来分析，影响技术转移的因素主要有：①我国的科技体制尚不适应市场经济发展的要求，大多数科技机构仍独立于企业之外，科研成果缺乏市场的针对性，同时缺乏科技成果的中试条件；②政府对企业的评价只重视产值和利润等指标，而缺少对技术进步考核的有效办法，企业缺乏技术创新的市场压力；③地方和部门存在保护主义，抑制了先进技术的转移与扩散；④目前我国技术市场发育还不完善，技术转移缺乏有活力的中介机构；⑤企业集团化程度低，效益差，缺乏引进新技术的经济实力；⑥金融体系的改革滞后于科技发展的要求，缺乏有效的技术转移风险投资机制；⑦法律体系不够健全，侵权现象尚未得到有力的抑制，直接影响到技术转移。

## 5.3 企业经营管理与专利技术转移

### 5.3.1 企业经营管理中的专利战略

（1）企业专利战略的内涵

当前，企业要在激烈的市场竞争中立于不败之地，创新为第一要务。对于科技型企业来说，技术创新尤为关键。而为创新技术保驾护航的专利权，已成为企业经营管理的重中之重。

专利本身具有技术、法律和经营三重因素，在企业经营管理层面上考量专利，应是全方位的。企业的专利战略，是指企业基于自身技术研发、技术储备和技术需求，针对市场竞争态势和竞争对手的技术态势，运用专利制度，有效地维护和提升本企业技术优势，谋取企业经济利益最大化的一种整体谋略。

企业专利战略立足于企业的未来发展，其成效需厚积薄发。有时候短期内企业并不会因专利而获得明显效益，相反，还会因维持专利而支出费用；随着专利的不断累积，再配合有效的管理与运作，专利的无形资产价值才能得到充分体现。与跨国公司对专利战略的重视程度相比，我国大多数企业专利管理和专利战略的意识尚待提高。我国企业和科研院所每年投入大量资本进行研发，但对取得的研发成果却没有很好地运用专利制度进行保护和运营；申请专利的那一部分技术，大多也被闲置，没有充分地商品化。实际上，即使我国企业目前的核心专利存量不多，也并不妨碍企业专利战略的制定。在这种弱势情形下，我国企业更应该从企业实际出发，制定相应的专利战略。否则，不仅无法和跨国公司相抗衡，在本土输出竞争中也可能生存维艰。

（2）企业专利战略的类型

根据不同的划分标准，企业专利战略有以下几种类型。

1）根据专利取得、保护和经营过程进行划分

① 专利获取战略，主要包括专利技术研发战略、专利申请战略、专利引进战略；

② 专利保护战略，主要包括专利维持战略、专利诉讼战略；

③ 专利经营战略，主要包括专利实施战略、专利许可战略、专利转让战略、专利投资战略。

2）根据专利在市场竞争中的定位进行划分

① 进攻型专利战略，主要包括基本专利战略、外围专利战略、专利并购战略、专利回授战略、专利结合战略；

② 防御性专利战略，主要包括专利无效战略、回避设计战略、交叉许可战略。

（3）企业专利战略的侧重

跨国公司把企业知识产权管理划分为五层金字塔，由高到低分别为远见、

综合、利润中心、成本控制和防御（见图5-4）。❶

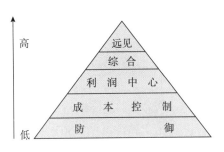

图5-4 企业知识产权管理划分

在"防御"阶段，知识产权被视为法律资产，因为知识产权是一种法定垄断权。在这一阶段，企业主要是取得知识产权并确保这种法定的垄断权。

在"成本控制"阶段，知识产权仍被视为法律资产，但为了降低知识产权成本，例如专利维持费用，企业需要重新界定并关注知识产权创造和组合方案。

在"利润中心"阶段，知识产权开始被视为企业资产，企业通过转让、许可、投资入股等方法将知识产权货币化，以增加利润。

在"综合"阶段，知识产权战略与企业整体战略保持一致，知识产权意识成为企业文化的一部分。

在"远见"阶段，企业能够通过战略性地申请专利，从而创造出新的博弈规则。

上述企业知识产权管理金字塔的层级划分同样适用于企业专利管理。这五层级的划分并不相互排斥，视企业的专利战略策划，可以同时存在，而且每一层级应为上一层级的基础，例如对专利的成本控制管理必然建立在企业已经拥有大量专利权的基础上。同样，企业专利管理在不同层级的定位上，根据公司技术和经营需要，可以有针对性地采取前述各种专利战略。

对于我国中小企业而言，专利管理大多处在"防御"阶段。其实，防御和成本控制是密切结合的。企业申请专利并不是越多越好，如果申请无用的专利，只会造成企业维持费用的无谓支出。企业在专利申请战略的制定上，鼓励专利申请的同时，应当保证专利的质量。例如，在激励雇员职务发明热情的同时，也应注意有些雇员申请专利只是为了升职加薪，而并未在意该专利对企业

---

❶ 陶鑫良，赵启杉. 专利技术转移 [M]. 北京：知识产权出版社，2011.

有无效用。因此，企业在专利申请的同时应考虑到成本控制，根据企业未来的战略规划期限内（一般是 5 年左右）的产品市场发展方向，进行专利技术研发和组合，从而确定专利申请战略。至于在专利申请战略制定上是采取进攻型，还是采取防御性，视企业本身的技术实力和研发潜力而定。

在防御和成本控制的基础上，企业应着眼于专利经营战略，除了自己实施外，最重要的是把企业专利"资本化"，传统路径是专利许可，企业可以将所掌握的专利进行不同组合，开拓实施许可的渠道；此外，企业可以通过专利出售、投资入股、质押融资等途径实现专利价值最大化。

对于拥有多种类型知识产权的企业而言，专利管理可以考虑专利结合战略，即将专利权与商标权、技术秘密等相结合，上升到"综合"的高度。

专利管理的"远见"层次在信息技术领域众多跨国企业为技术标准的制定而群雄逐鹿的场面可见一斑。早先的3C、6C即为几大跨国公司以自身专利达成事实标准而为市场接受后，成为当时碟机产业的主导者。专利管理的"综合"和"远见"层级都在偏重进攻型专利战略，这对企业自身专利技术实力有较高要求。

### 5.3.2　企业专利战略与专利技术转移

专利技术转移之于企业专利战略，可以贯穿始终。在专利获取战略实施中，如果涉及委托开发、专利引进等，将发生专利技术转移；在专利保护战略中，有时候在专利侵权诉讼中，可能达成交叉许可的和解协议，发生专利技术转移；在专利经营战略实施中，专利技术转移活动最为频繁，而企业的利润即从这些转移中获取。

根据企业进行专利技术转移的动因，可以将企业专利技术转移活动划分为两类，一类是被动型的，另一类是主动型的。被动型的专利技术转移一般是偶发的，典型的如专利侵权诉讼中所发生的专利技术转移，此种转移可能会为企业减少损害，但一般不会给企业带来太大收益；主动型的专利技术转移，主要指企业为追求利润而有意识地进行的专利技术转移活动。后者才与企业专利战略紧密相关。一方面，企业在制定专利战略时，应当有意识地考虑到专利技术转移活动。专利技术转移在专利经营战略中占主导，但并不仅仅局限于此。如前所述，专利获取战略和专利保护战略也都有可能涉及专利技术转移，例如处在防御阶段的企业缺乏专利，除通过申请获取专利外，也可以考虑通过购买专利或者寻求专利实施许可来获得专利技术。另一方面，专利技术转移活动也影响企业的专利技术战略的实施和推进。在企业确定专利战略后，战略实施期间企业的专利技术转移活动原则上应遵循企业专利战略，否则即与企业发展方向相悖；而专利技术转移活动是直接与市场打交道，企业在其中可以获知最新的市场信息和技术信息，从而修正或推进专利战略的实施。由此可见，企业专利战略指导企业专利技术转移活动，而企业专利技术转移活动则是企业专利战略实现的主要途径之一。

# 第二部分　市场篇

# 第六章　技术转移市场研究

## 6.1　基本概念

### 6.1.1　技术产权

　　技术产权是指科技成果和相关的技术产权、科技企业产权（包括专利权交易）和以科技成果投资、风险投资等形成的产权。技术产权是指具有交换价值的并且能够给持有者或使用者带来超额收益的、受到法律法规保护的并享有所有权、使用权、收益权、处置权权能的部分或全部的凝聚人类智慧结晶的技术性成果或技术型企业的产权，包括有市场交换价值的科技成果、专利、专有技术、软件、版权、技术型企业的股权等，但不包括土地使用权，商誉，基础性、公益性的科学研究成果以及没有市场交换价值的科技成果、专利、专有技术、软件、版权等。在本书中，我们将技术产权定义为对技术资产所拥有的所有权、收益权、处置权以及排他的占有关系等。技术产权是公民、法人以及非法人单位对其在科学技术领域创造的技术成果依法享有的专有权利，因而，技术产权又被称为技术成果权。技术产权既包括财产权利，又包括精神权利。与其他财产相比，具有无形性、专有性、地域性、时间性及可复制性等特点。根据产权经济理论，可将技术产权归结为四维结构：第一，技术所有是指技术持有人对其技术拥有排他的最高支配权，是技术产权的核心，一般来说，谁取得了所有权，谁就取得了实际的占有和支配权，通过这种实际占有而保持所有者的主体地位；第二，技术使用权，指具体组织和运用技术的权利；第三，技术处置权，指技术所有人在可允许的范围内以各种方式处置技术成果的权利，如通过许可把技术使用权转让他人或把所有权出售给他人；第四，技术收益权，指在不损害他人利益的情况下，可以享受从技术成果上所获得的各种利益。

### 6.1.2 技术交易

技术交易（Technology Transaction）是指市场化的条件下，技术供需双方对技术产权进行转移的契约行为。由于技术产权不是单一的权利，而是一个权利的集合，因此，技术产权交易可能是该权利集合的整体交易，也可能是该权利集合内的某一种或某几种权利的交易。在这里，可以将技术交易定位为发生在法人、具有民事行为能力的自然人和其他经济组织之间的一种有偿交易，交易的对象是科技成果、专利技术、专有技术和以科技成果投资、风险投资等形成的产权及企业的股权等。根据交易内容，《中华人民共和国合同法》将技术合同划分为以下四类。

（1）技术开发合同。技术开发合同是指当事人之间就新技术、新产品、新工艺或者新材料及其系统的研究开发所订立的合同。

（2）技术转让合同。技术转让合同包括专利权转让、专利申请权转让、技术秘密转让、专利实施许可合同。

（3）技术咨询合同。技术咨询合同包括就特定技术项目提供可行性论证、技术预测、专题技术调查、分析评价报告等的合同。

（4）技术服务合同。技术服务合同是指当事人一方以技术知识为另一方解决特定技术问题所订立的合同，不包括建设工程合同和承揽合同。

相比本书的定义，《中华人民共和国合同法》中关于技术交易的定义要稍窄，没有包括企业股权的交易。

### 6.1.3 技术市场

技术市场有多种定义，比较正式的是美国司法部的定义。美国司法部将技术市场界定为"已获得知识产权许可以及具有相似功能的商品的市场，这些商品主要指能够和已获许可的知识产权进行竞争的技术或产品"。学者们也对技术市场进行了界定，阿罗拉（Arora）认为，技术市场的交易主要包括两种：一种是与知识产权相关的交易，例如专利本身的交易和专利许可；另一种是指不能或没有申请专利的知识如软件的交易，技术市场以技术应用、扩散、创新为目的所进行的市场交易。赵绮秋将技术市场定义为将技术成果作为商品进行交易，并使之变为直接生产力的交换关系的总和。

综合以上研究，所谓技术市场是技术商品供求双方在生产和交换过程中所形成的各种经济关系的总和，是一种技术资源的配置机制。从组成上看，技术市场主要由市场主体、市场客体、市场中介等部分组成：市场主体是具有独立经济利益和自主决策权的组织或公民，主要包括企业、高校和科研机构等；市场客体主要是指技术交易的对象，包括科技成果、专利技术、专有技术和以科技成果投资、风险投资等形成的产权及企业的股权等；市场中介是通过提供市场信息连接市场各主体之间的组织，包括交易中介机构、仲裁机构等。

## 6.2 技术转移市场结构

### 6.2.1 技术转移市场主体

分析技术市场的构成是理解技术市场供求机制的前提。从技术商品供求关系的角度出发，可以把技术市场主体分为供给主体、需求主体和其他主体。供给主体主要包括企业、科研院所和高校，供给主体从技术市场的需求出发进行开发研究，并通过向技术市场供给实现收益。需求主体主要指通过技术要素以实现利润的经济组织，主要为企业。从利益最大化、成本最小化的原则出发，需求主体需要对各种要素投入进行决策，包括对技术水平和层次的需求进行决策，并通过技术市场获取所需要的技术。其他主体包括技术市场中介和技术市场管理者。技术市场中介是指在市场经济条件下，在经济流通和合作过程中，为了能够协调交易双方的关系、保护公平竞争、提高效益、沟通信息，而存在并发展的技术市场第三方组织。一般而言，技术市场中介主要包括孵化器、创投企业、中试基地、律师事务所等与交易流程相关的机构。它建立中间转化渠道，加速科技成果向产业交易；发挥市场调节功能，实现生产要素的优化配置；规范市场主体行为，实施对市场的监督和调节，因而在推动高新技术产业的发展过程中，技术市场中介具有其他任何社会组织难以替代的重要作用。技术市场管理者主要是指政府。市场经济体制下，政府主要通过设置主管机构和制定相关法规政策，对技术市场的供需双方及技术市场中介实行监督管理，此外，政府还使用法律、财税杠杆，对技术市场进行调控，消除市场经济运行中的负面效应，保证技术市场的有序性和有效性。

### 6.2.2 技术转移市场客体

（1）智力成果的含义
智力成果从其实质意义上讲，是人类利用已经掌握的知识和技能，通过创造性的智力劳动所取得的成果，或者说是将人才与知识等智力资源有机结合，通过创造性的智力劳动所得到的直接产品。❶智力劳动成果本身是无形的，但是可以通过有形的物质表现出来，知识、科学技术等是智力成果的典型代表。

当今社会已进入知识经济时代。知识经济是以人才和知识等智力资源为第一配置要素的经济，是以知识、信息等智力成果为基础构成的无形资产投入为主的经济。这是知识经济最本质的特征。在知识经济时代，以知识、技术等为代表的智力劳动成果是第一生产力，具有巨大的创造功能和作用。它的创造功能和作用，只有在与有形资产等物质条件相结合时，即被"物化"之后，才能发挥出来。因此，在知识经济时代，智力成果也具有价值和使用价值，也具有商品的属性。

知识产权在知识、科学技术向生产力转化的过程中占据重要的地位。知识产权是知识、科学技术转化为生产力的桥梁，是知识经济实现资产投入无形化的基础。知识、科学技术等智力劳动成果，相当大的部分往往是以知识产权的形式转化为一种资产——无形资产，来投入经济运行的。英国葛兰素（GLAXO）制药公司，在20世纪80年代以其特效胃药雷尼替丁（ZANTAL）每年为其带来10亿英镑的收入。1997年7月，当其在美国对该药的专利到期后，不到半年时间，在全球的销售额急降。由此，我们可以看到智力成果的巨大生产力作用。

（2）智力成果与知识产权

随着社会法律意识的提高，当前大家经常听到和谈到一个与智力成果既有本质的区别，然而在很多方面又有着很大联系的名词——知识产权。很多人搞不清楚两者的关系，甚至将两者混同起来，认为知识产权就是智力成果，智力成果就是知识产权。实际上，这是非常错误的，由此，我们有必要在这里对两者的关系进行澄清，这有助于我们更深刻地理解智力成果的含义。

1）智力成果与知识产权的区别

随着高新技术的迅速发展，知识产权在国民经济发展中的作用日益受到各方面的重视，知识产权的理论和实务成为学术研究的一个热点，新的著述如雨后春笋，令人目不暇接。当前，我国的著述中主要有两种有代表性的关于知识产权的定义。一种将知识产权定义为人们对其创造性的智力成果依法享有的专有权利，另一种将知识产权定义为人们对其创造性的智力成果和商业标记依法

---

❶ 都晓岩. 智力成果营销的理论框架研究［D］. 青岛：中国海洋大学，2005.

享有的专有权利。早期的著述均采用第一种定义。极力坚持这一定义的是郑成思先生。如他主编的《知识产权法教程》中给知识产权下的定义是："知识产权指的是人们可以就其智力创造的成果所依法享有的专有权利。"为了说明这一定义的正确性，郑成思先生在多件作品中反复论证、强调知识产权的客体，包括商业标志，都是具有创造性的智力成果。近年来，随着对知识产权研究的深入，取第二种定义的人渐多，如刘春田主编的《知识产权法教程》中的定义是："知识产权是智力成果的创造人依法享有的权利和生产经营活动中标记所有人依法享有的权利的总称。"吴汉东主编的《知识产权法》中的定义是："知识产权是人们对于自己的智力活动创造的成果和经营管理活动中的标记信誉依法享有的权利。"

这里我们先不去理会上述两种定义的区别。实际上从上述两个定义中的任意一个我们都可以很容易地看出知识产权与智力成果的本质区别，即知识产权是一个法学上的概念，而智力成果是一个经济学上的概念。

知识产权是一项法律权利，它本质上是一种财产权。只不过，我们平时所讲的财产权主要是指由法律赋予我们的对有形的物质财产所享有的财产权以及由此派生的所有权、使用权、处分权和收益权等，而知识产权是指由法律赋予我们的对无形的知识财产所享有的财产权及相应的所有权、使用权、处分权和收益权等。在社会发展水平还比较低、知识还不是很丰富的社会时期，知识是没有被当作一种财产被法律所保护的，当时被当作财产保护的只有有形的物质财产，因此，那时财产权专指对有形的物质财产的财产权。随着社会的发展，知识在社会经济发展中的作用越来越重要，当今知识也成为商品，能够进行交换，在法律上也被承认是一种财产。为了区别，法律上称对有形物质的财产权为物权，而称对知识这种无形物质的财产权为知识产权。

而智力成果是人类通过智力劳动所取得的成果，它是知识的一种。因此，从法律上看，智力成果是知识产权的保护对象，它与知识产权根本不是同一个范畴的概念。混淆了知识产权与智力成果区别的人，就如同混淆了人权与人这两个概念一样，实际上是混淆了一种法律权利的保护对象与这种法律权利本身。

2）智力成果与知识产权的联系

虽然知识产权与智力成果这两个概念存在着范畴上的区别，但是两者之间也有着很紧密的联系。这种联系就表现在智力成果是知识产权的保护对象上。传统上我们将知识产权的保护对象划分为两大类三种，即专利技术、商标和文艺作品，其中，由于前两者的使用价值主要体现于工业应用，因此两者又同被划归为工业产权这一范畴。相应地，这三种对象又分别受三种不同的知识产权法（即专利法、商标法和版权法）所保护。而商标法所保护的是商业标志的识别性，而不是其创造性。一个图案的创造性再高，如果缺乏识别性（显著性），也不能作为商标；反之，即使其不具有创造性，只要具有识别性，就可以作为商标。因此，从严格意义上来讲，商业标识是不属于智力成果的范畴的。专利技术作为智力成果是本书研究的主要对象。

（3）智力成果的种类

智力成果的营销与智力成果的特点息息相关，因此，我们要获得有价值的营销见解，也必须从对智力成果分类开始。但是，对事物进行分类的角度往往多种多样，究竟采取何种角度，往往依赖于我们对事物研究的目的。因此，在此我们并不对智力成果进行广泛的分类，只基于营销目的，从有利于智力成果营销研究的角度对智力成果进行一些基本分类。

从知识产权的保护对象来分，智力成果可以分为技术成果和文艺作品两大类。知识产权法可以细分为技术秘密法、专利法、商标法和著作权法等诸多板块。其中，除了商标法外，专利法与著作权法等其他法律保护的客体都是人类的智力成果。如受专利法保护的智力成果是专利，受著作权法保护的智力成果是作品。一般来讲，著作权保护思想内容及其表现形式，侧重于对文学、艺术等社会科学类智力成果的保护，专利权保护按照一定思想或理论研究出的具体操作和技术，主要保护工业应用技术成果。当然，这样划分有些绝对，司法实践中存在很多特例，很多智力成果虽属于工业技术成果，却用著作权法来保护。这大多发生在工业技术成果只能采取文字、图纸等社科类智力成果常采用的形式来保存的情况下，例如产品设计图纸、电路设计图纸、医学疗法、计算机软件等。

（4）智力成果的特点

与普通实物商品和服务相比，智力成果有很多独特的特点，这些特点决定了智力成果营销的独特性，也决定了开展智力成果营销研究的必要性。智力成果具有以下特点。

1）非物质性

所谓非物质性，是指智力成果并无物质性存在，它仅是一种信息。知识产权法对智力成果所保护的，正是人们对这种信息的控制和支配。智力成果的非物质性不同于我们探讨服务商品的特点时所讲的服务的无形性。无形所表达的是没有形体，不占据一定的空间，但是，它可能是一种客观存在的物质，例如气、水、电、光等。而非物质性是指没有物质性存在。非物质性的肯定是无形的，因此，智力成果也具有无形性。但是由于对于智力成果来讲，决定其独特营销特点的是其非物质性而非其无形性，因此，我们用非物质性来描述智力成果的这一特征。智力成果的非物质性决定了它不可能如普通商品一样放进商场，摆上货架。

2）永久存续性

智力成果一旦产生，就成为人类精神财富的一部分，不会因时间的推移而耗损、消灭。在法律保护的期间内，它为权利人所独占控制。法律不再保护以后，这种信息本身并不随着权利的消灭而消灭，而是进入公有领域，成为公共的精神财富，永久存在。而物质商品和服务则会在使用中耗损、消灭，甚至仅仅因为时间的推移而逐渐耗损以至最后消灭。

3）可复制性

智力成果的非物质性导致其信息可以被以平面的或立体的、有形的或无形（如声音）的形式无限复制。这里我们是在广义上使用复制这个概念的，它包括严格意义上的复制和严格保持同一性的重复使用，如按照图纸制作产品，按照一定的方法施工、生产，用印刷、复印、制作光盘等方式复制文学艺术作品等。物质财产不具有这样的特点。对一个有形物的仿制，实质上是对该有形物的造型，即其设计的复制，本质上仍然是对该造型所传达出来的信息的复制。

4）可广泛传播性

作为一种信息，智力成果一旦产生，就可以通过各种传播媒介广泛传播。这种传播不能以国界、语言等加以限制。这是由智力成果的可复制性导致的。特别是在各种传播媒介十分发达的今天，除非信息所有人严格保密，一项信息在极短的时间内就可以传遍全世界，信息的"公共产品"特征越来越凸显出来。而一项物质商品和服务在同一时间只能存在于一个地方，不可能同时出现在两个以上的地方。

5）可以同时被许多人使用

信息一旦公开，就会广泛传播，凡知悉该信息并具备相应条件者就可以对其进行使用。因此，知识产权的保护对象可以同时在相同或不同的地方被许多人直接使用，而且这种使用不会给该信息本身造成损耗，有可能受到损害的只是权利人的利益。物质财产由于其特定性和唯一性，不可能同时被许多人直接使用，而且使用必然对其带来耗损，不管这种耗损是多么微不足道。

6）产品价值的时效性

这里所讲的时效性，不是指知识产权对智力成果的保护有时间限制，而是指一项新的智力成果若是不能在一定时间及时实现商品转化，很有可能由于技术的进步导致该智力成果被更先进的技术所替代而变得毫无价值。尤其是在技术进步迅速的今天，技术替代现象越来越普遍，技术的生命周期越来越短。在这种情况下，技术的时效性就显得尤为突出。若是不能及时实现成果转化，企业或研发机构投入的大量智力劳动和巨额研发成本将完全成为沉没成本，成果应有的经济效益和社会效益也无法得以实现。

7）对智力资本的高依附性

智力成果的高知识含量导致智力成果比任何一种商品都要更加依赖于智力资本，而智力资本的拥有者是人才，是研发人员。与企业组织不同，研发人员是研究机构最重要，甚至是唯一可利用的资源。研发人员的数量和质量从根本上制约着智力成果的水平和质量，研发人员的思想观念更决定着组织研发活动的导向，这些都从很大程度上制约着影响着智力成果转化的难易程度。因此，对于科研机构来讲，是否拥有大量的高素质的研发人员成为其核心能力的根本所在。研发人员的管理与激励也成了智力成果营销的核心问题。

## 6.3 技术转移市场需求

在营销学中，市场被定义为某一商品所有现实和潜在买主的集合。同样，在研究智力成果的营销时，我们也采取这样一种定义，即"智力成果的市场就是那些对智力成果具有特定的需要或欲望，而且愿意并且能够通过交换来满足其这种欲望的全部顾客的集合"。❶ 这里，智力成果市场也是一个量的概念，真正意义上的智力成果市场也必须具备前面所述的一般市场所必须具备的三个基本要素，即顾客数量、顾客的购买意愿和顾客的购买能力，三个要素中缺了任何一个要素都不构成市场。

智力成果这种商品的特殊性直接导致了智力成果市场上智力成果的需求也表现出很大特殊性。总体来讲，智力成果的需求具有以下特点。

（1）技术替代的非逆转性

普通商品可能会出现若干年后"起死回生"的现象，技术商品则不然。

---

❶ 都晓岩. 智力成果营销的理论框架研究［D］. 青岛：中国海洋大学，2005.

某种技术一旦被新的技术代替，其市场需求会马上下降，而且不可逆转。技术商品的发展是一种螺旋形爬升式的模式。不过，在新技术面世初期，会有一段新旧技术共存的过渡时期。对于技术开发主体来说，在整个研发过程中，尤其在确定研发项目时，必须分析技术环境，做好技术预测，防止技术在开发出来后已经或濒临淘汰。

（2）技术间的共进性

任何一项技术的发展都离不开相关技术的进步。1953 年沃森和克拉克发现 DNA，但直到 1973 年首批人工胰岛素才投放市场。其间 20 年正是共进性需求逐渐强烈的过程。无数科学家在这中间构造了通向成功的阶梯。20 世纪 60 年代沃纳·阿伯（Werner Arber）首次证明了 DNA 限制性内切酶的存在，终于导致了 1973 年的成功。共进性的存在要求技术开发者明确：相关技术成熟得越多，成功的可能性就越大；让相关技术领域的开发者由此而获得适当的收益；刺激相关技术的发展，或直接协助相关技术的发展；防止开发出的技术过于超前，难以在时效性和利益之间找到平衡。

（3）需求弹性较小

虽然价格影响交易的成败，但是技术的需求者往往更注重技术的使用价值，即其能够带来的未来收益。所以，"技术卖方提出的价格的高低只能在较为有限的范围内影响交易的进行"。

（4）转移方式的多样性

这主要是由于同一般商品相比，智力成果具有更高的附加价值和更高的市场风险。从买方的角度来讲，他们不愿一次性支付过高的价格而承受如此高的市场风险，而从卖方的角度来讲，他们也不愿为自己的产品收取过低的价格。一般来讲，除非是成熟的技术，智力成果的价值不像普通商品和服务那样在产品生产出来之后立即就可以确定，而是更多地依赖于产品上市之后的销售情况。因此，为了解决买卖双方之间的矛盾，智力成果的价格除了采取普通商品那种"一手钱一手货"即时结清的转让方式，往往也采取智力成果转让方在一段时期内参与受让方市场销售利润分成等许可方式，在产品上市之后分阶段逐步完成。由于新产品上市后一般需要经过较长时间才能被消费者接受并取得利润，因此这一段时期往往很长，进而导致技术转移过程周期较长。此外，技术商品交易还具有购买数量少、交易人员素质较高等特点。

高新技术市场需求特征是对现行多学科高新技术需求特征进行总结归纳后得到的，因此具有普遍意义。

### 6.3.1 棘轮型需求

棘轮是一种边缘带有棘刺的轮子。棘轮和棘爪的相互作用可以使轮子保持单向的间歇性运动。❶技术市场需求恰好具有棘轮机构的运动特征。随着科技发展水平的不断提高，人们对高技术产品的需求也不断增长。这种增长主要体现在对技术水平的要求上。也就是说，人们要求技术水平不断地提高，这种需求是不可逆的。人们不会重新对旧式的落后的技术感兴趣。最典型的例子要算计算机的更新换代。一旦一种新技术占领市场，则被替代掉的旧技术就将"红颜不再"，高技术本身没有"起死回生"的现象。在这种不可逆的替代中，每一种技术都有其相对稳定的生命周期，即发展的"间歇性"。这便是高新技术需求的棘轮效应，所不同的是它并不是圆周运动，而是一种上升行为。

高新技术之所以不断地创新，是由于人们在消费实践中不断地发现现行技术的有限性甚至是重大的缺憾。人们不断地提出问题，希望对现有技术不断地改进。这种要求总的来说符合这样一个趋势：改进—替代—改进—替代……也就是说，许多新技术的出现，最开始的目的及其本身的功效仅仅是对现有技术的一种改进和提高，直到新技术彻头彻尾地，或者从本质上变革了旧技术，大规模的替代运动也就开始了。可以这样断言：处于改进阶段的需求不会使现有技术"伤筋动骨"，而一旦发展到替代阶段，现有技术的末日也就到了。

### 6.3.2 衍生性需求

衍生又叫"取向连生"，是化学术语。它指的是物质按一个方向关系相结合生成的一系列新结构。所有的新结构新组合都是源于最初的物质（母体）。如甲烷（$CH_4$）为母体，其衍生物有甲醇（$CH_3OH$）、甲醛（$CH_2O$）、醋酸（$CH_3COOH$）、硝基甲烷（$CH_3NO_2$）、氯甲烷（$CH_3Cl$）等。

对高新技术产品的需求也有这种衍生性。消费者处于各行各业各个领域内，他们之间的差别化使他们在观察同一种科研成果时，往往将其放在自己所处的环境内思考，衡量其是否对自己的行业、职业甚至是直接的工作有效，探索其如何应用到上述范围内。从这个意义上讲，任何一项科研成果都可以衍生到众多产业、作业和产品中。也正因如此，没有一个人可以说清一项科研成果的应用范围究竟有多大。可以这么说，对科研成果的需求是对其衍生性的需

---

❶ 张德斌，关敏. 高新技术企业营销策略［M］. 北京：中国国际广播出版社，2002.

求，没有衍生性的科研成果就没有价值。比如激光的各种特性就构成了激光各种各样应用的物理基础。激光的高度方向性可以满足准直、测距、制导等需求，激光的高亮度使之用于可控热核反应点火、工业加工。高集成度微处理器也可以满足各种衍生需求，如个人计算机、移动通信、自动控制、航空航天技术等产品领域，甚至应用到手表、电视机、收音机、洗衣机、电冰箱等民用产品上。相反，许多一般性技术产品就不存在这种特征，比如人们对茶壶的需求主要是供饮水用，作摆设只是一种微不足道的派生需求，并不是靠茶壶技术产生出来的，或者说，茶壶的欣赏价值与其制作技术的先进程度与否没有十分密切的联系。有些领域，例如计算机产业衍生现象还可表现为"兼容性"，这是由于人们对"信息共享"所提出的要求。微软公司的 Windows 编程中有 1/3 之多就是为与其他程序兼容而设计的。

高新技术需求具有衍生性，这一点对于高新技术的开发者来说具有十分重要的意义。首先，在某种程度上说，一项高新技术的生命周期长短不完全取决于其独立发展的水平高低，衍生需求会延长高新技术本身的寿命。因为衍生面越广，就越证明其有用。而人们越是普遍采用这一技术，这一技术就越不易被其他新技术替代掉。其次，一项高新技术的市场的大小不在其先进程度如何，而在其衍生的深度和广度。一项高新技术成果的市场占有率的大小，并不完全依赖于它的现有用户，而在于它能否不断地被那些潜在的用户所发现，特别是被那些中间开发商所应用。再次，一项高新技术的市场推广（促销）重点不是宣传技术本身，而是技术的应用范围。技术对多学科、多产业、多产品的适用性，将各种潜在的需求启发出来。最后，衍生性本身不但可以在消费者（使用者）中产生连带刺激或"学习效应"（彼将某技术应用在 A 领域，促使吾考虑将同技术应用在 B 领域），而且可引发广大中间开发者竞相开发新的用途，从而使需求总量以乘数的速度增大。

## 6.3.3　共进性需求

衍生性需求要求某项技术可在诸多领域中应用，从而产生出一系列需求行为。所有这些需求都须在多种相关学科、多种相关技术共同发展的基础上才能完成。这种由衍生需求而激发的对相关学科与技术发展的需求叫作"共进性需求"。共进需求的存在，使当代高新技术发展具有多学科多产业多技术的综合趋势。比如美国总结其宇航事业的发展，就是推进技术、新材料和计算流体力学三大支柱科技发展的结果。宇航事业的发展强化了对这三大支柱科技的需求。而仅仅是其中的计算流体力学一脉，就要求流体力学、流体物理、数学和计算机科学在相互适应、互相促进的"互动过程"中共同发展。

"皮之不存，毛将焉附？"所谓共进性，是指共同协调地发展提高技术水平，其中任何一项都不可独立存在。也就是说，一项技术离开其他技术的发展而独立发展是不可能的，或者说一项先进技术和多项落后技术是不可能结合的。人们需要的是技术的共同进步。目前超导计算机的研制和半导体计算机的研制谁主沉浮这一事例就很说明问题。从宏观上看，超导计算机的开发尚处萌芽阶段。许多公司，例如 IBM 甚至退出研究阵容。这是因为半导体计算机的发展尚在"改进阶段"，没有必要即时替代。从微观上看，超导计算机技术尚未形成共进性需求的市场，许多相关相适应的技术没有得到发展，例如超导薄膜技术、超导线材技术、超导集成电路中的有源元件及连线等目前均无大的突破。相反，半导体计算机则由于亚微米电路、异质结构器件和高电子迁移率晶体管的出现而更有竞争力。专家预言，下一代的商用电子计算机还将是半导体的而不是超导的。

生物学领域中蛋白质工程的发展又是一个典型的共进性需求的例子。美国斯坦福大学的 Charles Yan of Sky 于 1981 年在美国微生物学会年会上精辟指出：生物学理论和技术在如下九个方面的发展促成了蛋白质工程的诞生：新的克隆技术，特别是完整的 DNA 的克隆技术；快速测定 DNA 顺序的方法；从 DNA 顺序推算蛋白质顺序的较好的计算机程序系统；蛋白质顺序数据库的建立，使一级结构相似的蛋白质能很快地测定出来，并由此研究其功能上的相似性；对原核生物和真核生物基因表达调控的进一步深入了解；用于基因体外诱变的化学、酶和合成技术的进展；光晶体学的进展，包括较好的长晶体的方法、同步辐射的应用、面探测器的出现，以及计算机辅助数据分析；以计算机图像系统为工具，直接观察结构数据；核磁共振技术的改进，使溶液中原子的位置能直接观测。总之，对蛋白质工程产品的需求，实际上是对上述九个方面的技术的需求；满足了这九个方面需求，总的目标也就能够实现。

有了共进性需求的理论，许多诸如理论成果到实际产品问世时间差的问题，实际产品问世到大面积采用时间差的问题，就很容易解释了。例如高清晰度电视，日本在研究了 20 多年后才大量采用，欧美的情况也大致如此，原因之一就是相关技术的发展还不尽如人意。1928 年弗莱明发现了青霉素，到弗洛里等人将其以低效方法制成药剂间隔就有 11 年，第一批产品尽管有奇效，但因提取技术的落后不解燃眉之急，使业已好转的患者无法获治。

共进性需求的存在给我们以这样的启迪：第一，高新技术开发者应当知道，相关技术成熟的越多，成功的可能性就越大；第二，让相关技术领域的开发者由此而获得较大效益是明智之举；第三，刺激相关技术的发展，或直接协助相关技术的发展，是自身所开发技术成功的捷径之一。

# 第七章　技术转移市场营销基础

## 7.1　技术转移市场营销管理过程

技术转移市场营销管理过程如图 7 - 1 所示。

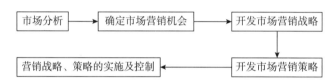

**图 7 - 1　技术转移市场营销管理过程**

一般商品营销管理过程框架同样适用于技术市场营销。❶

（1）市场分析

市场分析的主要内容是结构分析和行为分析。在技术市场中，主要市场需求方有两种：一类是企业，另一类是政府。这里主要考虑企业的技术需求。从市场结构来看，主要考虑企业的数量、规模和时空分布。更进一步地，还应考虑到技术商品本身的技术性质，某些技术由于其专业性较强而有明显的行业指向，某些技术由于其综合特征和较广应用范围使其行业指向不明显。对前者，结构分析主要在行业内进行，对后者则要进行跨行业分析。某些行业由于其固有的技术经济性质而具有明显的集中化倾向：少数企业构成了行业的"大头"，像钢铁业、汽车业、石化业等。在这些行业中，独立的技术市场营销主体相对大企业而言，通常处在较弱的位置，即便是拥有相对垄断的技术商品供应，也难以形成较强的"讨价还价能力"。事实上，在这类行业中技术成果开发者大都从属于这些企业或者这些企业本身就有相当强的技术开发实力。在这类行业中，技术需求特征复杂，一些重大综合技术项目需要相当巨额的投资和

---

❶ 石柱成. 技术市场论［M］. 成都：四川大学出版社，1992.

长期努力才能见效，一旦有重大技术突破，就会导致行业的全面改观。与此相反，另一些行业有较强的分散特征，众多中小型企业构成行业的主要部分，比如食品业、服装业等。独立的技术市场营销主体有相对较强的地位。行业中中小企业竞争激烈，经常出现渐进式的技术创新。在技术创新中领先的企业常常有明显的竞争优势，因此，行业的技术需求较迫切。同时，渐进式的技术创新通常投资少、见效快，行业的技术水平较少出现质的全面变化。市场结构给营销主体一定的活动空间，通常不难发现，独立的技术市场营销主体在分散特征较强的行业中有更广阔的营销活动空间。

从市场行为看，由于技术商品通常作为一种要素投入于企业生产经营活动之中，企业的购买行为就较复杂、理性。企业一般不会单纯因为技术成果的"新、奇、巧"而购买，而要更多地考虑技术投入所带来的经济效益、技术本身的适用条件等经济因素和技术因素。这种购买表现为较复杂的决策过程。

（2）确定市场营销机会

市场分析的基本目的是探索市场营销机会。这里，所谓市场营销机会对技术市场营销主体而言就是尚未满足的技术需求，通过提供技术商品来满足这些需求可给营销主体带来相应的收益。在实际中，技术商品生产经营者可能会面临为数不少的潜在的技术需求，这就需要加以鉴别和确定。这项工作应从两个方面展开：一是考虑技术市场需求的潜在容量和有利可图性，二是考虑技术营销主体自身的技术开发和经营能力，以鉴别出那些具有相当市场潜力又恰能充分发挥营销主体竞争优势的营销机会。

根据上述分析思路确定市场营销机会至少包括下述几方面的内容：第一，充分了解企业现有技术水平状况，分析明了目前企业存在的主要技术难题和技术进步方向，分析技术难题存在的普遍性和技术进步的涉及范围；第二，结合国家产业政策和技术政策分析行业及相关技术的发展前景；第三，分析企业对技术创新采纳的兴趣和相应支付能力，分析技术开发经营成本，对技术商品交换作出成本/效益分析。

（3）开发市场营销战略和策略

技术营销主体面临变化着的环境，为达到其组织目标，需要根据环境变化所带来的机会和威胁，结合组织自身的实力和特征来开发营销战略计划。它首先要求营销主体明确自己的根本任务和目标、目的，然后对现有技术开发经营业务作出"组合分析"，以确定实现战略目标的发展重点和基本途径。事实上，战略计划的任务是通过调整组织的资源配置，充分利用机会，回避威胁，以达到组织的战略目标。

战略计划要求相应的营销策略来支持。下述营销策略对技术市场营销主体有重要意义：第一，市场细分策略，它可以帮助营销主体更好地抓住营销机会，配置相应资源；第二，市场竞争策略，它可以帮助营销主体在竞争性的市场环境中占据优势；第三，创新及扩散策略，它可以指导营销主体完成技术商品的推广普及工作；第四，营销组合策略，它从价格、产品、分销、促销四个方面来影响技术商品交换和满足技术市场需求，是营销主体所借助的主要营销策略。

（4）营销战略、策略的实施及控制

为保证营销战略和策略的实施，营销主体应建立相应组织机构，配备恰当的技术开发、经营人员，赋予所必需的人力资源，确定各种技术、经济活动的负责人。在战略和策略实施过程中，应充分协调好各种技术经济活动，根据战略计划和营销计划的安排，控制其实施过程，最终保证营销主体组织目标的实现。

这里的市场营销管理过程具有明显的一般性，在技术市场营销中必须考虑其特殊性。下面将主要就技术市场营销特殊性来展开分析。

## 7.2  技术转移市场需求所决定的营销特征

技术市场营销在很大程度上区别于一般消费品市场营销，其根据在于下述若干方面。从营销对象上看，技术市场营销属于组织营销。因为技术商品的主要市场是工商企业和政府部门，是组织而非消费市场的个人或家庭。从交换目标上看，组织参与技术商品交换是为了将技术应用于生产经营或其他组织职能活动中来达到组织目标，个人（家庭）购买消费品则是为了自身消费。从交换对象上看，技术商品主要是无形的、知识形态的商品，而消费品大多为物质实体。由此可见，技术市场营销由于技术商品所特有的交换本质而区别于一般消费市场营销。

技术商品需求方主体主要是工业企业，在整个技术商品交换活动中，作为买方，工业企业占了70%左右。因此，企业对技术的需求性质从根本上决定了技术市场营销活动的特征。

（1）企业技术需求性质——要素性需求

技术作为生产力要素的主要构成部分，对企业运行状况有实质性影响。企业作为相对独立的经济实体，通过获取并组织各种生产要素来实现其目标，其中赢利是最为重要的目标之一。因此，企业是否接受新技术，主要取决于技术作为要素投入能否给企业带来令人满意的效益。比如，通过提高生产效率，降低生产成本，提高产品质量，更新疲软产品等来实现效益增长。值得注意的是，技术作为生产力诸要素之一又区别于其他要素，如资金、劳动力等，它具有很强的行业产品指向。这就意味着，技术作为要素投入能否实现还取决于行业状况和同该技术相关的产品市场状况。无论技术本身如何先进、适用，如果缺乏相关产品明确肯定的市场前景，企业是难以产生相关需求的。

（2）企业技术需求性质——引申需求

从整个社会的经济活动关系来看，技术需求是引申需求，它总是基于最终市场和相关市场的需求而引发的，如图7-2所示。

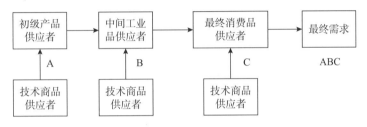

图7-2　技术引申需求

事实上，技术需求的要素性质和引申性质反映的是一个问题的两个方面：强调技术需求的投入和过程。[1] 这两个基本性质决定了技术营销的相关特征。比如，技术市场营销重心应置于应用技术所创造的新增效益上，以此来说服促进企业采用新技术。又比如，技术市场营销视野应有所拓宽，不仅要关注同技术相关的本行业需求变化，还要分析相关行业需求变化带来的延伸影响。

（3）企业技术需求性质——弹性需求

这里强调技术需求对价格的敏感程度的变化特征。观察现实中的技术商品交换状况，可以大致作出能反映该特征的技术商品需求曲线，如图7-3所示。

从图7-3中可见，当技术商品定价高于$P_2$时（高价区），过高的技术商品价格明显抑制了技术需求，导致需求量几乎为零。在高价区的价格变动对需求几乎无影响——无弹性。当技术商品定价低于$P_1$时（低价区），过低

---

❶ 石柱成. 技术市场论［M］. 成都：四川大学出版社，1992.

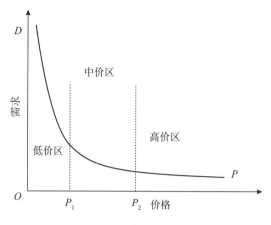

图 7 – 3  弹性需求曲线

的技术商品价格刺激需求大幅度增加，在低价区的价格变动引起的需求变动相当大——需求弹性明显，在给定的技术可应用范围内完全普及。当定价在 $P_1$ 和 $P_2$ 之间（中价区）时，有一定技术需求。在中价区的价格变动会引起需求一定程度的变动——有一定需求弹性。

这种变动价格弹性技术需求给技术市场营销带来一个显著困难：对高技术商品而言，高价区和低价区都有较宽的价格范围，而这两种价格范围又恰恰缺乏营销意义。原因很明显：高价导致几乎无技术需求，低价又意味着"白送"技术成果。这就不难解释现实中的技术商品交换的两难境地：大多数技术商品不是因为定价过高而被"束之高阁"，就是因为定价过低使科技成果创造者的劳动"付诸东流"。由此，技术市场营销价格策略的重心在于找到合适的中价区和制定恰当的价格变动策略，既能促进企业接受新技术，又能保证营销主体取得合理的经济效益。

（4）企业技术需求性质——波动需求

它强调的是企业的技术需求受到各方面因素的影响，尤其是经济运行状况的影响。环境因素的一个不太显著的变化也可能引发技术需求的大幅度变化。比如，宏观经济运行状况和相应的经济政策会导致技术需求的明显变动。1998年我国的经济波动（收缩）就导致技术市场成交额的大幅度下降。这种波动需求的特征使得技术市场营销主体承担较高风险。要减小这种风险，就必须实现技术开发多元化、经营活动多样化，并加强技术储备、技术预测和环境评估等工作。

## 7.3 技术市场购买特征所决定的营销特征

（1）直接购买

技术商品交换活动通常发生在技术供应者和技术使用者之间。作为技术需求方的企业直接向技术供应方购买技术商品，而不像消费品市场上大多通过中间商来完成交易。由此，技术市场营销策略主要针对技术需求方展开，较少涉及面向中介的营销。

（2）专业购买

虽然供交换的技术商品有一定先进性，但是这种先进性对技术商品需求方所形成的技术梯度并不十分巨大。相反，技术商品需求方——企业通常也具备一定的技术实力，对自身的技术需求有充分理性的认识，能够较全面科学地评价技术的先进性和适应性，在技术诀窍方面也容易"一点即破"。这种技术知识相对丰富的购买活动就是专业购买。为此，技术市场营销一方面要通过卓有成效的沟通介绍技术商品的特点和先进性，另一方面还要注意技术内容的保密，以防交易不成技术泄密。

（3）整体购买

技术商品交换通常不是简单的"一手交钱，一手交货"式的购买，它往往涉及多个方面。比如，对重大技术而言，要分解若干技术项目，向不同技术供应方分别购买，这就要求若干营销主体协同营销。又比如，很多技术商品交换活动不单纯涉及图纸、资料、信息的交换，还伴随着人员培训、设备安装、土木工程等一系列相关活动，这种整体性购买增加了技术市场营销的难度，往往不能就技术论技术，还需涉及相关业务的营销。

（4）集体购买

在技术市场需求方的组织中，通常由一个"班子"来完成特定技术商品的购买活动，这个"班子"是一个集体，其成员有大致相同的目标，在购买活动中分别承担不同的角色，并集体承担交换风险。因此，技术市场营销应针对这个"班子"展开全方位的"深度营销"，对不同的角色施以相应的营销策略，才能取得良好的效果。

## 7.4 技术商品特征所决定的营销特征

除了技术市场需求和购买特征会对技术市场营销发生影响外，下述技术商品本身的特征也会作用于技术市场营销活动。

（1）无形性

无形性使得技术商品购买方无法在购买前对购买后结果作出肯定性评价，其购买基础建立在对技术营销主体的信任以及对技术商品成效的信服之上。作为技术市场营销主体，为了取得需求方对自己的信任，就需对自身的信誉建设付出持之以恒的努力。为了得到需求方对技术商品成效的信服，就必须强化信息沟通，改善沟通效果，让潜在用户能充分认识该技术的种种好处。

（2）先进性

先进性是个相对概念，某一技术的先进性总是在给定时空范围内相对于现有技术和备选技术而言的。如果需求方认识不到这种先进性存在和这种先进性所能带来的收益，就不会产生采纳技术的动力。在技术市场营销中应充分利用对现有技术的调查，充分比较现有技术选择，给需求方明确指出这种先进性的存在和其"比较利益"，促进交换。

（3）时间性

时间性决定了技术商品的寿命特征，技术商品的自然寿命和商业寿命对市场营销都有重要影响。比如，为谋求技术商品交换收益的最大，必须设法在其自然寿命之内完成其商业寿命周期，充分实现交换价值。又比如，在技术商品商业寿命周期中，不同阶段应配以相应的营销策略，既保证一定的技术扩散速度，又能稳定获取相应经济效益。

（4）使用价值非直接性

大多数知识形态的技术商品均是"实验室成果"，而非较成熟的"中试成果"。因此，要实现其使用价值，还需一个"再学习、再投资、再创造"的过程，这一过程能否成功，关系到技术的使用价值能否实现，也就是关系到技术是否能真正转化为现实生产力，所以意义特别重大。为此，技术市场营销主体为全面满足技术需求方的需求，就必须更多地参与到上述过程中。这就是说，技术市场的营销重心不仅要置于技术商品交换的促成上，更要置于交换之后的技术商品使用过程中，比如给予强有力的技术保证、技术咨询、人员培训、售后服务，以及建立自己的中试基地和工程技术中心等。

（5）单一性

同种技术商品的单一特征使技术市场营销主体处于相对有利的市场地位——有限垄断供应。但是，这种相对较优的市场地位并不能在现实条件中完全体现出来，因为它必须附有若干条件。比如，当技术需求方所处的市场环境竞争压力不大时，企业对采用新技术有一定的惰性甚至阻力，缺乏追求技术进步的积极性，其结果就是有效技术需求不足。又比如，垄断的技术供应所形成的高交换价格会明显抑制技术需求。在技术市场营销中，必须着力克服由有限垄断供应地位所形成的营销指导思想，增强开发应用面广、成效大且成熟度较高的技术，制定出供求双方认可的交换条件，追求较高的社会和经济效益。

# 第八章　技术转移市场营销战略

战略营销计划的主要功能是明确企业的营销战略。企业要想长远发展，必定离不开战略。现代企业的市场营销已经由"策略营销"发展到了"战略营销"。❶

通过对企业营销的外部环境和内部条件的分析，制定企业的发展战略并在此基础上制定出企业的市场营销战略计划，使企业避免营销的盲目性和短期行为，已成为企业取得营销成功的关键之举。一位知名的营销学者曾经说过："所有人都看到我获取胜利所采用的战术，但没有人认识到这个胜利是战略展开的结果。"这句话道出了营销战略在企业经营中的重要作用。

对应于企业的组织层次，企业的营销战略可以在多个层次上展开，这些处于不同层次的营销战略共同组成了一个营销战略层次体系。处于该层次体系最高层次的是公司战略，它一般是由企业最高管理层制定的有关企业成长的整体博弈计划。公司战略的主要内容是确定公司的成长路线和业务组合，以实现公司资源在公司各部门之间的最有效分配。由于这种以公司战略为计划内容的战略营销计划一般由公司最高管理层制定，因此，我们称之为公司战略营销计划。

处于体系中低一层次的营销战略是竞争战略。竞争战略描述的一般是公司的某一项具体业务参与市场竞争的根本战略。这种战略往往由一些更加具体的战略所组成。由于以竞争战略为计划内容的战略营销计划一般是由某项具体业务的业务部门制定的，因此我们称之为业务战略营销计划。

一般来讲，公司战略的意义主要体现于那些规模较大的大型企业。考虑到科研企业的规模一般较小，因此，公司战略对科研企业的意义就不是特别突出。在智力成果营销研究中，我们应重点考察的战略类型是科研企业的竞争战略。智力成果的竞争战略也是由众多具体战略所组成的。

---

❶ 都晓岩. 智力成果营销的理论框架研究 [D]. 青岛：中国海洋大学，2005.

## 8.1 企业内外部环境分析

当前，环境因素对智力成果营销活动的开展也开始产生越来越显著的影响。营销分析对智力成果营销计划的制定同样重要。智力成果的营销分析分为对外部环境的分析和对自身资源能力状况的分析两个维度。其中，对外部环境的分析又包括对宏观环境的分析和对微观环境的分析两个层次。从理论框架的角度来看，对宏观环境、微观环境、自身资源能力状况这三个方面每一方面的研究都构成智力成果营销分析研究的重要内容。❶

### 8.1.1 企业外部环境分析

（1）对宏观环境的分析

营销学理论告诉我们，对企业经营活动具有普遍影响的宏观环境要素主要包括人口要素、经济要素、政治与法律要素、社会文化要素、科学技术要素、自然环境要素等。在具体到智力成果这一特定的营销对象时，各种不同的宏观环境因素对智力成果营销的影响需要更加深入的研究。我们需要研究影响智力成果营销的宏观环境因素都有哪些，它们对智力成果营销的影响是怎样实现的，以及在各种环境条件下，智力成果营销企业需要采取何种营销行动。这些问题对智力成果的营销具有重要的实践意义。

（2）对微观环境的分析

企业的微观环境也就是企业所处的产业环境和市场环境。营销学理论指出，企业的微观环境的具体构成要素包括营销渠道机构、顾客、供应商、竞争者和社会公众等。微观环境是企业每天都要与之发生诸多业务往来的外部环境要素，相对于宏观环境来讲，微观环境对企业有着更加命运攸关的影响，企业的大多数政策都是为了处理其与外部微观环境要素之间的关系。

企业的微观环境与宏观环境有着显著区别。对于宏观环境，企业更多的只能去被动地适应它。宏观环境就像大海的潮汐，潮涨潮落是大势所趋，不可阻挡。而对于微观环境，企业发挥能动作用的空间要大得多，企业可以采取各种可能的措施去积极地影响甚至改变微观环境要素，以使其朝着有利于自身的方向发展。相对于普通企业来讲，科研企业有其独特性，因此不同的微观环境要

---

❶ 都晓岩. 智力成果营销的理论框架研究［D］. 青岛：中国海洋大学，2005.

素对科研企业的影响也不同。基于智力成果的市场特点，科研企业应着重关注顾客、竞争者、合作者三个微观环境要素。在诸多微观环境要素中，这三者对科研企业的命运有着最为关键的影响。

第一，顾客要素。顾客指的是科研企业生产的智力成果产品的购买者，它也是科研企业通过其经营活动力求满足的对象。从智力成果所面向的顾客群来看，智力成果产品更具有生产资料商品所拥有的一般性质。因为，智力成果的顾客主要来自组织购买者（企业），它主要面向由农业、制造业、建筑业、运输业、通信业、公用事业、银行、金融、保险、分销等行业企业所构成的业务市场，而很少销售给普通家庭和个人消费者。而且，智力成果商品的购买者不仅与普通消费品的购买者有很大不同，与普通生产资料商品的购买者相比也不尽相同。虽然同是面向组织购买者，但是智力成果商品与一般有形生产资料商品相比有很多不同的市场特点，这必然导致同一组织购买者在购买智力成果时与购买有形生产资料产品时所考虑的因素也不一样。这要求我们必须对以下这些与智力成果购买者的行为相关的问题进行深入的研究：智力成果市场与消费者市场以及普通生产资料产品市场的区别在哪里？智力成果商品的购买者面临的是怎样的购买形式？谁参与智力成果的购买过程？影响智力成果购买者购买决策的主要因素是什么？智力成果商品的购买决策过程是怎样的？等等。

第二，竞争者要素。企业最主要的威胁来自竞争者，如果没有了竞争者，任何企业似乎就没有了生存的威胁，因此，企业的大多数精力用于应付竞争者的进攻上。要应付竞争者的进攻，企业首先必须了解它的竞争者，做到"知彼"。由此，对竞争者的分析就显得尤其重要。近年来，随着科研机构的改制，科研行业的竞争也变得越来越激烈。虽然一般来讲，科研企业的主营业务被局限于某一特定的行业内，以至于其遭遇竞争的范围可能较窄，但是智力成果的这种行业局限性也造成智力成果的市场替代性较弱，以至于其所遭受竞争的激烈程度在局部范围内较一般产品可能更为惨烈。因此，各科研企业要想生存，必须学会对来自其竞争者的威胁作出迅速而有效的反应。各科研企业必须能够有效识别其竞争者，以及竞争者的战略与目标、优势与劣势、反应模式等。而智力成果企业如何识别它们的竞争者？如何识别它们的战略与目标？如何寻找其竞争者的优势与劣势？科研企业竞争者的反应模式都有哪些？应该如何识别它们的反应模式？这些问题都要求智力成果营销的研究作出回答。

第三，合作者要素。前面我们提到，智力成果产品有一项非常独特的市场特性即智力成果之间具有很强的共进性。任何一项技术的发展都离不开相关技术的进步，缺乏领域内相关技术的支持，智力成果营销的难度要大大增加。另外，随着科学技术的飞速发展，智力成果的复杂程度越来越高，对科研企业研发能力的要求也越来越高，而同时智力成果的生命周期却越来越短，很多智力成果的开发往往已不是依靠单一的科研企业的力量所能胜任。在这种情况下，科研企业之间开展技术合作的需要比以往任何时候都要强烈，科研企业间开展技术合作的现象也越来越普遍。但是实践证明，要维持科研企业间的有效合作并非是一件易事。如何才能实现科研企业间的有效合作？这其中非常关键的一点是科研企业必须如同分析其竞争对手一样，对其合作者进行有效分析。了解合作者的需求并理顺相互合作过程中与合作者的利益关系，是科研企业间开展有效合作的基础。面对这种趋势，科研企业对智力成果营销研究提出的研究课题有：科研企业之间开展合作的基础是什么？如何有效识别合作者的需要？选择有效的合作者的标准是什么？如何维持与合作者的关系？

## 8.1.2　企业内部环境分析

以上我们讨论的是宏观环境方面智力成果营销研究需要关注的主要课题。分析了外部环境之后，科研企业便需要对自身的资源能力状况进行分析。科研行业的特点要求科研企业对其资源能力状况有十分清楚的把握。科研行业是一个特殊的行业，其特殊性突出表现在，该行业内的几乎每一家科研企业都有一个明确的产业定位，一般来讲，每一家科研企业都是在某一特定行业内开展研发活动，并且一旦选定了某一行业便在长期内具有相当的稳定性，不容易随意变更。这主要是由于，多数智力成果具有较大的行业局限性，这些科研企业的产品往往只在其所属行业内具有较大的应用价值，不容易像普通商品和服务那样进行市场扩展，延伸到其他行业。科研企业的这种行业隶属性，要求每一个科研企业都必须确定一个合理的产业定位，否则，科研企业将很容易在市场战略上犯错误。然而，不同的行业对科研企业在资源能力方面有不同的要求，有的行业对科研企业的资源能力要求较高，而有的行业则相对较低。这种情况要求，科研企业要作出正确产业定位，必须对自身的能力状况有非常清楚的认识，进而也要求，智力成果营销研究必须要开发出一套行之有效的分析方法和技术，以帮助科研企业有效识别自身的资源和能力状况。

## 8.2 目标市场战略

对技术市场营销而言，目标市场战略实质上就是在全面分析技术市场需求的基础上，选择好技术开发方向，为具有特定技术需求的购买者提供相应的技术商品。❶ 事实上，市场营销学已为目标市场的选定建立了一整套程序和方法，即首先进行市场分析，其次进行市场细分，最后根据具体情况确定目标市场。实践证明，在营销活动中，如果科学地实施这一整套程序和方法，对实现技术商品的交换具有重要意义。

### 8.2.1 市场分析

（1）宏观经济态势分析

通过对宏观经济态势的分析，可以从整体上得到技术市场状况及其可能发生的变动趋势。一般而言，经济发展水平越高技术所起的作用就越大，这就意味着在经济发展水平较高的国家或地区，技术市场需求也较大。在宏观经济运行状况良好并保持持续增长势头时，由于企业对经济发展前景预期看好，技术需求通常也随之增大。对宏观经济态势的分析重心应放在产业结构状况以及相应的产业政策、技术政策上。产业结构状况和相应的产业政策对有产业指向的技术需求有决定性影响。很明显，国家重点支持发展的支柱产业、先导产业和目前供需缺口较大的产业所产生的技术需求自然较所谓"夕阳产业"、劳动密集型产业所产生的技术需求更旺盛。无论是产业结构政策还是产业组织政策，以及相应产生的技术政策都会对产业的技术需求特征产生直接影响。对宏观经济态势的分析还应包括宏观经济部门所制定的经济发展战略、规划和计划，科技管理部门制定的科技发展战略规划和计划，以及相应的经济政策和科技政策，尤其要注意分析二者的协调问题，这样，才能从宏观上把握技术需求的总态势。

（2）技术相关行业分析

由于技术本身固有的行业指向，就产生了对技术相关行业状况进行分析的必要。分析重心应置于行业发展前景以及行业技术水平和技术选择上。行业结构特征表现为集中性或分散性，发展状况表现为新兴行业、成熟行业或衰退行

❶ 石柱成. 技术市场论［M］. 成都：四川大学出版社，1992.

业。这些结构特征和发展状况对行业技术需求性质和购买行为特点有至关重要的影响。这里重要的是要弄清楚行业现有技术水平状况、行业中先进技术、一般技术和落后技术的分布及分布形成的原因，在这一基础上才能较明显地给出适应不同情况的技术选择。对技术营销主体而言，也才能确定技术开发方向。

（3）技术相关行业的重点企业分析

行业分析的深化就是行业重点企业的分析。所谓重点企业就是在行业中有重要营销意义的大中型企业或在行业中有代表性的典型企业。这里只强调其技术需求对行业和对营销主体的重要性，也就是说这些企业技术需求的满足能显著促进行业整体的技术进步，并有相对显著的经济效益。对重点企业的分析，应从两方面展开：一要分析企业的内部状况和现有技术水平，如设备、工艺、人员素质、产品生命周期、更新状况、规模、效益状况等；二要分析企业所服务市场的需求状况，如需求潜量、需求指向、需求变化、用户状况等。实际上，在企业发展战略及其技术发展战略中，就包括了上述两方面的因素。所以，重点企业分析可以企业战略为主要依据。

（4）相似技术商品供给的竞争性分析

尽管技术商品具有单一性特征。但是针对某种技术需求，总存在若干潜在技术商品供应者（营销主体）。为此，有必要了解本技术领域中各种技术开发项目的进展状况、开发水平和成果预期。这一方面可以防止技术营销主体将大量资源投入毫无价值的重复研究开发中，另一方面也可帮助营销主体确定相对独特、领先的技术开发方向和制定相应的竞争策略。

（5）配套技术及技术采用条件分析

对一些重大综合技术，技术营销主体还应全面分析同该技术相关的配套技术的基本状况，如开发情况、应用情况，并结合技术商品的特征，考察其同配套技术的"般配性"，还需进一步分析采用该技术所需的基本条件，如人员素质、环境条件等情况。通过对上述问题的调研分析，技术营销主体对技术需求的性质特征以及购买行为特征就有了大致的了解，为进一步市场细分奠定了基础。

## 8.2.2 市场细分

市场细分是市场营销中特有的一整套程序和方法，是规范性地划分市场以使企业从中选择恰当的目标市场。在技术市场销售中，市场细分应针对技术需求特征、购买特征以及相关因素来进行。

市场细分分为两大部分：一是宏观细分，二是微观细分。在宏观细分中主要考虑技术的产业指向、行业指向以及同组织类型、组织结构、组织地理位置等相关的一系列变量，而微观细分则考虑个别组织的行为特征。

（1）宏观细分

从宏观细分的结果来看，它得到具有某些相同特点的组织，比如同属某个产业或行业，是政府组织，或工商企业组织，以及具有相同的技术进步特征的组织等。宏观细分是按组织类别、规模、行业类别等特点所确定的细分市场。政府对技术商品的需求特征明显区别于工商企业对技术的需求特征，不同规模的企业的技术需求特征也存在明显的差别。基于这些因素，技术市场营销主体必须明确哪些细分市场是自己可以"接受"的细分市场，这点必须同营销主体的目标及资源状况结合起来进行研究。

如果宏观细分的结果不仅足以说明需求特征的差别，还足以说明技术购买行为的差别，那么就可直接从中得到技术市场营销主体的目标市场。但是这种情况甚少发生，一般还需进行微观细分。

（2）微观细分

微观细分考察的是在各个宏观细分的结果——特定组织中同技术购买相关的行为特征及其影响因素。因此，组织的购买政策、购买程序、购买集体（班子）的组成、购买决策准则、购买集体成员的风险态度和卷入程度之类的因素，均可作为微观细分的变量。实质上，对技术市场营销主体进行微观细分，主要目的是针对不同的微观细分市场来制定相应的促销策略。比如，在促销沟通中，技术商品的促销内容就同技术购买的决策准则有直接关系。同样，技术商品促销媒介的选择同技术购买集体成员的人口特征、相关的媒介习性有密切关联。较为直观的是，不同企业购买集体的关键成员——企业领导在观念、风险态度方面的差别，足以形成相当不同的技术购买和采用行为。认识这些特性，对技术营销主体开发营销策略无疑有重大意义。

选择目标市场是技术市场营销主体在市场细分的基础上结合自身目标和资源状况所进行的抉择：哪一个或哪几个细分市场是技术营销主体的服务市场。这里值得注意的是，它不仅确定了技术领域中的技术开发力，同时也认定了该技术相关的行业、企业或其他组织。这里之所以要结合营销主体自身目标和资源来抉择，原因只有一个：保证技术市场营销主体在目标市场中享有竞争优势。

一般而言，供营销主体选择目标市场的策略有两种：一是差别策略，二是集中策略。

1）差别策略

对那些技术开发实力雄厚的技术营销主体，可以在若干宏观细分和微观细分中选择一组具有不同需求特征、行为特征的细分市场为目标市场，并相应开发出适应于不同目标市场的营销组合策略，这就是"差别"的含义。"具体问题具体处理"，在不同的目标市场中，推出不同的技术商品，配以不同的价格策略、促销策略，以求更好地满足各目标市场的需要，这种策略能明显加强技术营销主体在技术市场上的地位，风险相对较小。

2）集中策略

对某些技术开发实力、经营实力相对有限的技术营销主体，难以胜任在各个目标市场上齐头并进，需要"集中优势兵力打歼灭仗"，即集中相对有限的资源，为个别细分市场开发整套营销策略。这就是"集中"的含义。针对特定的技术需求和购买行为，开发出特定的技术商品，配以恰当的价格、促销措施来满足它们。这种策略的主要缺点是风险较大，难以形成在技术市场中较强有力的地位。

## 8.2.3　进入市场模式分析

高技术从科学研究到市场营销，往往要走一段漫长而曲折的道路，并且具有不同的动力模式，这也是当前如何将科技成果转化为现实生产力的重要研究课题。

在现代社会中，技术创新与市场有着极为密切的联系。通过分类研究我们可以看到，由于技术创新和市场的联系方式不同，因而在开拓市场、取得经济效益方面的难易程度、成功率等就有不小的差异。特别在我国，不少企业对于开发新产品、采用高技术、上马新项目认识上不一致，目的也不尽相同，所以真正成功的高技术创新的比例还是很低的。我们从不同模式分析中，可以窥知一些成功或失败的规律性的东西。

（1）科研驱动模式

这个模式是不少科学社会学著作和论文中所津津乐道的。它们举出一些科学史上的例子证明：从科研成果出发，经过实验室的小试，然后中试放大，最后进入规模化生产，打到市场上。

从科技史中我们可以发现，杜邦公司的尼龙、贝尔实验室的半导体、现在正在取得不少进展的高温超导等，都可以归入这一模式。19 世纪中叶电学研究导致了电气化，化学发展推出了化学工业，从而使我们认为从科研成果逐渐商品化而进入市场是顺理成章的事。其实只要我们稍微深入地研究一些科研成果转化的实例就可以发现，真正符合这个模式的成功例子极其有限，在现代高技术创新的过程中，就更是如此。主要问题如下：

第一，淘汰率高。无论是来自理论研究还是实验研究的高科技成果，它们的学术价值不能等同于商业价值，有的技术在可以预见的历史时期内，根本不可能有开发的价值。因此以科研成果为出发点向市场转化，其淘汰率必然是很高的。

第二，周期长。如尼龙的创新周期长达13年，而雷达则是15年。因而在这一模式下长期的研究与发展费用中，只有5%是最后能取得经济回报效益的。

第三，社会分工障碍。由于高科技成果大都源自大学和科研院所，而达到产业化规模并进入市场的竞争的主体是企业，在这一模式中，其成果到市场的联系是单向而线性的，因此，往往出现技术转移的障碍，如研究者欲保持其有效的控制，企业不愿意付较高的技术成果报酬。同时，也可能出现"中试"断层，即科研院所和企业两方均不愿对中试阶段投资，使转化不能顺利完成，而企业则可能从国外重复引进成套设备或生产线。

（2）市场导向模式

与科研驱动模式不同，这一模式的出发点始于市场需求，有了比较明确的市场需求，从而导致高技术的创新，并进入生产，❶ 最后满足了市场需求。这一模式是大多数市场营销学著作所推崇的，在许多企业成功之后的总结中往往会将通过市场反馈信息而进行技术革新等行为都总结到这个模式。这一模式的优点在于以市场需求为龙头，因而避免了研究与创新的盲目性，大大提高了成功率，而且从生产进入市场后，通过反馈信息分析新的市场需求，开发新的产品。这是不少企业所愿意采用的，但是它也存在不少问题。第一，市场需求是一种客观存在，因此同时开发而形成竞争往往不能避免，市场需求越明显，其竞争越激烈，容易形成生产要素资源的巨大浪费，大量失败的企业就失去市场机会。第二，如果满足市场需求的技术难度较大，那么将会导致成本过高，消费者无法接受，或者技术开发周期较长，等到产品进入市场时，最初的市场可能早已发生变化，同时失去市场机会。第三，市场需求是人们从现实生活中提出的若干困难不便和现有产品、服务可以改进之处中总结提炼出来的，因此比

❶ 何国祥. 开拓市场：高技术产品市场营销［M］. 济南：山东教育出版社，1997.

较适合改进型的创新，而不太适合全新的高技术创新，因为消费者不可能提出他不知道的而科研上却是可行的东西。

（3）技术经济综合型模式

这一模式的特点是并不将某一单独的要素作为出发点，而是自始至终将与技术创新有关的各方面和各种资源要素有机结合起来，推动其进入市场创造效益。这个模式显然是适应了当代大科学时代技术转移机制越来越复杂的特点，它将技术可行性、市场需求和经济利益紧紧地结合在一起。这一模式将科研、市场及经济分析有机地结合在一起，在每一阶段上都进行综合考虑和评价，同时加速了技术创新的过程，使高技术成果迅速转化为商品，更新换代快，又时刻注意商业利润。这一模式的优势是显而易见的。

## 8.3　竞争战略

在高新技术市场营销战略中，有相当一部分是针对竞争对手而专门设计和组织实施的，所以，有必要单独进行研究。竞争与合作是一对对立统一的事物，有竞争势必就有合作，有了合作，竞争才会进一步加强。竞争是市场供给主体之间的一种相互竞赛行为，这种行为在彼此间产生发展动力的同时，也产生制约作用；合作是市场供给主体之间的一种相互配合行为，这种行为有助于增加合作各方的利益，同时也加强了各方的竞争力。

### 8.3.1　竞争行为

一个企业，不管是自觉还是不自觉，从投入运营之初，便融入了市场竞争的海洋之中。因此，必须了解竞争规律和竞争规则，进而制定出适合自己的竞争对策。

（1）竞争者分析

竞争行为指的主要是竞争者的行为。《孙子兵法》云："知己知彼，百战不殆。"只有在充分研究并掌握了竞争者的态势以后，才可能制定出有效的竞争策略。

微观经济学提供了这样一个思路——无差异曲线。即某个企业所提供的产品或服务可被其他企业的产品或服务所替代，任何一个高新技术企业，在市场上都面临着替代与被替代的竞争，而替代者就是竞争对手。根据替代者所在的

行业分，又可以将其分为同业替代者与异业替代者。❶

1）同业替代者

同业即同一行业。生产同类产品或提供同类服务的一群企业就处在同一行业内。比如电子计算机行业、电子通信业、航空航天业、生物工程领域等。一般来讲，高新技术的各个领域就是各个行业，每一个行业中都有许多的竞争者。同业之间竞争的激烈程度较之异业之间要激烈得多，极高的替代速度、极高的创新率就是证明。同业替代者有如下共同点：第一，同业替代者不但生产经营着相类似的产品和服务，而且它们所采用的营销战略大体也相同。第二，同业替代者之间对价格的敏感程度很高。若有一个或少数几个以降价的形式促销，则产生的连锁反应十分强烈，降价之风可以很快在业界弥漫开来。同业之间的合作也十分普遍，一方面是为着技术上的取长补短，另一方面是为着减少新技术进入市场的阻碍。这就很容易理解为什么同业竞争者中间合作之风盛行了。同业替代者往往共用分销渠道。这是因为高新技术产品对经销商的科技素质要求极高，而这部分人在市场上毕竟只是少数。

2）异业替代者

不同行业之间也可以产生替代行为，因此竞争也很激烈。这一点过去很少受到高新技术企业的重视。应当记住这样两条定律：第一，当一个新兴产业问世时，受衍生性需求的影响，其应用范围是十分广泛的，其中不可避免地要与其他产业所交织，因此也会产生替代作用。比如，CIMS（电子计算机制造系统）的大量采用，使传统的手工工具产业受到打击；生物工程技术的采用也使传统农业栽培技术失去意义。第二，异业之间替代行为的发生并不是一帆风顺的。所有被替代的产业均有可能"奋起反抗"。同时，对消费者来说，只要二者是可以替代的，就是可以选择的，形势并不总是对高新技术产业有利。

（2）识别竞争者的战略

上述分类基本上是静态的，是按照竞争者的类型进行的。在市场上，每一个竞争者都处在运动过程中，它们依照各自的营销战略参与市场竞争。所以，我们还可以从动态的角度对营销战略进行再分类。同一类的企业构成一个战略群体，竞争者可以据此确立自己战略的特点，寻求切入市场、巩固竞争地位的有效途径。

---

❶ 张德斌，关敏. 高新技术企业营销策略［M］. 北京：中国国际广播出版社，2002.

1）战略群体内部的竞争特点

第一，企业应当避开反应最敏锐的策略群体，最好是进入异业竞争者居多的战略群体，以避免竞争的残酷性。

第二，一旦进入一个战略群体，群体内的竞争者就成为直接的竞争对手。企业应当在进入以后，进一步确立差别化的战略，力求回避在完全相同的对策下竞争。

第三，战略群体内部的"学习现象"十分普遍．一个企业采用了某些较有效的战略后，群体内的其他企业更容易观察到并很快学习仿效。因此，企业应当像产品替代规律所描述的那样，也以 S 曲线的形式不断地更新自己的战略。

2）战略群体之间的竞争特点

虽然在战略群体内竞争最为激烈，但在群体之间同样也有对抗。

第一，战略群体各自所实施的顾客群可能有交叉，因此"争夺"顾客的对抗十分激烈。最难应付的局面是，当一个战略群体是以低价深入为核心去向某一顾客群体促销时，该顾客群体可能正被选作为以高价领先为核心的另一战略群体的促销对象。此时，任一方均应认真研究采用这种矛盾战略的另一方的特点，包括产品特点、渠道特点、供应范围，以寻求自己的战略的立足理由。

表8-1为德州仪器公司与休列特-帕卡德公司战略的比较情况。很明显，这两家公司的战略基本上是不相同的，而且可能已经形成各自的目标市场。但这些目标市场也不一定是截然可区分开的。消费的复杂性证明，不同的收入水平、文化背景、民族性、个性特征均不足以妨碍购买和消费相同的产品与服务。所以，二公司恐怕要参照对方的战略特点将自己的战略进一步深化，以形成最深刻的差别，真正建立起自己的消费者群。

表8-1 德州仪器公司与休列特-帕卡德公司战略比较

| | 德州仪器公司 | 休列特-帕卡德公司 |
|---|---|---|
| 业务策略 | 以长期成本状况为参照系，在大型标准化市场上获得竞争优势 | 以独特的高价值产品为标准，在个别小市场上获得竞争优势 |
| 市场营销 | 大批量，价格增长迅速 | 高值高价限量增长 |
| 制造 | 成本驱动的经验曲线广泛地纵向联合 | 以交货与质量为依据，有限度地纵向联合 |
| 研究与开发 | 按成本规定设计 | 按性能设计 |
| 财务 | 大胆地充分利用资金 | 保守地无债经营 |
| 人力资源 | 鼓励竞争、个人激励 | 群体合作精神 |

第二，如果战略群体之间的差异不为顾客所认识，则顾客就会自动在不同战略群体之间进行选择。这种信息反馈到不同的战略群体那里，就可能导致战略群体之间的竞争白热化。其结果是，要么群体间差异更明显，要么各战略群体重新整合。

第三，各个群体可能都想扩大自己的市场范围，特别是在规模和实力旗鼓相当的群体之间以及在市场障碍比较小的情况下，尤其如此。企业一旦扩大市场范围，目标市场就会扩大，或者发生相应的变化。各个竞争对手，不论是战略群体内还是战略群体之间都围绕争夺更多更大的顾客群体而竞争。

（3）判断竞争者的目标

在识别出主要的竞争者和它们的策略以后，我们必须探索：每一个竞争者在市场上追求什么？每一个竞争者的行为推动力是什么？

1）竞争者目标及其组合

所谓竞争者目标，指的是竞争者有计划地在某一时期某一市场（或技术领域）欲达到的竞争效果。利润是所有企业的总的最终的目标，但在特定的时期面对特定的竞争对手，企业的目标就不一定是利润的最大化了，而是一组结合自己的实力专门针对竞争对手设计的竞争目标。表 8 - 2 说明了竞争者目标 - 实力组合。

表 8 - 2　竞争者目标 - 实力组合表

| 实力<br>目标 | | B1<br>总成本领先 | B2<br>技术领先 | B3<br>提供市场占有率 | B4<br>服务领先 | B5<br>公关形象 |
|---|---|---|---|---|---|---|
| A1 | 排挤竞争者 | A1B1 | A1B2 | A1B3 | A1B4 | A1B5 |
| A2 | 追随竞争者 | A2B1 | A2B2 | A2B3 | A2B4 | A2B5 |
| A3 | 领先竞争者 | A3B1 | A3B2 | A3B3 | A3B4 | A3B5 |
| A4 | 分享竞争者 | A4B1 | A4B2 | A4B3 | A4B4 | A4B5 |
| A5 | 补充竞争者 | A5B1 | A5B2 | A5B3 | A5B4 | A5B5 |

通过这个组合矩阵，竞争者可以分析对手的目标和实力，并通过使其对策失效来阻滞其目标的实现。最典型的对策是发现对手的目标与其实力不匹配的情况，然后集中或发展与之不同的自身优势保护自己。比如某企业可能以"排挤竞争对手"作为自己的竞争目标，但竞争者们发现该企业所拥有的实力仅仅是市场占有率较大且公众形象较好，而在排挤对手的最佳手段——价格上却无优势可言，于是竞争者便可选择"总成本领先"这一对策来保护自己，这一招应当是有效的。

2）决定竞争者目标的因素

一个竞争者的目标是由多种因素确定的，其中包括企业规模、经营规模、技术领先程度、竞争状况等因素。

① 企业规模

通常认为企业规模的大小与竞争目标的设定有着十分密切的关系。这种相关关系表现在如下方面。

第一，企业规模大实力就雄厚，因此多以排斥竞争者为竞争目标，即 A1B1 和 A1B3；

第二，小企业往往采取跟随目标或补充目标。二者比较，以后者为多。其组合是 A2B4 和 A5B1。实践证明，在高新技术产业中，企业规模虽然起着决定性的作用，但目标的选择是与传统产业大相径庭的。高新技术企业一般是中小企业（在创业初期尤其如此），它们在目标选择上，并不是以补充竞争者和追随竞争者为目标，而多以领先竞争者作为其基本目标。因此它们的目标组合是 A3B2、A3B4 和 A3B5。

② 经营规模

经营规模是指在一定的企业规模基础上，高新技术企业业务拓展的规模。在这一点上，高新技术产业与传统产业也大有出入。传统产业是以劳动密集和资本密集为特征的产业，其产品或服务市场的大小，往往取决于企业规模的大小，在那里，企业规模就是企业实力。高新技术企业却并非如此。它们依靠 B2、B4 和 B5 完全可以形成一个较大的经营规模。在高新技术产业中，小企业大规模的现象比比皆是。因此，企业竞争目标的设立，不应当仅以竞争者的企业规模为依据，所谓"山不在高，有仙则名，水不在深，有龙则灵"。

③ 技术领先程度

可以这么说，技术水平越高，获得有利的竞争地位的可能性就越大。高新技术产业的竞争是技术的竞争而不是单纯规模的竞争。企业发展到大规模或超大规模，不能完全说明其具备竞争优势，只有在获得技术领先以后，才难以为对手所击垮。菲利普·科特勒赞成市场学权威人士罗斯查尔（Rothchild）的观点："最难打垮的竞争者，是那些以一定专业特长在全球范围经营的竞争者。"

图 8-1 描述了微电脑市场竞争中的这种特性。

第 I 象限内的公司的竞争地位较难动摇，就是说，令其垮掉是很难的。而第Ⅲ象限的公司则有点弱不禁风。在这里科特勒犯了一个错误。他断言：像 IBM 这样的地位，"在微型电脑方面要进攻它是毫无意义的"。其实，正确的

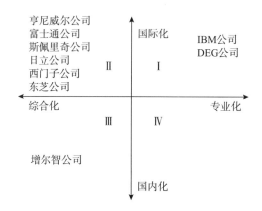

图 8-1 微电脑市场竞争形势图

理解应当是尽管 IBM 垮掉不易，但丧失领先潮流的地位则时有可能。我们前面所有的分析都可以证明这一论断。第 Ⅰ、第 Ⅳ 象限中的企业，都有各自的优势与劣势。前者专业化程度虽然不高，但在国际市场上以品种数量取得一席之地；后者则依靠专业特色在小范围市场上"拾遗补阙"。

④ 竞争状况

竞争状况可以从技术创新速度、市场促销强度、市场占有率的分布情况三方面来考察。一般认为，哪个行业的技术创新速度越快，哪个行业的竞争就越激烈。电子计算机芯片的升级、计算机应用系统的更新，都以"摩尔定律"所揭示的速度进行着，而这个领域恰恰是当今世界上竞争最为激烈的领域。

高新技术领域目前也正展开大规模的市场促销活动。"酒香不怕巷子深""皇帝的女儿不愁嫁"的封闭型产业已不复存在。"营销力"已成为高新技术企业普遍使用的概念。营销力由三个基本要素构成：第一，广告的强度和密度；第二，技术服务队伍的庞大与完备；第三，营销渠道的深度与广度。营销力的大小，也就是促销强度的大小。

市场占有率的分布情况也是判断竞争状况的"晴雨表"。大家知道，在一个寡占的垄断性市场上，是不存在激烈竞争的。目前这种寡占已经被高新技术的替代发展所打破。你争我夺的结果是市场占有率的相对均衡状态，比如可口可乐与百事可乐两个公司争斗几十年，结果不过是平分秋色，在每家拥有30%左右的市场份额上各领风骚。所以，我们一旦发现市场占有率呈现均衡分配现象，就足以断定这个市场上竞争是何等的激烈了。航天业原来是控制在美国和苏联手中，现在市场占有率分布有了较大变化，出现了中国、美国、俄罗斯、欧洲、日本五强鼎立的新格局。

（4）竞争者目标的动态追踪

企业应积极跟踪竞争对手的目标变化，随时参照对手的变化调整自己的竞争目标。如果企业能够通过市场信息系统充分掌握竞争对手的目标变化动态，就可以设计出相应的对策，打一个"提前量"。

实际上，竞争目标的变化是有一定规律可循的。首先，竞争目标的变化多在相近的市场或技术领域内进行，完全远离原领域的现象很少发生；其次，竞争目标往往随着市场需求的变化而变化，如果需求向某个领域迁移，目标就随之迁移到该领域。由于每一个新领域的开发均象征着势力的重新分配，因此企业的竞争对象也自然会发生迁移。原来的对手可能成为现在的合作伙伴，而原来的合作伙伴，现在倒成了对手。比如微软、IBM、英特尔尽管口头上不约而同地攻击 Java 和网络机，但却暗地里展开了建设网络、生产网络软件的竞赛，IBM 就将它所有的电脑都预装上网软件。它们的竞争战略目标也从"排挤竞争者"和"领先竞争者"转向"追随竞争者"的竞争目标。

（5）竞争者的优势与劣势评估

竞争者能否执行其战略，顺利地实现其竞争目标，取决于每个竞争者的优势和劣势，因此企业应注意研究这方面的信息。

1）竞争者业务状况

竞争者的业务状况由销售额、市场占有率，利润率、投资收益、现金流量、新的投资比重、生产能力和渠道状况等数据构成。业务状况的考察只说明一个竞争者目前的经济实力，它可能成为对企业发动的竞争攻势的反应能力之一。但也有可能并不出现敏锐的反应，这也是"大企业病"的"病情"之一：所以，当你知道面临的对手是一家巨型公司时，你也不要因此而丧失斗志和信心，因为大有大的难处。

2）顾客的评价

顾客对竞争者一定有比较全面的评价。企业可以通过对顾客的调查，了解竞争对手在顾客群中的知名度、质量信誉、产品印象及意见、服务的水平等指标。菲利普·科特勒还提出了诸如顾客"心理占有率""情感占有率"等企业及产品形象指标。心理占有率指的是顾客也许并没有购买和使用某企业的产品或服务，但在心理上已被它们征服的比率。情感占有率指的是顾客已对某企业及其产品或服务产生了好感，有时可用诸如"举出你所喜欢的产品或公司"这类问题来计算比率。这种好感只有当企业自己去毁坏它时才可能消失。

3）技术分析

表8-2提供的 B 系列指标，也是衡量竞争对手的重要指标。但是高新技术企业毕竟是以其技术的先进性来生存的，因此在大多数情况下，企业主要考察的应是竞争对手的技术水准和技术产品的优势，以及它们的市场占有率。

如果企业在技术上已不可能与竞争对手一决雌雄，就应当放弃这种竞争而另辟蹊径。图8-2说明的是 IBM 的竞争战略选择过程。

很显然，IBM 的技术竞争的优势最好在第Ⅳ象限发挥，因为它的对手是年轻的缺少经验和实力的，而它本身又具备迅速超过对手的技术基础。在市场拓展能力上也比 Sun 和 Oracle 强得多。首席执行官路·格斯特纳正是这样做的，他解散了手下一个重要部门，该部门原本计划用内装 IBM、苹果、摩托罗拉三家共同开发的 Power PC 芯片的电脑取代建立在英特尔芯片基础上的个人电脑。他也下令从一场代价昂贵的战役中撤出来，不再以 OS/2 和微软的 Windows 系列在电脑平台上竞争。格斯特纳说，新争夺将在网络软件上展开，这就是他付出十多亿美元购买莲花公司及其"组群软件"程序 Notes 的原因。

顺便提一下，照我们的"技术分析坐标"推测，已经在超导计算机研制上小试过牛刀的 IBM，很可能卷土重来，在第Ⅲ象限上开辟第二战场。

（6）竞争者的反应模式

单凭竞争者的目标和优劣势分析，还不足以全面解释它们的战略行动。竞争者的经营哲学、文化背景、政治环境、发展战略等均可以左右它们对竞争对手行为的反应，决定它们的竞争战略。我们需要通过进一步归纳分析它们对于竞争行为的反应方式来摸清它们的行为规律，以利于企业分而治之，各个击破。

在竞争中常见的一些反应类型如下。

1）从容不迫型

有些竞争者对于某一特定的对手的行为没有迅速反应或反应不强烈。它们或是拥有着较高的市场占有率（如图8-2第Ⅱ象限中的企业便是如此），或是对于自己的技术优势充满自信，但是缺乏必要的资金与渠道实力（如图8-2第Ⅳ象限中的企业），有些企业亦想获得合作并存。

2）选择型

竞争者可能只对某些类型的攻击作出反应，而对其他类型的攻击则置若罔闻。最敏感的反应一般是对对手的削价而作出的。因为削价本身会直接刺激消费的增长，而给削价者带来销售额的增长，提高它们的市场占有率。此长彼

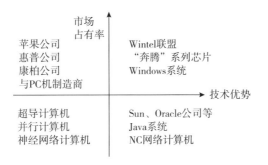

图 8 - 2　IBM 公司的竞争战略选择图

消，必然有人就坐不住了，也会以降价这种简便易行、见效较快的形式与之对抗。

3）敏捷型

这一类型的公司对向其所在的领域发动的任何进攻都会作出迅速而强烈的反应。一般说来，具有敏捷反应的公司多数是某一领域或市场上的霸主，如汽车工业中的美国通用、福特、克莱斯勒，日本的丰田、日产，德国的奔驰、大众，意大利的菲亚特，法国的雪铁龙等巨头，均会对攻击行为产生强烈反应。

"敏捷型反应"强调的只是反应的速度和强度，并不是对所有的小攻击行为，确切地说不是对"渗透行为"产生反应。所以，中小型高新技术企业可以不必顾虑大企业的态度，专心致志地开发自己的技术，不求占有垄断地位，只求补充市场空缺，就可以顺利立足。如果中小企业开发的技术亦能为大企业采用，使其完善自己，则亦可以打一场提高市场占有率的战争。

4）随机型

有些竞争者并没有固定的反应模式。它们或是对攻击暂时置之不理，或是表现强烈，或者有选择地对进攻者及某些策略进行报复。整个反应行为都在随机地变化。之所以产生这种反应模式，主要是由于企业充分考虑每一时期特定条件和特定对象的情况，适度采取对策。这种颇有点"软的欺、硬的怕"，时有时无、时强时弱的反应，也会保持企业对公众的刺激强度。

5）有限反应型

有些竞争者对于攻击者的反应，从速度和强度上讲是有限度的，或者叫适度的。它们的反应比较温和，但也一定会让攻击者知道。这类反应与其说是反击，不如说是传递某种信号。波士顿咨询集团创始人布鲁士·亨德森对此有三条说明：第一，使对手认识到自己寻求合作的意愿；第二，避免激怒攻击者，招致更强有力的进攻，这样做也许会产生对攻击者的麻痹作用，使之减弱攻击强度；第三，诱使攻入者自己犯错误，以柔克刚，令其不攻自破，或待其充分暴露出弱点后再还击，以一招定乾坤。

## 8.3.2 竞争策略——三种基本战略模式

竞争不等于对抗，那种"狭路相逢勇者胜"的局面是较残酷的，也不是我们当今的营销观念所提倡的。竞争战略的最终目的在于保护自己而不是击垮别人，因为在当代市场上，任何一方较大的损失均可以产生链式的反应，从而影响到所有的竞争者。

探讨竞争战略应当分两步走，首先解决基本模式，其次研究实用对策。没有一种战略是适合任何企业的，但我们可以把所有战略的共同特征加以归纳，在一个更大的范围内启发企业的战略思考。到目前为止，高新技术市场上流行的竞争战略，均可以归纳为总成本领先战略、差别化战略和专一化战略三个基本模式。

（1）总成本领先战略

降低成本，大规模供应，以低价取得有利地位，引发衍生需求，建立稳定的市场，这就是总成本领先战略的基本思路。

1）战略的意义

寻求实惠是消费者的金科玉律。低成本产生的低价格在竞争中永远保持着魅力。所以，总成本领先战略的根本意义是进入市场并保持竞争地位。

传统市场营销只认为低价可获得销售额的增长，薄利多销是取得成功的关键。在高新技术市场上，除了这种作用依然存在外，低价产生的主要是连带性效果，是对衍生性需求的刺激，这是高新技术市场的本质特点之一。

新技术刚出现时总是脆弱、昂贵和专用的。例如，塑料的最原始用途只是专门用来制造罗尔斯·罗伊斯轿车的换挡手柄，铝最开始时是用来做首饰的。只有当新产品的质量改进和价格下降时，这些发明才会得到广泛的推广。

成功的竞争设计者往往首先降低成本削减价格，然后便"守株待兔"，坐等生意兴隆。因为性能价格比较高的产品会"自动创造需求"。这方面典型的例子是 Windows 软件，该软件目前十分流行，它的使用要求大容量的微处理器，而芯片价格下调，使大容量电脑的大批量生产成为可能，于是人们的消费倾向转向为大容量设计软件，就会提出更大容量的要求，反过来刺激芯片的生产。

高新技术时代流行"剃须刀经济论"，即先免费赠送剃须刀，以便出售更多的刀片。从这一理论引申，这种价格下降的趋势迟早使几乎所有硬件和软件不再具有现在的价值。到那时，真正的价值将在于与客户建立起长期的关系，从技术服务的角度去赢得利润。因此，产品价格最便宜之日，也就是它们最有价值、它们的市场最具潜能之时。

同时，低成本、低价格也不是任何企业可以承受得起的，所以它起着"保护层"的作用。

2）战略的要求

要想赢得总成本最低的有利地位，企业应当提高市场占有率，以获取规模收益；完善与原材料供应商的关系，以稳定货源，享受优惠；简化制造工艺过程，以降低成本；拓宽产品线以分散风险；明确供应对象，以降低促销费用等。实行这项策略也要求有较大的前期投资、严格的定价设计，并承担前期可能的亏损。

总成本领先战略适用于许多高新技术领域。尽管人们普遍认为高风险高利润是高新技术产业的特征之一，但社会经济的良性循环与发展要求适度的低价位，这是不言而喻的。适应这个潮流才是最明智之举。

（2）差别化战略

将产品或公司提供的服务差别化，在市场上树立起独特的形象，就是差别化战略。

1）战略的意义

企业实行差别化战略有如下意义。

第一，避免与竞争者展开对抗式竞争。

对抗式的竞争特指那种依靠几乎相同的技术与服务，在同一个市场上，针对同一消费者群采用几乎相同的策略所展开的竞争。

旧时上海有宝大祥和协大祥两大绸布店，两家店同在一条街上，竞争中的一招一式彼此看得非常清楚。宝大祥若三天削价，协大祥也一定贱卖三天；协大祥若买二送一，宝大祥就买三送二；宝大祥量体裁衣，送货上门，协大祥照葫芦画瓢，服务到家……最后弄成两败俱伤，只好偃旗息鼓。这种竞争就是普通产品市场上较多见的对抗式竞争。

高新技术企业是以技术的不断创新为特点的企业，它的竞争重点不应是对手的"所有"，而应是对手的"所没有"。"与众不同"才是竞争的要害。所谓"你走你的阳关道，我过我的独木桥"。只有这样，技术进步的速度才会加快，社会财富的积累才会增长。

第二，满足特定需求。

高新技术企业要想以差别化取胜，除了研究并掌握竞争对手的弱点以外，还要研究并掌握目前消费者特定的需求。然后以这些特定的需求为导向制订自己的产品开发与营销计划。需求有共性也有个性。共性的需求往往容易被发现，因此也容易招来许多竞争者。而个性需求则不易被发现，所以竞争也就不那么激烈。企业可以通过确立自己的差别化策略来满足这些个性需求。

第三，塑造鲜明的形象。

由于采用了差别化战略，满足了特定的需求，企业也就拥有了相对稳定的消费者群。随着时间的推移，消费者将对企业的产品与服务产生"偏好"，即由好感而产生的偏爱倾向。企业的形象也将由物质性向精神性升华。届时，品牌、包装装潢、企业经营理念等因素都将成为维系买卖双方关系的纽带。竞争对手要想将这一类消费者拉进自己的供应范围，难上加难，它们必须在两个战场上作战：一是要使自己的技术更加优于别人，更能提高消费者的满意程度；二是要花费巨大投资，开展大规模促销活动，以减弱或转移消费者已有的偏好。上述这两点都不是轻而易举的事。

第四，差别化战略对竞争者的"学习"行为具有吸引力。

这种吸引力主要表现在：如果差别化十分成功，在市场上引起的反应首先不是对手的创新而是对手的学习。坦白地讲，企业不怕对手学习，因为学习是需要时间的。当第一代技术处在被仿制阶段时，企业可以推出自主替代的第二代技术，老顾客只愿意使用他们已经在使用的技术，滚动式的更新对他们来讲比采用完全不同的技术更合算，更易接受。

2）战略的实施方式

差别化战略可以在几个不同的方向上施展。

① 品牌形象

设计、创立、更新和完善品牌形象，是当今高新技术产业的流行趋势。这一点也是"主题升华"的促销策略的体现。竞争对手可以在技术上抵消企业的影响，但在品牌上抵消影响则需要花费更大的努力。

② 技术特点

企业可以通过创新替代和创新改进两个途径形成自己的技术特点。从长期看，对自己的产品应保持自主替代的势头，不断地发展新技术，开发新产品，以谋求根本差别优势；从短期看，企业亦应在修改、完善自己的技术和对手的技术上下功夫。后一点是较易完成的。

对大多数公司来说，快速变化的技术并不意味着必须另起炉灶才可跟上，而是紧跟一种流行标准，往自己的产品中再添加一些更多的功能，使之从众多的同类产品中脱颖而出。康柏电脑公司、东芝公司等均在个人电脑和笔记本电脑大战中立于不败之地，原因就是依靠英特尔及微软系统标准制式，加快电脑运行速度和增加彩显屏幕功能，同时提高操作简便程度，局部的革新赢得了好的形象，巩固了竞争地位。

③ 应用设计

许多厂商问：为什么我的技术与它的技术如出一辙，但却卖不过它？回答是：除了促销策略上的差异外，主要是应用设计没有跟上。其实应用设计也是促销策略之一。它指的是针对特定用户而组织的专门设计与安装调试。这一策略使用会避免自行消化技术的麻烦，是一条使技术以最快的速度进入消费状态的捷径。

（3）专一化战略

主攻某个特殊的顾客群，在某个产品线上突击促销，就是专一化战略。

1）战略的意义

① 目标市场明确

专一化战略所寻找和选定的目标市场，是企业自己的产品能够满足而竞争对手却无力应付的那部分需求。企业只要采用了专一化战略，它对目标市场的研究较之对手的就更细、更深，更清楚如何去满足这些特定的需求。

② 以服务取胜

只要进入特定的市场，服务就成为最关键的手段。相对于标准化的技术而言，服务是软环境，也是最无标准可循的手段。而越是无标准可循，就越容易形成独到的风格特点，就越能抵御对手的攻击。高新技术设备的供应商往往采用"一揽子"服务方式。它们向特定的用户提供诸如设备选型、系统设计、安装调试、跟踪运行、维修保养等一系列服务。

③ 可以节省大量的促销费用

因为是专门而不是普遍的，所以有时无须靠狂轰滥炸式的促销广告启动市场，可以节省大量的促销费用。企业可以把节省下来的费用投入到减价与提高服务质量、扩大服务范围上去。

2）战略的要求

企业业务的专一化意味着企业对于其战略实施对象或者具有低成本优势，

或者具有高差别优势，抑或二者兼有之。正如我们在总成本领先战略和差别化战略中已经讨论过的那样，这些优势对于企业抵御对手的进攻和成功地切入市场是大有裨益的。

应当强调的是专一化战略必须选在对手薄弱的势力范围内进行，而且它的切入也不应招致对手们的严重关注。这是保证这一战略成功的关键要素之一。

三种战略各有长短，任何一个策略都不是万能的。采用它们要讲条件，讲对象。除了我们上面所分析的要点以外，迈克尔·波特还详细列举出了它们的应用条件（见表8–3）。

表8–3  三种战略的应用条件

| 通用战略 | 所需的技能和资源 | 组织要求 |
| --- | --- | --- |
| 总成本领先战略 | ● 大量的资本投资和良好的融资能力<br>● 大批量生产的技能<br>● 对工人严格监督<br>● 所设计的产品易制造<br>● 低成本的批发系统 | ● 严格的成本控制<br>● 经常、详细的控制报告<br>● 组织严密、责任明确<br>● 以定量的目标为基础的奖励 |
| 差别化战略 | ● 强大的营销能力<br>● 产品加工对创造性的鉴别能力<br>● 很强的基础研究能力 | ● 在研究与开发、产品开发和市场营销部门之间的协作关系好 |
| 专一化战略 | ● 针对具体战略目标，由上述各项的组合构成 | ● 针对具体战略目标，由上述各项的组合构成 |

## 8.3.3  竞争战略——应用对策

前面提供的是几个战略的基本模式，而在现实竞争中，企业应当把这些模式演化成为一系列行之有效的应用对策，在一招一式的拼抢中实现自己的竞争目标。本节举出几个具体的对策供读者参考。

（1）分散化对策

将自己的产品和策略多元化并展现给竞争对手，把对手的注意力分散到各个产品和策略上去，使其产生迷惑，进而作出错误的判断，这就是分散化对策的实质。

分散化对策有以下两个递进的手段。

1）出币竞赛——保护性对策

保护性对策源于一种二人出币竞赛。甲乙二人轮流出硬币，让对方猜测是正面还是反面。如果一个选手和一个智力在中等以上的对手玩出币的游戏，这个选手不一定总是去猜测对方可能的出法，而多数情况下是努力避免使自己的意图被对手猜出来。为了在一定程度上达到这个目的，出币方无规律地出正面或反面，即随机地采用若干种不同的策略，只有策略的概率是确定的，而出法却是不一定的。这是一种有效的方法，利用这种方法，对手就很难猜出这一选手的策略究竟是什么。从出币游戏可以扩展到儿童们玩的"石头、剪刀、布"游戏，道理是相同的。

分散化对策就是这一原理的应用。企业展现在竞争对手面前的，并不是一个选定的产品结构或策略，而是一组产品或对策，而且自己不表现出明显的倾向性。在这种情况下，对手就会失去主攻方向，只好在多条战线上应战，竞争力将因此大打折扣。需要说明的是，企业面临的对手可以是多个，因此，把诸多的竞争者分散开，使其不集中在某一个市场上与之争斗，也是二人游戏的延伸。

2）田忌赛马——进攻性对策

出币竞赛起的是保护自己的作用。但企业并不是消极地保护自己，而是在分散对手的同时，发现它们的弱点与优势，然后以"田忌赛马"式的对策将对手们瓦解。

以优势对彼之中势，以中势对彼之劣势，以劣势对彼之优势，换取三分之二的胜利，获得整体最优，这就是田忌赛马的原理。每一个企业，每一种高新技术产品，均有其相对弱势。这是因为：

第一，高新技术产品的特点之一是新旧技术的结合，自己的旧技术可能恰好是别人的新技术已替代了的旧技术。比如钟表业中，电子表的机芯是先进的，但外壳的生产制造技术可能已落后，机械表产业可能已采用新的制造技术制作外壳。对于电子表厂商来说，关键的对策不是首先改进表壳技术，而是以电子机芯技术的高精确度、多功能等特点压制机械表。在这个分散化的竞赛中，电子表优势压制了机械表，而以不得已的两个弱势（机壳工艺技术和传统习惯）吸引机械表的进攻，获得了总体上的成功。

第二，高新技术产品也是新技术集成的产品，同样是高新技术，也有各自的优点与缺点，在每一个构成要素上均要求最优是不可能的。因此，田忌赛马原理，就有了用武之地。

需要指出的是，我们在此所说的"弱势"不应是致命的缺陷，只不过是与竞争对手的比较中所显现出的弱点，否则"木桶效应"就要起作用了。

（2）市场追随对策

把有限的人、财、物力投入到对竞争对手技术创新的追随、模仿上，形成"有创新的模仿"，就是市场追随对策。

许多企业负担不起创新的巨大资本代价，但又具备一定的技术基础，为了拼占技术前沿领域，往往采用市场追随的对策。

市场追随对策的核心是：第一，能够很快地吸收、采用最新技术成果而不必独立开发新技术。第二，在采用现有高新技术的同时，在局部上进行力所能及的、有助于形成自己特色的小革新，或者以附加价值构造一个"新产品"比如增加一个新的功能、改进外形设计、改进外包装等；或者在服务项目上形成自己的特色。第三，追随者应选择尽量不会招致报复的发展道路。第四，当新市场开放时，追随者也必须很快打进去。追随并不等于被动模仿，而是主动学习。从某种程度上讲，市场追随者就是高新技术的二次开发商。

市场追随对策可以分为以下三大类。

1）紧逼对策

追随者采用此法，尽可能在各个细分市场和市场营销策略组合领域模仿领先者。看上去这些追随者几乎像是挑战者，但是如果它不采取激进手段去触动领先者，就不会在二者之间产生冲突。有些追随者被描述为具有一定的寄生性的竞争者，就是因为它们很少刺激领先者，它们总是把领先者的发展作为它们生存的先决条件。

2）有距离追随对策

追随者采用此策略时仍保持一些差异性，即不是全面地模仿领先者，但在主要的市场上，在产品附加值上，在价格水平上，在营销渠道上却不离领先者左右。这种追随者很容易为领先者所接受。领先者可以看到追随者很少或基本上不干扰自己的地位，不影响自己的市场计划。追随者的市场占有率的提高，可以为领先者增加自己的销售额。

3）有选择追随对策

这种公司在某些方面紧步领先者的后尘，有时候又自行其是，自主开发自己的技术体系。虽然有一定的创新体系，但并不与领先者挑战。因为它们自主开发的技术往往是与领先者的技术体系无直接关系的产品。它们的自有技术体系成熟后，只在一个新的市场上领先而不是在原有市场上。

无论哪一类的追随者，在追随过程中，都必须遵循一个"快"的原则，即把学习和消化领先者高新技术的过程最大限度地缩短。美国加利福尼亚欧文市的东芝美国信息系统公司总经理西田笃利说："过去将新一代台式电脑转为笔记本型，需要 6 个月到 1 年的时间。但是，从 1993 年起，在英特尔公司推出一种新型芯片的当天，我们就推出了一种笔记本电脑。"

（3）侧翼攻击对策

当我们拳击一堆沙土的时候，拳头正面的沙土无论如何是阻挡不住猛拳的进攻的，它们将随之塌陷下去。但同时我们就会发现，我们的拳头进击得越深，胳臂就陷得越深，而周围的沙土是不会随之塌陷的，它们将把我们的小臂乃至整个胳臂埋没。这便是侧翼攻击的形象描述。

诱敌深入，避其锐气而击其两翼，对于一个应战者来说，是十分有效的，是既可以保护自己、又可以攻击对方的妙招。自古希腊时代起到第一次世界大战为止，共发生了 30 次大冲突和 280 次战争。按照军事历史学家里台尔·哈特的说法，只有 6 次是正面进攻起决定作用的。

老子在《道德经》中讲道："遥遥者易折，皎皎者易污。"这句话给我们启发非常之大。当一个企业一味地孤立开发其新技术时，就等于在战场上纵深过多，等于不断地延长一根孤立无援的竹竿，势必增加其折断的机会。

这一点在商战中已经反映得十分明显。例如英特尔长驱直入、一路领先的芯片开发技术，尽管其通过加快更新换代的步伐而获取了丰厚的利润，但问题也已暴露：一方面是研制与 IBM 兼容的个人电脑平台进展缓慢，跟不上芯片的发展，于是就使 PowerPC 芯片及其电脑平台有了可乘之机；另一方面是芯片开发使该公司集中在一个十分狭窄的领域内与日本、欧洲和美国的其他企业竞争，风险陡然增大许多。此外，芯片应用步伐放慢，亦使得同行仿冒品增加，不断分割英特尔的市场份额。

于是，英特尔时任 CEO 葛洛夫决定让公司投入设计电脑的工作。英特尔之前只销售奔腾芯片而让电脑生产厂家根据它来设计电脑，这大约要 1 年时间。后来，英特尔开始自己来做这项工作。它生产出了"芯片组"——这是一种逻辑半导体芯片的集合，它围绕着微处理器，使各种器件同步运作等作用。它还致力于设计和生产整块主板，这是个人电脑核心的电路板。当奔腾芯片投入生产的时候，英特尔同时开始销售芯片组和主板。很快就有数十家电脑生产厂家开始销售奔腾电脑。

对英特尔来说，这项方案的实施正远远超出预先的设想。它不仅很快推出了自己的芯片——奔腾的换代芯片于 1995 年 11 月问世，这时仿奔腾的各种芯片尚未大量面市——而且它还利用自己的主板和芯片组大大推动了市场上个人电脑的进展，包括一个能在电脑中更快地存取数据的"总线"。这些使市场上对个人电脑的需求超出了分析家们的预测，还使英特尔走上了到 2000 年销售额超过 200 亿美元的轨道。

英特尔意识到了侧翼的空虚，但对于多数企业来说，这种认识还是很肤浅的。这就给竞争者带来了从侧翼进攻，轻取胜利的良机。

正面和侧翼的概念是相对而言的。当一个公司以其技术领先时，价格、包装设计、附加功能就成为侧翼；以价格领先时，技术水平等就可能成为侧翼；在一个集成度较高的技术中，此技术的领先就可能使彼技术成为侧翼……

侧翼进攻是最容易引起领先者注意并施以报复的对策。因为，从表面上看，进攻者似乎与领先者并不在同一个市场上，但实际上却没有什么大的差别。英特沃普公司总裁丹尼尔·兰驰感叹道："新的竞争者已开始蚕食市场，并在大公司全然不知的情况下一下子变得举足轻重。"

（4）系统集成对策

通过集成现有高新技术而形成自己的产品和服务系列，而不是依靠自主开发进入市场，这个对策就叫集成对策。

当代高新技术所具备的高集成度的特点，为企业特别是那些名不见经传的中小企业提供了成功的良机。一个新兴小企业，完全可以选中某种市场需要的，供求尚不饱和的高新技术产品（集成度越高越好），在市场选购那些构件（包括硬件和软件），经过较简单的重组设计，将其组装后便可以重新进入市场了。

系统集成对策有以下两种基本类型。

1）标准化重组设计对策

如果市场上有众多的具有共同需求的消费者，企业可以进行标准化的重组设计，以批量生产投放市场，满足需要。从这个意义讲，采用这一对策的厂商，实际上就是一个"组装厂"。但市场的确需要不断地将现有技术进行重新整合。例如，我们前面曾经一再使用的电子表一例，就是一个极好的说明。它的产生是传统制表业与现代电子工业集成的产物。汽车工业、船舶工业、航空航天工业无一不是这种系统集成的结果。

2）定制式重组设计对策

传统的小手工业基本上都是"定制"的。如裁缝为每个顾客量体裁衣，木匠按用户的要求制作家具，等等。后来，随着大机器工业时代的到来，标准化代替了一切，特别是消费品工业，大批量的生产取代了定制化的生产。

但是，需求总是千差万别的。出于竞争的需要，企业越来越注意到贴近顾客、最大化地满足顾客需求的重要，因此，近年来定制式的生产与促销又开始卷土重来，并成为市场竞争的重要对策之一。

应当指出，现代的定制与传统的定制是有天壤之别的。首先，现代的定制是"大规模"的定制，它是"大批量生产和销售能分别满足每位顾客不同需求的产品的能力"；其次，它建立在现代化的电子信息网络和现代化的制作设备与技术的基础上；最后，它的产生取决于技术集成度水平的高低。高集成度是现代定制体制的催化剂。比如，设在美国佐治亚州拉沃尼亚的罗斯莱克斯阀门厂，客户直接通过电话与那些被人称为"合成者"的工程师议定他们所需的阀门。他们要求的规格数据被输送到计算机辅助设计与生产系统中，设计出一个样品阀门。数据与三维图像系统将样品信息发送给客户征求意见，获准后，自控机床连夜制出金属部件，做好的阀门在短短 72 小时内以 3000 美元的特价交货。这种生产与营销方式大约只需传统方式 1/10 的时间和 1/10 的费用。

高新技术企业正在移植制造业这种"大规模定制"的方法，而且以系统集成重组设计的方式加以补充与更新。那些既不垄断产品标准，也不是单纯制造产品的中间开发公司，为了生存，便明智决定不再集中单搞产品了。它们开始将注意力集中在能把许多产品有机地组合成一套能够满足特定客户需要、平稳运转的系统的整体设计上。这种工作方式要求逐一研究掌握客户的需求，能够洞悉未来 3～5 年中技术的发展趋势，还要有迅速准确抓住市场机会的能力。

（5）合作策略

合作，作为社会化大生产过程中必不可少的生产方式，是经济生活中最普遍的现象。但是，在现代市场经济运行过程中，合作越来越成为有效的竞争手段来使用。甚至有人讲："要竞争，就合作！"

1）合作成为大趋势

合作正在成为竞争中最时髦的策略。几乎所有的竞争者，尤其是竞争力较强的那些大公司，同时又是积极合作的倡导者和参与人。竞争对手之间开展的合作，有如下特点：第一，一家公司可与多家公司合作。有些业务是几家公司同时进入合作，有些则是一家企业分别与不同的对手合作，分别开发不同的产品；第二，合作者在某个领域合作，而在另外的领域则仍开展竞争；第三，旧的合作伙伴频繁地被更替为新的合作伙伴；第四，短期合作与长期合作并存，后者是以资本注入形式完成技术合作的。

2）合作策略的动因

① 主观动因

从主观上说，合作者都有着共同的目标市场，或共同的竞争对手，因此它们都想携手开发市场抗击对手。

1951 年，心理学家明特兹（Mintz）曾设计了一个竞争与合作的有趣实验：在一个大玻璃瓶内，置两个小圆锥体，由于玻璃口小，两个圆锥体不可能同时被拉出瓶口，只有彼此相让，才有可能达到拉出瓶外的目的，否则只好"同归于尽"。

为了与英特尔的芯片竞争，IBM、摩托罗拉和苹果三巨头联合研制了PowerPC 芯片，掀起了挑战英特尔的竞争浪潮。英特尔予以反击，宣布与惠普合作开发一种能驱动多种机器的芯片，包括个人电脑、工作站和文件服务。

在生物技术领域，小公司孕育出来的想法常常在大合伙人那里培育。请看一个实例：魁北克一家名为"生化制药"的小公司发明了一种艾滋病疗法，这种疗法正在英国葛兰素控股公司指导下通过临床实验，并将由另一家公司BurroughsWellcome 推向市场。这种做法的目的是降低成本，分摊风险，促进各种想法的交叉影响。

② 客观动因

从客观上讲，当代高新技术领域的创新加速度、高集成度使企业的"单枪匹马"式的竞争变得越来越困难。

优势互补是第一个客观动因。如 Oracle 与 Netscape 合作、微软与天腾公司的合作、苹果与 SGI 公司的合作均属于这种情况。市场互补是第二个客观动因。合作者中可能有一方或几方拥有较高的市场占有率，拥有较高的知名度，所以，它们开发新市场的成功概率也较高。或者也会出现这样的情况：一方拥有一个市场而另一方拥有另一个市场，双方合作后，新产品可以同时在各自的市场上市，销售规模一下子就可以扩大许多。需求互补是第三个客观动因。许多合作方把另一方作为自己的新产品、新技术的第一批用户。合作者之间的技术许可证与转让合同可以保证技术的开发者一开始就拥有一个可靠的、相对稳定的市场。Wintel 联盟最大的意义就在这里。使用 Windows 就要求计算机按奔腾的芯片升级，而后者又反过来促进了 Windows 的销售。

# 第九章　技术转移市场营销策略

## 9.1　产品开发策略

### 9.1.1　高新技术产品价值

高新技术商品核心由"软件"——技术本体与"硬件"——技术载体构成，亦即它的市场价值构成。比如计算机的商品组合就是由机体与应用软件构成。❶

（1）高新技术本体与载体分流的可能性

高新技术本体与载体在商品流通中可以分离即可以各自独立地进入流通，达成贸易，这是普通产品和高新技术产品重大区别之一。

1）流通趋势

高新技术市场价值构成中的技术本体在很大程度上可以独立流通于载体之外，技术水准越高，独立流通的可能性就越大。如 IBM 最热门的业务已不是出售它的电脑成品，而是出售技术。这项热门业务是出售"大蓝"（BigBlue）技术珍品。这家巨型计算机公司过去保守它的核心技术，仅限于在本公司产品系统中使用。现在则改变了，它正在出售各种零部件，诸如磁盘驱动器、微处理机芯片及甚至包括该公司目前畅销的 ThinkPad 笔记本式计算机中使用的微小的消磁针。出售技术珍品部还可以安排由 IBM 工厂为其他计算机制造商生产芯片。此外，IBM 专利部可以从那些愿意使用 IBM 专利技术的厂商那里收取专利使用费。

IBM 甚至也欢迎强有力的竞争者购买它的技术，生意兴旺。例如日立、苹果、佳能等都在购买 IBM 的零部件，装在它们自己生产的与"大蓝"产品进

---

❶ 张德斌，关敏. 高新技术企业营销策略［M］. 北京：中国国际广播出版社，2002.

行竞争的成品上。尤尼西斯公司（Unisys）让 IBM 为它生产主机芯片，该公司首席技术官罗纳德·K. 贝尔说："我们认为，IBM 公司是最好的。"

出售最好的技术，似乎是在武装敌手，但是 IBM 无意停止出售。IBM 出售技术不仅使它的工厂充满活力，而且通过同世界一流计算机制造商竞争，可以提高它本身的竞争力。

2）分流的益处

第一，高新技术本体独立进入市场，使技术的开发者直接受益。技术能够独立进入市场，确定价值并进行流通，是一大社会进步。在历史上，几乎所有科研成果都是以"稿费"的形式进行价值确定的。许多科研成果一旦发表在公开的专业刊物上，便可取得一定数量的报酬——稿费（一种按文字计算的收入）。在许多情况下，开发者（科研人员）一旦取得稿费，便往往"名利双收"，研究和开发过程便画上了一个句号。以后社会各业各取所需，往往与开发者无关了。专利制度及更广泛的知识产权制度使技术不再仅仅以"稿费"式的低价出售，科技成果的交易日益普遍，使其具有了真正的市场价值。转让发明或转让技术的一种有效手段，就是制订许可证协定。发明者在保留产权的同时，允许其他个人或公司在生产过程或其他商业活动中制造或使用其发明。

第二，分流使高新技术以"软件"的形式活跃于各学科各产业之间，不断与新的载体结合，产生新的产品和产业，满足衍生需求。

第三，分流可以减少高新技术产品，特别是有形产品开发的风险（实际上是规避风险）。产品一旦在开发，失败的可能性就会陡然增大。其中有两个重要原因：首先，产品组合要素增多，从系统工程观点看，出现纰漏的概率就大，需要管理的环节也就越多，成本也就越高；其次，消费者在普通商品的购买上所固有的行为规律就会部分地起作用，如偏好就会产生，企业就必须转而努力维持消费者对自己产品的偏好，应用常规市场营销策略特别是高成本的促销策略组合，增大进入市场的难度。分流就曾挽救过英特尔，使其从策略失误中拔出。

## 9.1.2　高新技术产品的开发导向

在传统产品中，烹饪后的菜肴可以算作"集成度"较高的产品了。听说非洲有一种烤全驼，做法是把煮熟的鸡蛋放入鸡鸭等飞禽体内，再将飞禽塞入全羊体内，最后将全羊置于全驼内烘烤，美味无与伦比。这是一个典型的集成过程，是一个典型的集成产品。高新技术产品其实也是如此，都是高度集成的产物，所不同的只是技术水准较高，集成度远比蛋、鸡、羊、驼大得多罢了。

（1）高新技术产品集成趋势

集成原指在一块半导体芯片上集中大量的元器件的行为。集成度则是衡量其集中程度（密度）的数量指标。经验证明，当代所有的高新技术项目无一不是各类学科、各项技术高度集成的结果。

1）相关分析

从技术发展规律上看，集成度的高低与整体技术发展水平呈正相关关系。技术发展水平与集成变化的关系在初等技术阶段，整体技术的发展虽然与集成度正相关，但集成度的发展是缓慢的，比如家具制造、日用小商品，甚至工艺品均如此。小手工业时代、简单商品生产时代均反映出这种特点。在中级阶段，二者的关系有了明显的变化。随着大工业时代的到来，机器制造业大大发展，产业机械化程度极大提高，各个单项技术呈日新月异的变化，集成度已经开始作为衡量机械制造业水平的尺度。进入高级阶段后，高新技术产业成为社会主导产业，而高新技术又以集成度的高低反映发展水平。新时期技术发展水平的每一微小变化都是集成度较大变化的结果。

2）加速原理

我们可以把高级阶段集成度与整体技术发展水平的这种几何级数变化叫作"加速原理"。它揭示了当前科技进步过程中集成度将飞速提高的趋势。近年来高温超导研究进程变化，也符合加速原理。产生这种"加速原理"的原因很简单：由于某项高新技术是若干其他相关技术集合而成的，如果每项技术都获得一点改进或发展，则集合起来的变化就非常大。每一单项技术又相继生成新的高新技术，成倍地提高了高新技术的集成度。

集成度的这种超前增长，预示开发者及产业间的协作与联合将变得更加重要，淘汰速度将不断加快。某项技术的开发越来越以其他相关技术的进步为前提；同理，某项技术的使用，也越来越依靠其他相关技术所提供的条件。

（2）横向集成与纵向集成

集成是个二维向量，也就是说它向两个方向上发展：一个是横向集成，另一个是纵向集成。横向集成指的是直接构成某项高新技术产品的技术种类。纵向集成指的是上述技术种类中每项技术的纵深研究与开发。这种纵深有助于提高集成技术的整体水平。我们以我国 CIMS（计算机集成制作系统）研究与推广为例。我国"863 计划"中 CIMS 计划的落实，使我国荣获了国际上著名的"大学领先奖"。

1）横向集成

整个 CIMS 需要九大组成部分，归纳起来需完成三个最基本的设计：CAD 与 CAM——计算机辅助设计与计算机辅助制造系统；FM——柔性加工单元；FM 或 MIS——工厂管理系统或管理信息系统。涉及学科与技术的面比较宽，包括机械、电子、光学、管理科学等领域。

横向集成是共进性需求的具体表现。它既要求各子系统与总系统的设计目标保持一致，又因此而要求子系统之间保持高度的协调性与适应性。

2）纵向集成

相关的每一子系统内部为实现横向集成的要求而深入开发的行为就是纵向集成，仍以 CIMS 为例。在上述三大基本设计内部，又需要有一系列的纵深开发行为，比如 CAD 和 CAM 就需要有自动生成 NC（数控）的程序和 APP 自动部件编程。因此，相适应的软件、硬件及机械设备又随之而来；柔性加工单元（FMC）中又要求具备 AGVC 自动导向输送车、测量机、清洗机及工具库、工作库等系统条件。纵向集成度构成了子系统的技术水准。如果开发者不能保证与其开发的技术相适应的每一横向集成子系统中的纵向集成水平较高，就无法保证所开发技术的较高成功率。在实践中的难点是，由于开发者并不躬亲涉足每一横向集成子系统中的纵向开发，故对其缺乏真正的了解，容易出现漏洞。通行的做法是为每一选用的子系统甚至子系统中每一纵深开发的环节制定标准，形成标准体系，以保证总体最优。集成度的提高首先要求相关技术成熟程度提高，在此基础上才是集成问题，所以集成度也可以定义为目前所拥有的成熟技术的集成度。

（3）高新技术产品开发的导向

集成度的研究为指导高新技术产品开发打下了良好的基础。

1）问题的提出

凡是从事高新技术产品开发的工作者都会碰到这样一个问题：开发工作究竟应在什么样的目标下运作？有什么样的限制范围（或值）？我们以纳米科学与技术的兴起来回答这些问题。纳米即 nanometer，本身只是一个长度单位的音译。学术性的翻译，应当是"毫微米"。纳米科学与技术研究的出现，首先缘于现实问题，缘于将各种科技理论和技术应用到诸多作业领域中的"衍生需要"。下面举出几个主要的需要（难题）。

① 机械加工精度

目前机械加工精度要求已进入亚微米量级。如美国国防部加工大功率激光器（qp1625×760mm）的金属反射镜，镜面光洁度要求达到 28nm（纳米）；大型天文望远镜，大光栅要在 400mm 范围内刻 40 万条线，累积误差 30mm，周期误差为 3nm，几乎和原子的晶格一样大小。

② 器件的加工限度

器件尺寸的缩小，受到功耗、温升、连线技术、工艺成本等一系列的限制。就目前的材料性质看，几何尺寸的缩小以 0.25nm 为极限。从目前的工业发展速度预期，将逼近这一极限，集成电路技术必须寻找新的革命性方向。为此，纳米电子学的目标已经确定：将器件加工精度控制在 0.1nm 以下，直至 0.01nm，这就意味着每个芯片上要集成 80 亿只以上的元器件而无任何"副作用"。

③ 生物学中的准题

生物学研究用的可见光仪器，也碰到了局限。一般的光学显微镜由于分辨率不够，不能对病毒进行观测。电子显微镜虽然有极高放大倍数，但不能用于对活细胞的研究，而许多基本的生物学问题，必须在活的机体中去研究。纳米技术的发展使解决这类问题有了可能。在这个用埃或纳米为单位的范围中，病毒看上去像大象，原子如棋盘上的棋子，可以一个一个地搬动……

问题就是需求，有人说问题是最迫切的需求。那么，我们有没有较为成熟的条件和技术去解决这些问题，满足这些需求呢？当今，我们已拥有分子束外延设备，可以将一串分子射向某个表面；扫描隧道显微镜，能在高分辨率的状态下移动原子；原子力显微镜可以观察非金属原子的表面……所有这些纳米技术都在支持着人们在纳米领域中的探索和开拓。

与此同时，应运而生的纳米物理学、纳米化学、纳米生物学、纳米电子学、纳米光学、纳米材料学、纳米天文学等理论学科也日渐成熟。这些学科和技术都以高集成度的趋势结合起来，为人类提供着解决问题的可能途径。

从纳米科技的发展中，我们可以得到如下结论：所有高新技术产品开发行为，均受到两个因素的制约，一是现实问题，二是成熟科技的集成度。开发者只有在这两个制约因素中建立开发目标，通过不断地发现问题并通过日益完善的集成技术来解决问题，开发工作才是有意义的。这就是我们所说的"高新技术开发导向"。

特种用途机器人的研制也证明了上述结论的正确性。广泛使用机器人已成为当代各产业领域的迫切需要，但机器人的用途越复杂，能采用的现有技术就越少，需要重点开发的技术就越多，高新技术产品开发的方向也就越明晰。

2）模式的建立

上述总结显然已把高新技术开发过程中的制约条件高度抽象概括为两个变量，即集成度 I 和问题 P。据此我们可以建立这样一个"导向模型"来说明（见图 9-1）。

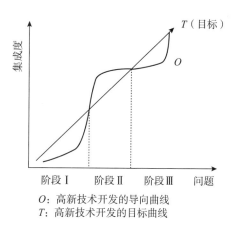

O：高新技术开发的导向曲线
T：高新技术开发的目标曲线

**图 9-1 高新技术开发导向模式**

阶段 I ——开发者往往总是先发现问题，并尽可能地利用现有科技理论与方法去解决这些问题。而现有科学技术对解决难题，特别是难题外围总有些作用。所以，此阶段的导向曲线偏向横轴。

阶段 II ——在解决甚至仅仅是解释难题的过程中，开发者不久就会发现现有科技理论与方法的不成熟之处，于是就会在一定时期内较多地集中在理论与方法的"开发"上。在未取得突破性进展之前，问题的解决过程变得较为缓慢，导向曲线偏向纵轴。

阶段 III ——一旦科技理论与方法研究取得突破性进展，集成度进一步提高，现实中许多问题可以用取得的科技成果加以解决，所以导向曲线又偏向横轴。

无论 O 如何频繁地往复运动，总是围绕 T 的方向发展。在不断地发现问题，不断地提高集成度并推出解决问题的方法，不断地解决实际问题。在各种复交互运动中，高新技术开发的导向才能始终保持正确，高新技术开发的目标才能得以实现。

## 9.1.3 高新技术产品的生命周期

高新技术产品的生命周期与普通产品的生命周期既有相同之处，又有较大差别。相同之处：二者都经历一个从生到死的过程，二者都经过不断的改进过程。不同之处：普通产品的生命周期基本上符合"正态分布"，即有升有降，有增有衰，而高新技术产品通常没有衰落期；普通产品生命周期有"再生"现象，如旗袍、布鞋、仿古家具等就多次获得"再生"。而高新技术生命周期由于受"棘轮性需求"的影响，基本上不过"复活节"；普通产品生命周期曲线是连续函数，而高新技术生命周期曲线是不连续的。

（1）高新技术生命周期的摩尔定律

1965 年高尔登·摩尔（当时就职于美国仙童公司）在一篇论文中提出了一个著名的预言，即芯片的集成度每年将以翻一番的速度发展。后来的实践，特别是英特尔开发芯片的实践证明摩尔的预言基本正确，只不过翻一番的时间不是 1 年，而是 1 年半。

1965 年 4 月，摩尔发表论文，提出后来大大有名的"摩尔定律"，他观察从 1959 年到 1965 年的数据，而以 1959 年的数据为基准，发现每隔 18 个月左右，芯片技术大概就进步 1 倍，据此摩尔更可预测未来的发展趋势。

有趣的是"奔腾"级微处理器的开发也恰好符合这一定律。从 1992 年推出 Pentium75 到 1996 年推出 Pentium200，历经 4 年，平均每 18 个月运算速度便提高 0.999 倍，约等于 1 倍。

从现象上看，似乎每隔 18 个月就结束旧技术，诞生一项新技术。每项技术都走完一段涨落周期，就连许多电子学专家也是这样认为的。其实这是一个误解，任何高新技术产品的生命周期中，都没有衰退期。它们的生命周期曲线不是正态分布的，而是呈"S 状态"，或者叫"S 曲线"。

（2）高新技术生命周期——S 曲线（自主替代定律）

S 曲线所描述的是新旧技术之间的一种替代关系。高新技术生命周期实际上是"替代周期"。从这个意义上说，普通商品生命周期的完成是一种被动行为，是消费者抉择的必然结果；而高新技术生命周期的完成大多源于开发者或经营者的主动行为，我们称之为"自主替代"。下面我们详细分析一下这种替代过程：

A、B、C 分别为三个时期的三个级别的技术。由 A 到 C 级别依次提高。A 技术经过成长期进入成熟期，B 技术便进入市场。由于成熟度、时滞现象等多方面影响，市场对 A 的需求量仍大于 B，A、B 进入替代期 I（阴影部分）；B 技术获得巨大进步，进入成长期后，开发者将处于成熟时期的 A 技术停止上市；所有级别的技术，在其进入成长期后，均呈现"弱替代现象"，一方面是由于旧技术退出市场，另一方面是由于新技术的领先性使竞争对手的技术难以与之抗衡。B技术进入成熟时期后，C技术便进入市场，重复上述过程，B、C进入替代期Ⅱ。依此类推，C技术也同样要被替代掉（见图9-2）。

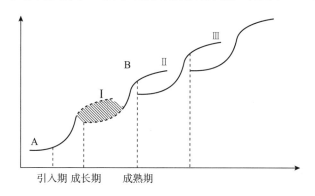

图9-2　高新技术生命周期

　　导致开发者不断追求自主替代的基本原因有三个：第一，以创新形象争取更多的顾客；第二，在竞争压力下，以超前行为甩掉对手；第三，以新技术的垄断地位谋取高额利润，而将旧技术毅然终止，是为保证这种高额利润的必要手段。

　　英特尔的80386开发与上市过程就极符合这一规律。虞有澄博士写道："为了尽快推动市场转向到386上，我们内部展开多次讨论，最后琢磨出两件革新想法。首先就是英特尔已经到了废掉自己产品的时候，这就像是武侠小说中，练武之人要锻炼更深一层的武艺之前，往往要先废掉自己原先的武功。豪斯最早用'吃掉自己的孩子'（Eating our children）来称呼这个推广计划，也就是英特尔决定放弃原先相当赚钱的286微处理器，希望客户转型到386电脑上。这个主意在当时有些骇人听闻，许多人说：'明明是赚钱的生意又何必完全放弃？'我却觉得基于两项理由，这是再自然不过的决定。我的第一项考虑是我们这时已着手进行下一代架构：80486处理器的研究开发，且预计在1989年间可以问世，286等于是两代前的老古董，放弃并不可惜。其次，我对半导体技术与产品未来演进已了然于胸，我深知只有更新的技术与产品才能大幅扩充市场。16K字节的存储器取代4K字节，4K字节也曾经取代1K字节，这都不是什么神奇故事。我也确信：微电脑与微处理器势必会照这样模式发展下去的，废掉自己的286，只会留给386更好的发展空间。"

## 9.2　高新技术定价策略

### 9.2.1　高技术产品的定价目标

产品的定价目标是指企业对其生产经营的商品或劳务予以事先确定所要达到的目的和标准。它是企业整体营销战略在价格上的反映和实现，是企业制定价格策略的指导思想和总体方向。❶ 高技术产品的定价目标主要有以下几种。

（1）以利润导向为定价目标

通常有以下三种情况：

第一，利润最大化目标。以最大利润为定价目标几乎是所有企业的共同愿望。但是能否获得最大利润，不是企业主观臆断的，而是由企业是否具备获得最大利润的条件所决定的。选择这一目标的企业必须具备以下两个条件：一是企业的生产技术和产品质量在同行业中居领先地位，并且在较长时间内其优势不易丧失；二是同行业竞争对手还不能迅速形成有力的挑战。否则，这一定价目标就很难实现。

第二，目标利润。以预期的利润作为定价目标，就是企业把某项产品或投资的预期利润水平规定为销售额或投资额的一定百分比，即销售利润率或投资利润率。产品定价是在成本的基础上加上目标利润，根据实现目标利润的要求，企业估算产品的价格及销售量。采用这种定价目标的企业应具备以下两个条件：一是该企业具有较强的实力，竞争力比较强，在市场中处于领导地位；二是采用这种定价目标的多为新的高技术产品、独家产品以及低价高质量的标准化产品。

第三，适当利润目标。企业为了保全自己，减少市场风险，或者由于实力不强，以满足适当利润为定价目标，如按照成本加成方法来决定价格，使企业获得适当的收益。以这种利润水平制定出来的价格，通常也是市场所能接受的价格。这种情况多见于处于市场追随者地位的企业。

（2）以保持和扩大市场占有率为定价目标

市场占有率是企业经营状况和产品竞争力状况的综合反映。作为定价目标，市场占有率与利润的相关性很强，从长期来看，较高的市场占有率必然带

---

❶ 邹富发. 面向企业的高技术产品营销策略研究［D］. 广州：广东工业大学，2005.

来高利润。美国市场营销战略影响利润系统的分析指出：当市场占有率在10%以下时，投资收益率大约为8%；市场占有率在10%～20%时，投资收益率在14%以上；市场占有率在20%～30%时，投资收益率约为22%；市场占有率在30%～40%时，投资收益率约为24%；市场占有率在40%以上时，投资收益率约为29%。因此，以市场占有率为定价目标具有获取长期较高利润的可能性。

在这种定价目标下，企业则采用低价策略来吸引用户，扩大销售量，增加总利润，旨在追求长期总利润的稳定和增长。

（3）以稳定价格适应和避免竞争为定价目标

以稳定价格作为企业的定价目标，通常有以下三种情况：

第一，在价格下跌的情况下，企业希望保持价格水平的稳定。例如，在较大范围、较长时期的供大于求的条件下，激烈的市场竞争常常使各个企业竞相削减各自的价格，这时市场价格对用户十分有利，而企业的利润则难以实现甚至亏本。为了避免这种情况的出现，一些企业尤其是大企业希望自己经营产品的市场价格保持稳定，以利于目标利润的实现。在这种情况下，稳定价格常常是行业中能够左右市场价格的领袖企业所采用的策略。由于领袖企业保持价格的稳定，经营同类产品的其他企业必须与之看齐，这样有利整个行业产品价格的稳定。

第二，在市场竞争和供求关系比较正常的情况下，经营者为了稳定地占领市场，避免不必要的市场价格竞争，往往以稳定价格为定价目标。这是一种从长远利益考虑的做法。其优点是减少风险，取得合理利润。

第三，在商品供不应求的情况下，其他企业产品价格纷纷上涨，企业为了扩大市场份额和树立良好的企业形象，从价格策略考虑而采取稳定价格的定价目标。在这种情况下，企业之所以采取这种目标，是为了牺牲短期的收益，而通过垄断目标市场后获取长期的更大的利益。采用这种定价目标的企业，往往是行业中的领袖企业，它们有垄断同类产品市场的实力，当其他企业产品价格纷纷上涨时，其稳定价格有利于在用户心目中树立货真价实的形象，从而趁机挤垮同类企业，最终达到占领更大的市场的目的。这种情况同扩大市场份额的定价目标有相似之处，但不同的是市场环境不同，企业的经营目标也不同。

在现代市场竞争中，由于企业间的价格战容易导致两败俱伤，风险较大，因此许多企业悄然开展非价格竞争，如在产品质量、促销和服务等方面下功夫，以巩固和扩大自己的市场份额。

（4）以消费者满意度为定价目标

长期以来，企业定价目标被主要界定在"利润最大化"和"提高市场占有率"等目标内。这些定价目标已不能完全适应高技术企业营销战略。在现代营销策略体系中，一个企业如果不能利用联系消费者的最终手段——价格，使消费者得到最大限度的满意，那么，企业的其他营销努力将可能付诸东流。消费者的满意，既是消费者追逐的根本目的，也是企业营销行为追求的根本目标。作为营销战略反映和实现的企业定价目标，理应将此作为定价目标体系中的核心。

消费者购买总价值是指企业的产品或服务对于满足消费者需要（包括物质需要和精神需要）所具有的价值，不仅包含产品的质量、功能、技术含量等方面，而且从企业营销的角度看，消费者购买总价值还体现在产品所派生出来的附加利益上，如企业产品信息的提供、营销场所的设计、购物环境的优劣、售后服务的好坏，都影响消费者期望的实现，进而影响到消费者的满意。消费者购买总成本是指消费者在购买过程中支付的货币成本、时间成本、体力和精力成本的总和。因此，降低消费者购买总成本，不仅可以通过降低货币成本，还可以由企业通过选择合适的销售渠道、采用恰当的销售手段，如电话订货、网上购物、送货上门等，来减少消费者购买过程的时间支出、精力和体力的消耗，降低消费者购买总成本，实现消费者满意。

当总成本不变时，消费者购买到的总价值越大，消费者的满意度就越高，消费者购买到的总价值与消费者的满意度成正比关系；当总价值不变时，消费者购买时支付的总成本越低，消费者的满意度越高；消费者购买时支付的总成本与消费者的满意度成反比关系。因此，高技术企业应从提高商品或服务总价值和降低消费者购买总成本两方面来提高消费者满意度。

（5）以提高企业及产品品牌形象为定价目标

实现这种目标的途径有两种：

第一，高价策略。某些品牌由于品质或工艺上乘，为某一层次的特定消费群体所接受，可以不拘泥于实际成本而制定一个较高的价格，以维持和扩大产品声誉。例如，名牌有较高的身价，除了它本身所具有的经济价值外，还具有品牌的精神价值、增值价值等无形资产价值。它能满足某类消费者的生理需要，更能满足他们的心理需要和精神需要，因此高价是认知价值的体现，能为该类消费者接受。像海尔电器，皮尔·卡丹服饰，金利来领带，劳斯莱斯、宝马、奔驰汽车等都是以优质高价为定价目标，以高贵的名牌形象而占据高档消费品市场。

第二，平价或大众化价格。通过这种价格定位树立企业价格形象，从而吸引消费者。这种形象的无形资产并不转移到价格内，而是通过扩大销售量来获得比同行更多的额外利润，也就是所说的"名牌＝民牌"。麦当劳、肯德基等快餐，松下电器，格兰仕微波炉就是以该种定价目标取得成功的。

（6）以生存为定价目标

如果企业遇上生产力过剩或激烈竞争或者要改变消费者的需求时，它们必须把维持生存作为其主要目标。为了保持企业继续生存或使存货能出手，它们必须定一个低的价格，并希望市场是敏感型的。利润比起生存来要次要得多。只要它们的价格能够弥补可变成本和一些固定成本，它们就能够维持住企业。但从长远来看，企业必须学会怎样增加价值，否则将面临破产。

企业是在对目标市场与影响定价的诸多因素综合分析的基础上选择定价目标，并由此确定定价的方法与策略。因此，正确选择定价目标是合理定价的关键。然而，由于企业生产或经营产品的品种多样，对不同的产品可能会有不同的定价目标。例如，企业中有的产品是创立品牌的，产品质量、价格等都以此为核心定价；而另一些产品是扩大市场份额，宜采取低价渗透策略，以薄利多销为定价目标；超市中的特价，就是为了吸引顾客进店而采用的低价促销策略。企业应根据不同情况和经营管理需要，合理确定定价目标。

## 9.2.2 影响高技术产品价格的主要因素

（1）成本因素

对企业的定价来说，成本是一个关键因素。企业产品定价以成本为最低界限，产品价格只有高于成本，企业才能补偿生产上的耗费，从而获得一定盈利。但这并不排斥在一段时期在个别产品上，价格低于成本。根据统计资料显示，目前工业产品的成本在产品出厂价格中平均约占70%。如果就制定价格时要考虑的重要性而言，成本无疑是最重要的因素之一。因为价格如果过分高于成本会有失社会公平，价格过分低于成本则不可能长久维持。

材料和能耗成本在传统产品中所占比重很大，但在高技术产品中所占比重却很小，有时甚至可以忽略不计，如计算机软件的复制成本几乎为零。可见高技术产品的成本结构与传统产品有明显不同。高技术产品成本主要由以下三部分构成：

第一，产品的技术创新投入，即新的高技术产品的 R&D 费用。高技术产品的技术创新投入很大，企业用于研发的费用一般占销售额的 10%～30%。创新投入是高技术产品成本的主要部分。

第二，高智力的人力资源费用。高技术产品的开发需要高智力的投入，而对这些高精尖人才的高智力投入必须给予较高的待遇，高技术企业员工的工资支出远远高于传统企业。

第三，新的高技术产品市场开拓费用。高技术产品大多是市场以前所没有的新的高技术产品，需要去创造需求，开拓市场。而对一个全新的市场，要使购买者接受新的高技术产品，需要投入大量的广告、促销等费用。一项国外高技术公司的统计表明：高技术产品市场开拓费用需要占产品报价的 40%～50%。巨大的市场开拓费用是构成高技术产品成本的重要组成部分。

（2）市场需求

产品价格除受成本影响外，还受市场需求的影响，即受产品供给与需求的相互关系的影响。当产品的市场需求大于供给时，价格应高一些；当产品的市场需求小于供给时，价格应该低一些。反过来，价格变动又影响市场需求总量，进而影响企业目标的实现。因此，企业在制定产品价格时就必须了解价格对市场需求的影响程度。

高技术产品具有特殊的供求关系。从供给来看，高技术产品具有独创性和新颖性，大多受专利保护，具有垄断性。一方面，短期内专利权的独占性使企业在市场竞争中获得超额利润，长期中也能使供给均衡，实现其正常利润；另一方面，实施专利带来产量或产品功能的增加，又使产品价格或相对价格下降，从而增加产品的市场需求。从需求来看，高技术产品的价格在很大程度上取决于购买者的需求程度和支付能力。因此企业在产品的开发阶段需要花大量的精力和资金向消费者介绍新的高技术产品的特点和用途，刺激消费者的购买欲望，并根据消费者的支付能力，提供灵活多样的付款方式，增加销售量。

（3）竞争者的产品和价格

市场竞争也是影响价格制定的重要因素。根据竞争的程度不同，企业定价策略会有所不同。按照市场竞争程度，可以分为完全竞争、不完全竞争与完全垄断三种情况。

第一，完全竞争。所谓完全竞争，也称自由竞争，它是一种理想化了的极端情况。在完全竞争条件下，买者和卖者都大量存在，产品都是同质的，不存在质量与功能上的差异，企业自由地选择产品生产，买卖双方都能充分地获得市场情报。在这种情况下，无论买方还是卖方，都不能对产品价格进行影响，只能在市场既定价格下从事生产和交易。

第二，不完全竞争。它介于完全竞争与完全垄断之间，是现实中存在的典型的市场竞争状况。不完全竞争条件下，最少有两个以上买者或卖者，少数买者或卖者对价格和交易数量起着较大的影响作用，买卖各方获得的市场信息是不充分的，它们的活动受到一定的限制，而且它们提供的同类商品有差异，因此，它们之间存在一定程度的竞争。在不完全竞争情况下，企业的定价策略有比较大的回旋余地，它既要考虑竞争对象的价格策略，也要考虑本企业定价策略对竞争态势的影响。

第三，完全垄断。它是完全竞争的反面，是指一种商品的供应完全由独家控制，形成独占市场。在完全垄断情况下，交易的数量与价格由垄断者单方面决定。完全垄断在现实中也很少见。

企业的价格策略，要受到竞争状况的影响。完全竞争与完全垄断是竞争的两个极端，中间状况是不完全竞争。在不完全竞争条件下，竞争的强度对企业的价格策略有重要影响。所以，企业首先要了解竞争的强度。竞争的强度主要取决于产品制作技术的难易、是否有专利保护、供求形势以及具体的竞争格局。其次，要了解竞争对手的价格策略，以及竞争对手的实力。最后，还要了解、分析本企业在竞争中的地位。在高技术领域，往往由进入市场的第一家厂商确定产品的价格，这一点比其他领域显得更为突出。如果企业没有占据主导地位，而是由竞争对手设立产品标准，那么企业将不得不对自身进行调整以适应它们。

（4）产品线的影响

企业不可能只生产一种产品，而是一条产品线，甚至几条产品线。市场上对这些产品的需求有一定的相关性，这些产品的定价决策必定相互关联。在制定价格时可以考虑一些问题：这些产品是替代品还是互补品；某一产品价格的变化是否会影响到该产品和其他产品的需求；新的高技术产品价格是否定得高一些以保护其他产品。

（5）法律环境

国家法律对定价会有一定的限制。企业在定价时必须符合一定的法律条文。根据《中华人民共和国价格法》，经营者进行价格活动，享有下列权利：自主制定属于市场调节的价格；在政府指导价规定的幅度内制定价格；制定属于政府指导价、政府定价产品范围内的新的高技术产品的试销价格，特定产品除外；检举、控告侵犯其依法自主定价权利的行为。一般来说，产品的最高价格取决于这种产品的市场需求，最低价格取决于这种产品的总成本费用。在最高价格和最低价格的幅度内，企业能把这种产品的价格水平定得多高，则取决于竞争对手的同种产品的价格水平。

## 9.2.3　高技术产品定价的特殊性

（1）信息不对称

在市场交易时，商品的质量是一个重要的考虑因素。但是，由于消费者搜寻成本的存在，在大多数情况下，消费者并不了解商品的质量。真正了解商品的只有商家，也就是说，在消费者和商家之间存在信息不对称。消费者只能根据对整个市场的估计决定购买数量及决定支付的价格。在优质商品和劣质商品被消费者同样对待时，劣质商品在成本上具有优势，从而有可能在销售上占有优势。当消费者对所购商品不满意时，他们就会进一步降低对市场上商品质量的估计水平，降低愿意支付的价格。如此反复，就有可能将成本高的好商品淘汰出市场，留下的是次品。这就是有名的"劣币驱逐良币"的逆向选择问题，这时的市场也被称为"柠檬市场"。

高技术产品大多属于技术驱动型产品。技术的发展水平远远超过消费者专业知识的增长速度，消费者对高技术产品信息不了解，通常通过价格判断产品质量。但高技术产品市场不存在逆向选择问题，这主要是因为高技术产品是为满足消费者潜在需求，多为创造性的产品，市场上有关高技术产品的信息很少，人们不会因为低价或降价而去购买一无所知的产品。所以通过价格作出的逆向选择效应并不适合高技术产品，尤其是新的高技术产品。

在高技术产品市场竞争中，由于专利保护制度、早期大量的研究投入、先动优势和技术的先进性等特点，相对而言，竞争是不完全竞争的。高技术企业不再扮演一个价格接受者的角色，而可以对价格进行主动控制。为了避免使消费者将低价与投机取巧、用廉价材料生产出来的劣质产品相联系，当高技术产品未达到成熟期阶段时，企业应避免采用低价策略。

（2）价格递减速度快

价格运动规律是随着市场竞争的激烈程度递增而呈现出商品价格递减趋势。高技术产品的技术寿命周期短，更新换代快，价格的递减速度快。当新的高技术产品推向市场时，旧产品会大幅降价，表现为价格的递减速度快。同时随着高技术产品的迅速普及，市场规模不断扩大，产品性能的提高，成本的降低，同样导致价格的迅速下降。计算机行业的价格变化就充分体现了高技术产品价格递减速度快的特点。

（3）溢价效应

在信息不对称条件下，消费者对产品实际品质缺乏了解，多会依据"一分钱一分货"的信条对产品质量作出判断，价格被作为判断质量高低的一个标准。即使消费者能够从市场上获得有关产品质量的信息，由于获得信息需要成本，或者由于习惯或惰性的原因，消费者仍可能依据价格来推断质量。由于高技术产品的技术先进，对服务的要求高，消费者为确保其产品的质量，愿意支付溢价。

## 9.2.4  高技术产品的基本定价策略

价格策略是企业营销组合的重要因素之一，它直接决定着企业市场份额的大小和盈利率的高低。在复杂的营销环境中，企业制定价格策略的难度越来越大，不仅要考虑成本补偿问题，还要考虑消费者接受能力和竞争状况。

由于技术商品是一种无形的知识和经验的总和，具有与一般实物商品不同的特性，因此其买卖价格的确定不同于一般商品的价格决策。技术商品定价时须考虑包含在技术商品中的价值量即技术研究与开发成本、技术商品的成熟程度与复杂程度、转让成本、技术风险（投资风险和收益性风险）、市场供求状况、经济体制、经济形势等多种因素。在技术商品营销中可以采取以下定价策略。

（1）协商定价策略

协商定价是让技术受让方参与技术商品价格确定的策略。技术商品必须与其他生产要素相结合，才能转化为现实的生产力；而且，技术商品见效慢，其收益风险在技术商品投入市场之初一般难以准确确定。因此，企图通过"撇油"迅速收回投资成本和通过"渗透"来逐步赢得顾客的定价策略都不可取。❶ 只有通过受供双方协商，计算供方能够接受的转让技术最低价格即开发成本加必要的利润，计算受方能够接受的最高技术转让价格，当双方都能获得可以接受的收益时，技术商品的交易价格才能确定。

专利技术营销的定价，涉及技术价值的评估问题。适宜的价格，有助于平衡交易双方的利益，有助于提高成功率。价值评估的理论方法目前主要有两种：成本法、市场法。❷

---

❶ 彭学兵. 技术商品的营销策略探析［J］. 江苏商论，2005（12）.

❷ 刘志远，张路，王光会，等. 论专利技术的营销［J］. 齐鲁石油化工，1999（4）.

成本法的基本原理是，遵循成本补偿原则，以该专利技术开发过程中的投入为定价的基础数据，适当考虑专利拥有者的合理利润率。对这一方法，应注意以下两点：一是投入过程是分散的，应考虑投入在不同时点上的时间价值；二是投入应计完全投入，对某些非企业化管理、非独立核算的科研机构、高等院校来说，专利开发投入应计入公共条件，即间接投入。

市场法的基本原理是，如果在技术交易市场上已经有先于评估专利对象的交易案例，且专利技术的类型、用途、技术特性存在强烈的相似性，则此前的交易价格可作为新专利的定价依据。例如，国内某研究所经 2 年艰苦努力，开发成功一种新型建材的成套专利生产技术，填补国内空白，此前德国尤尼克公司已经向国内若干厂家转让过该项成套专利技术，转让价格为 320 万欧元，则这一价格可以作为国内该研究所进行专利定价的依据之一。当然，在具体定价时，尚需考虑中外技术在若干方面存在的差异，如设备使用寿命、设备运行稳定性、废品率、设备生产效率、售后技术服务支持条件等。

（2）分期定价策略

技术商品处于不同的生命周期，其价值不同，因而其交易价格也应因时而异。处于导入期和成长期的技术产品，因受让方须承担继续开发的风险，因而，技术商品的定价宜低一些。而如果技术商品是较成熟的产品，买方购得技术后即可直接投入生产，带来效益，则技术商品的定价应相对高得多。而处于衰退期的产品，则应及时采取折价措施。

（3）浮动定价策略

由于技术商品的投资回收期长，见效慢，投资风险大，因而一次就将技术商品价格定死的做法显然不可取。在技术商品交易中，先确定一个较低的价格，鼓励买方购买，再根据技术的经济效益大小提成，通过签订合同的办法保证受方在确实取得经济效益后付给供方报酬。这种定价策略既防止了供方漫天要价，也消除了受方的后顾之忧，因而是一种较好的定价策略。

在对技术确定交易价格时，供需双方均十分重视风险因素，尤其对于技术购买方来说，对风险因素的识别认定，直接关系到交易成功的可能性。可以说，风险因素与创新技术的产业化、商品化是天然伴生的，这些风险因素通常有以下几方面。①科技进步速度加快，现有创新技术在较短时间内被更新、替代的风险。②国外技术拥有者向国内转让，或者国内出现其他技术供应者的风险。这是一种技术竞争风险。③管理性风险，如由于企业领导体制、技术工人素质等原因而使项目难以发挥预期效益。④产品市场风险。在技术供方无限制转让技术时，形成众多厂家出产同一产品。产品总量出现供过于求的过度竞争态势，从而使一般技术受让方难以满负荷生产，使行业高价"撇脂"期迅速缩短，或不可能高价"撇脂"，行业利润率迅速滑落至低于社会平均利润率。基于此，一些技术转让方会提出限制厂家数量的交易条件。⑤原料特别是专用料供应风险。专用料的低价易得，会抬高该项技术的评估价值；反之亦然。⑥对技术受让方还存在技术可靠性、技术长期支持方面的风险。以上风险因素，从不同方面影响技术运用期间的年度净收益，从而也影响技术本身的价值。技术供需双方对这些风险因素的评价能够达成共识是寻找双方认可的技术价值平衡的基础，双方对若干重要风险因素认识上存在较大差异，往往是技术交易无法达成的重要原因。

## 9.3 高新技术分销策略

高新技术产业十分重视流通渠道的建设。一方面，营销渠道对于产品顺利进入市场、维持较高的市场份额至关重要；另一方面，高新技术产品价值构成的二重性（技术本体与技术载体）决定了它对营销渠道的要求更高，依赖性更强。❶

### 9.3.1 高新技术营销渠道的特点

所谓特点，就是指在同传统营销渠道（普通产品的营销渠道）的比较中得到的、关于高新技术产品营销渠道特有性质的描述。

（1）高新技术营销渠道是并行式渠道

高新技术营销渠道这种流通所利用的渠道叫作并行式渠道，即技术本体的流通渠道与技术载体的流通渠道并驾齐驱的流通渠道。

1）技术本体的流通

因为技术含量高，技术的价值可以相对独立地体现，所以技术本体的独立流通就成为必然。因此，适合承担技术本体流通的环节和中间商也就应运而生。这些中间环节的技术素质也很高。它们对技术本体的理解与宣传能力往往是它们取得开发者授权资格并取得销售成功的关键。

在许多情况下，技术本体的中间商还必须对技术本体自主进行二次开发，

---

❶ 张德斌，关敏. 高新技术企业营销策略［M］. 北京：中国国际广播出版社，2002.

以满足千变万化的"衍生性需求"。所谓"二次开发"指的是对技术本体（有时包括载体）的某些构成要素、某些应用程序、某些结构进行重新设计、适当改造、局部修正等增补删减活动，使高新技术更切合用户的实际需要。实践证明，越是高新技术产品，就越需要进行二次开发，好比一首好歌、一部好剧本必须经过歌手或演员的再创作才能真正产生艺术魅力。

这一特点在计算机行业中十分明显。国外许多技术开发者启用销售市场当地的高新技术企业作为它们产品的中间商。因为这些中间商熟悉本地市场，了解本地需求特点，可以根据本地市场需求的特点对技术本体进行适度的修改或进行必要的增减。比如 IBM、摩托罗拉和苹果三家巨头联合开发的 Power – PC 进入中国市场后，国家智能计算机研究开发中心、中科院软件所、联想集团等均在推广技术本体的同时，自身开发或应用其他应用软件开发商开发的 Power – PC 的产品，使其在中国市场有了更广泛的应用领域。

2）技术载体的流通

技术载体的流通并不等于单纯的"物流"。所有的技术载体中蕴含着一定的技术本体。所以，要想取得技术载体中间商的资格，恐怕首先要具备技术本体的素质。传统商业中较难经营的是古董和皮货，难就难在"识货"上。但师傅仍然可以带学徒，通过大量的实践掌握必要的知识，媳妇熬成婆，徒弟变师傅，一代又一代。经营高新技术产品就不同了。没有扎实的科学基础知识，没有受过正规的教育与训练，是很难应付得了的。在实践中固然也可以学习，但当一种载体的知识行将掌握之际，可能该技术已到淘汰之时。在知识爆炸的今天，在 S 曲线强有力的作用下，依靠这种学习方法显然是不行的。上述分析足以证明一点，即高新技术产品在进入市场的时候，很难启用普通产品的营销渠道。

（2）高新技术营销渠道的科技含量较高

并行式流通渠道已经说明，高新技术营销渠道必须具备较高的科技含量。说高新技术营销渠道科技含量高，主要指的是成功的中间商所具备的基本素质较高，以及它们在营销上所采用的方式较为先进。

1）基本素质要求

① 具备所经营产品的专业理论知识及相关专业理论知识；

② 具备所经营产品的应用技能或主要操作方法；

③ 具备所经营产品的安装、调试能力；

④ 具备所经营产品的二次开发能力；

⑤ 具备管理信息系统（M2S）的操作与分析能力。

上述五大素质构成了中间商的"素质组合矩阵"，这 10 种素质组合构造出中间商所应具有的、特定的职能组合（见表 9 - 1）。需要说明的是，我们以两两配对的形式研究这种组合，是缘于"丁伯根原理"，即每种目标起码应有两个手段来实现。

表 9 - 1　中间商素质组合矩阵

|  | A | B | C | D | E |
|---|---|---|---|---|---|
| A |  |  |  |  |  |
| B | BA |  |  |  |  |
| C | CA | CB |  |  |  |
| D | DA | DB | DC |  |  |
| E | EA | EB | EC | ED |  |

职能组合为中间商提供了广泛的选择范围。它们并不需要在任何时候，对任何顾客都同时行使这 10 种职能，而应针对顾客特点和特定的需要有选择地行使其中的一部分，并以此形成自己的服务特色。

2）先进的营销体制

中间商职能的特殊性决定了它们在建立营销体制上要有别于普通产品，强化体制的科技含量。为此，应建设三套既并行又相互依存的管理体制。

① 即时行销系统（JUST IN TIME）

由于 S 曲线的作用，任何一种高新技术的更新速度都非常快，中间商如果不能将库存压缩至最低点，就可能在开发者不断的更新换代中形成自己的积压。如果中间商有了自己的二次开发成果，那么因积压造成的损失就更大。因此，必须借助于"JUSTINTIME"的管理思想与方法保护自己，增加对换代产品的快速反应力与适应力。

即时行销的直意是：以最短的时间、最少的库存将产品销售给最需要的顾客。

最短的时间——从发现需求与需求者到组织适宜产品，再经必要的配置后销到需求者手中所经过的时间最短。这就要求中间商的营销以"辐射"方式而不是"单向纵深"的方式快速进行，好比计算机的并行式处理比串行式更快一样。这主要考察的是中间商快速布置销售网点的能力。

最少的库存——因为要在最短的时间内使产品到达消费者手中，所以计划性很强，库存商品接近最低点或为 0。

最需要的顾客——对于一项高新技术来说，由于受需求的弱替代性影响，最初的接受者往往是大量的，可以造成一种热销假象。因此，从短期看，S 曲线会存在一种变形。

成长期发展到顶点后，有一个短暂的回落期，然后才进入成熟期。越是高新技术产品，就越有可能产生"晕轮效应"，也就越有可能存在销售规模的回落。企业应当认识到，最初接受者并不等于最终的真正的需要者，因而也就不等于稳定的顾客群。短暂的"晕轮效应"过后，高新技术生命周期进入第三阶段（成熟期）后，真正的顾客群才建立起来。企业可以通过大量的市场调查后找到这个群体。

② 信息反馈系统

中间商的信息反馈模式中包括两个层次。一是对客户信息的反馈，这类信息既反馈给自己，也反馈给开发者。前者可用以调整营销策略和二次开发活动，后者用以调整开发者的开发活动和营销策略。二是对开发者信息的反馈，以求掌握开发者营销策略变动，跟踪新技术，并最大限度地应用到对用户的服务中，改善服务质量，推出新的服务。

③ 横向配置系统

上面所讲的均属纵向的系统，它涉及的仅仅是开发者、中间商和用户三者之间的关系。但是，仅有纵向系统是不够的，因为高新技术共进性需求不但体现在产品技术构成上，也同样体现在营销过程中。用户选用某中间商经营的产品有多种目的，或是将其作为主设备、主工具（手段），或是将其作为其他产品的辅助设备、辅助工具（手段），于是需求产生了连带性。如果中间商能够抓住机会，透彻地了解用户最终用途，就可以通过横向配置系统，从其他有关的开发者和其他中间商那里取得对自己用户有用的产品信息与服务，拓宽自己的服务范围，为用户进行全方位的配置，以利于促成交易。

总之，高新技术营销渠道中的中间商应当有不同于普通产品中间商的素质表现，高新技术营销渠道也应有与普通产品营销渠道不同的配置与建设。只有这样，才能顺利地承担起高新技术产品营销的任务。

## 9.3.2　高新技术营销渠道的类型

高新技术营销渠道与普通产品的营销渠道并没有天壤之别。所不同的是，受高新技术需求特点和产品特点的影响，高新技术营销渠道有自己较为鲜明的运作特点，在渠道的类型上有一些新的形式，产生了一些新的变异。

（1）代理制渠道

代理制渠道指的是开发者在一个市场上（国家或区域内）选设一个或若干个指定代理人，由这些代理人代表开发者进行市场研究规划、配送技术本体与载体，发展经销商、形成完整的供应渠道。这类渠道又可以分为独家代理制渠道和多家代理制渠道。

1）独家代理制渠道

独家代理制渠道是开发者基于对一个市场的区划分割后选设的。独家代理商获得一个市场上的唯一授权。采用这种渠道，对代理商的要求很高：第一，代理商要有较强的布点的能力，即在较短时间内可以发展若干有实力的经销商；第二，代理商具有技术咨询指导与系统设计的能力，指导经销商运作并直接为用户服务；第三，代理商可以在统一市场促销策略上发挥作用。

独家代理制渠道的优点是统一管理，协调行动，避免自相竞争，营销效率较高；其缺点是缺乏对各个子市场（如地区、市、区级市场）的研究策略，缺乏针对性和灵活性。

为克服独家代理制渠道的缺点，目前在计算机行业中还有一种多级代理制，即在一个统一的市场上先设置一级代理，再由一级代理发展各子市场的二级代理，再由二级代理完成"布点"——选定经销商的工作。

一级代理实际就是独家代理，一级代理通过二级代理去分割市场以提高针对性。上述独家代理可以承担开发者一种产品的市场拓展任务，也可以承担开发者所有的产品线的市场拓展任务。因为开发者的产品线日益增多，完全交由一个独家代理去完成若干产品线的市场拓展任务可能会顾此失彼，影响整体效益，所以最近又出现了独家代理制渠道的一个变种——分类独家代理制，有人将其称为"一品一代"（一种品牌或一种产品选定一个独家代理商）。这种体制的优点在于强化了每种产品的市场营销活动，使开发者的所有产品不致偏废，既体现了独家代理制的优点，又解决了专业化分工的问题，提高了营销效率。但如果管理不好也可能出现一地多头、重复设置的浪费现象。

2）多家代理制渠道

在高新技术市场上最流行的是多家代理制渠道。所谓多家代理制，就是在一个较大的市场上、较大的区域内选设两家以上的代理商，由它们分别去"布点"，形成销售网络。

这种制度的优点在于：第一，帮助开发者迅速"布点"，占领市场的速度较快；第二，由于代理商的选择是按地区有计划进行的，因此加强了营销的针对性；第三，鼓励了代理商之间的竞争，提高了效率。

这种制度的缺点是：第一，在众多代理商与开发商直接联系过程中，很可能因取得的货源与服务不平衡而造成矛盾；第二，代理商之间也可能因供应范围的界定不清而产生"过度竞争"，导致低效率；第三，开发者难以在一个较大的市场上制定统一的营销策略。

（2）并行制渠道

并行制渠道是指两种或两种以上的体制并行的营销渠道。目前并行渠道多集中于以下两种形式：一是直销渠道与中间商渠道的并行，二是技术服务渠道与产品销售渠道的并行。

1）直销 – 中间商并行渠道

有些开发者根据用户的大小，主要是采购项目的大小和产品的特点组织直销供应，甩掉了中间环节，而对其余用户和产品则继续采用中间商渠道。

许多较大的高技术公司专门成立了"系统大户部"。其主要职责就是针对大用户大系统进行专门设计、专门制造、专门安装调试和专门服务。其基本原因是任何中间商均无能力承担这"四个专门"。

2）服务 – 销售并行渠道

为减少中间商，尤其是经销商的压力，使其专心做好营销工作，同时也为统一技术管理，提高服务质量与速度，强化开发者整体形象，许多开发者将服务体系与销售体系独立分开：一是开发者直接设立的服务渠道，二是代理商设立的服务渠道（一般为并存）。

英特尔的"应用工程师"体制也属于这类渠道。英特尔自己组织一批"应用工程师"下到各个市场中去，直接代表公司为用户提供全方位服务。同时，他们也起着宣传公司产品、开发潜在客户的作用。

（3）连锁制渠道

普通产品营销渠道中有一类叫作"连锁体制"，即若干经销商在统一品牌、统一标准、统一供货、统一价格、统一促销策略的前提下，分别在不同的区域性市场上组织专卖式销售。如快餐业中的麦当劳、肯德基，服装业中的真维斯等。目前，在电脑业中也存在连锁专卖。连锁制渠道大致可以分为两大类型：一类是由开发者或独家代理商直接设置的连锁销售机构，叫作"紧密型连锁"；另一类是由开发者或代理商根据上述"五统一"的原则，授权给不同的产权机构进行专卖的"松散型连锁"。

紧密型连锁渠道中的各个连锁店一般为开发者或代理商投资建设。它的优点是管理更统一，协调更便利，行动更一致。但在资金投入和管理跨度上会产生难题。开发者或代理商可能因资金实力不足而直接影响到"布点"的规模与数量，也可能因为管理跨度过大而导致顾此失彼的现象。

松散型连锁渠道中的各个连锁店一般均为独立的企业法人，具有独立的产权。它们以购买的方式从开发者或代理商那里取得销售权。这种方式又叫作"特许经营"，出售特许权的组织叫作"特许人"，购买者叫作"特许经营人"。

特许人向特许经营人提供以下项目：指定的商品和相应的服务（有些可能仅仅提供品牌）；经营管理规范；技术与技术培训；质量保护与监督；设备设施；资金支持；选点分析。

特许经营人向特许人交纳的费用有：首期使用费（如麦当劳收取 22 500 美元）；按月收取销售额的 3%～5% 作为经营使用费；按月对设施设备收取租金（麦当劳为销售额的 8.5%）；有的还加收一定比例的利润分成。

连锁体制除了"五统一"特点外，还有两个与众不同之处：第一，连锁店之间可以沟通信息，调剂余缺，形成横向合作；第二，每家连锁店既可以直接面对最终用户，也可以再设经销商，由经销商去面对最终用户。

高新技术产业在借鉴普通商品营销渠道模式过程中，还在进行另一项探索，即借用普通商品的营销渠道。比如在大型消费品零售商店内出售家用电脑、先进的通信设备与器材、精密的机械与设备、高技术光学仪器等。这是一种新的思路，尽管取得了一定的成绩，但还很难评价这种渠道的最终成效。或许这种移植只在零售时有效，或只适于经营那些不需复杂配置便可单独使用的技术产品。

### 9.3.3 选设渠道的准则

建设或选用一类渠道，须经认真的判断和决策。具体操作时，本节提供一些判断准则，可供渠道决策过程中参考使用。

（1）中间商的素质

前文提出了中间商的五大素质及由此产生的十种职能。开发者主要依此判断适于自己的渠道。具体操作时，须从横向和纵向两个方面对市场上现有的中间商进行考察。

1）横向考察

横向考察系指对现有中间商不分层次与级别地进行调查研究，无论是代理商还是经销商，无论是批发商还是零售商，均按五大素质和十种职能进行衡量。需要掌握的情况与数据是：一个市场上中间商的总体数量、素质、业绩、过去乃至目前主要营业范围和服务对象等。

2）纵向考察

继横向考察之后，再按渠道的层次诸如"代理（独家或一级—二级代理）—经销（批发—零售）逐级考察它们的素质与职能，以确定它们的能力。

横向考察与纵向考察的范围即目标市场（用户和区域）事先也是确定好的。开发者是在既定的目标市场内考察中间商。

（2）市场快速渗透力

中间商的五大素质与十种职能是最基本的条件。在市场营销运作中，还要看其是否具备快速渗透市场的能力。由于竞争的需要和自主替代速度的加快，这种能力变得越来越重要。

化工学上有一个重要的概念，叫作"比表面"，大意是在一定的平面内，通过增加体积来增加物质之间的接触面积。

我们知道，油受张力的作用很难与水相溶。但如果以极高的速度搅动油液，使之以千千万万个独立的分子状态存于水中，这种"溶解"就可以实现。再如一块干涸的板结的土地很难快速渗水。我们可以在土地上打下无数个洞眼，为渗水开出通路，水很快就会渗透进去。同理，增加销售网点，也就等于增加了油水相溶的机会和渗水的通路。

因此市场渗透力是以网点扩张能力表示的。其基本思想是在较短的时间内大量地增加销售网点，使产品有更多的机会与广大公众接触，并保持这种接触的紧密性，这一点是高新技术产品上市成功的关键。

1）横向渗透力

横向渗透力指的是某类渠道在单位时间内向尽可能广的区域内布置网点的能力。在规定的时间内分布的网点越多，高新技术产品占领市场的能力就越强。当然这只是一种静态的判断。开发者还应当从动态角度去考察渠道开发的潜能，即每增加一个时间单位可以增加的网点数。

考虑到新产品受"加速原理"影响，更新换代速度加快，所以每代产品要想占领市场，在其短暂的生命周期内取得较大的经济效益，就必须使上市的速度也保持加速度状态。因此网点的数目也就会以加速度增长了。

2）纵向渗透力

横向渗透力只是说明扩张市场区域的能力，而产品最终是要进入消费者中间，所以网点必须下伸到能够方便顾客、有利于购买为止。这就需要用纵向渗透力——下伸网点的能力来考察渠道。从方法上讲，纵向渗透力的判断方法与横向渗透力的判断方法是相同的。

无论是横向渗透，还是纵向渗透，都有一定的度。超过合理的度，网点数量的增加就不再代表渗透力了，这一点也符合"边际效用逆减率"的理论。有几个因素可以起到限制作用。第一个因素是成本。每增加一个网点，成本都会增加。这个成本表现在两方面：一方面是中间商的成本增加，到了一定的度，超过了中间商可以接受的范围，网点就不能盈利了；另一方面是开发者成本增加，这主要表现在让利幅度要增大，并且统一组织促销活动的费用也将因网点数目过多而加大。第二个因素是内部竞争。无限制地增加网点会使网点之间的竞争加剧，从而产生互相牵制的不良后果，对高新技术迅速上市不利。

（3）竞争强度

竞争行为是开发者在选择渠道时不得不考虑的一个重要因素。菲利普·科特勒对普通产品营销渠道的选择曾提出以下观点："渠道设计是受竞争者渠道的影响的。生产者可能希望就在经营竞争者产品的商店内或附近商店与之竞争。食品加工厂商希望其厂牌与竞争厂牌陈列在一起，如汉堡王公司希望其厂牌与麦当劳的厂牌摆在一起，但是其他产业中，生产者可能避免利用竞争者使用的渠道，雅芳公司决定不同其他化妆品生产商竞争以争夺零售店内稀缺的空间，而采取获利颇丰的挨门挨户推销方式。"这种观点对高新技术产品也是适用的。

延伸菲利普·科特勒的观点，还可以得到以下认识：竞争强度越大，网点密度也就越大；竞争对手越多，越应在渠道建设上有所创新，以求塑出差别形象，巩固竞争地位；产品越是新颖，越是不可替代，越应使用竞争对手的渠道以求获得公众的充分比较；竞争越激烈，服务渠道越应保持独立并有所创新而不与竞争对手的渠道合一或与其雷同。

况且，笼统地讲，我们所归纳和总结的各类渠道都有其优点和相应的弱点。单纯从优点和弱点的多少上是不能进行比较和抉择的。企业在选择过程中，应当结合各自的营销环境，结合自己产品的特点和企业整体、优势来决策。

经验证明，许多高新技术企业所采用的渠道并不是一成不变的。它们最初可能采用直销的方式直接启动最终用户，市场初步建成后，它们就可能转而采用各种有中间商的渠道了。

## 9.4　高新技术销售策略

一个钢球在水平的滚动通道上并不会自行滚动，必须将外力作用在钢球上，运动才会发生。良好的高新技术就好比钢球，营销渠道就像是滚动通道，而促销策略便是外力。

力是具有方向的，所以促销策略也要有方向，我们称之为"促销策略的导向"。力须借助工具来实施，所以促销策略也须借助一定的方法实施，我们称之为"促销策略的手段"。力有各种各样的种类，所以促销策略也有各种各样的类型，我们称之为"促销策略的构成"。力有分力和合力，所以促销策略也有组合配套，我们称之为"销售策略的组合"。

### 9.4.1　促销策略导向

研究促销策略的导向，实际上就是研究促销策略的定向问题，研究在一定时期内，以什么样的因素来左右和引导促销策略的制定，而具有一定导向的促销策略又可以引导消费者去认识商品、购买商品和使用商品。

我们大家都有这样的体验：在电视上看到有些广告，或是优美的画面或是动人情景和悠扬的音乐，或是紧张的节奏扣人心弦的场面……但看过以后，除了赞叹不已外，我们很难为之打动，很难对广告中表现的商品或服务怀有兴趣。这是为什么？这里有两个相互联系着的原因：第一，广告的诉求不清楚，我们看到后并不知道它到底要告诉我们什么，我们将获得什么；第二，即便我们知道了广告的诉求内容，但由于和自己所期望的东西相距甚远，广告的强度又不足以打动我们，因此也不会产生任何兴趣。如果多数人对同一广告产生这种同样的感觉，那这个广告就算白做了。可见导向（在广告中表现为诉求内容）在促销策略中起着十分重要的作用。如果这种导向确实能够"正中下怀"或"投其所好"，这种十分重要的作用就可以充分地发挥出来。将消费者的期望归纳分类，可以确定促销策略所应具有的几种导向，企业可以根据时间和对象的不同分别选取。

（1）利益导向

所谓利益导向，就是在促销策略中贯穿一种利益关系，使消费者充分感受到如果购买使用某种产品或服务，便可以从中获得某种实惠，获得极大的物质

上的满足。❶

比如说电脑的促销。传统的做法是一而再、再而三地宣传电脑的内在品质，电脑的使用给用户带来的利益等。各种演示会、应用软件的推销也会接踵而至。但当你进一步了解到，要使公众成为你的产品的用户，还必须教会他如何去驾驭电脑，如何得心应手地去操作它时，你的促销策略的利益导向就会重新调整，你的做法也就会有所改变了。我们举北大方正集团有限公司（以下简称"北大方正"）的例子加以说明。

在传统电脑消费过程中，用户普遍关注产品品质与产品维护。北大方正率先在业界提出"全国三年联保"的服务概念，受到用户的好评，并得到业界广泛响应，成为目前流行的电脑软件服务标准配置。但电脑既是消费产品，同时也是一件以高科技为基础、需要丰富使用技巧的生产工具，电脑产品的使用价值很大程度上取决于电脑用户的应用目的与应用水平。由于电脑体现出使用复杂与生产工具的特点，普通电脑用户特别是家庭在购买电脑产品时面临诸多困惑，在决定购买之前总要先问一问："我用电脑做什么？""我是否学会使用电脑？"这些疑惑很大程度上引起家用电脑市场"雷声大、雨点小""温而不热"的局面，并且许多购机用户也停留在浅层次的电脑应用水平上。为满足用户要求，北大方正决定突破传统电脑消费观念，将专业培训作为方正电脑的"标准配置"、全方位开放方正电脑的用户培训基地，提供专业全面的电脑操作与软件应用培训，方正新天地电脑培训中心承担所有电脑培训课程。

曾经一度为 IBM 代销产品的美国艾特纳保险公司信息技术服务中心副总经理约翰·洛温伯格总结了他们的利益导向："我能接触到所有我与之打交道的公司的所有负责人。我与顾客的关系有一部分就是了解他们在经营中遇到的难题，并和他们一起解决这些难题。"

（2）品牌导向

公众对高新技术产品的品牌偏好与普通产品的"品牌忠诚"不同：前者是公众对高技术品质的期望；后者除了对品质的期望外，往往受心理因素的影响，寻求一种心理上的满足，如对名牌服装的追求就是如此。

品牌导向可以起两个作用：一是可以驱使消费者在众多的竞争产品中甄别出自己的产品，使之成为自己的顾客；二是驱使消费者对自己未来的新产品更加关注，率先创造出一批潜在的顾客。

---

❶ 张德斌，关敏. 高新技术企业营销策略［M］. 北京：中国国际广播出版社，2002.

英特尔的芯片从无品牌的工业型号系列（如 8086、80286、80386、80486）发展到"奔腾"品牌系列，就是力求使自己的芯片技术以鲜明的"个性"从众多开发者都竞相仿效的"数字游戏"中脱颖而出，给消费者以选择的方便。这是我们上面所说的品牌的第一个作用的表现。

产品自主替代速度日益加快，而品牌的公布还要再超前，这似乎已形成了高新技术产业中的一个流行做法，品牌导向显然已经在高新技术产业中生根开花了。但也有些不随波逐流的情况，比如在生物工程技术、超导应用技术、纳米应用技术等以技术本体为主的市场上，品牌导向的表现尚不明显，这或许是因为"创新"本身也具有导向作用的缘故。

（3）创新导向

尽管市场上存在着"泛替代障碍"，但"领先"本身的魅力仍是不容忽视的。"技术创新"有四大结构特征：技术创新的实质，是给商业化的生产系统引入新的产品、工艺、管理方法等，以期得到更多的商业利润；技术创新的关键，是新的技术的商业化；技术创新的承担者，只能是企业家；技术创新的成功与否，仅仅以生产条件、要素、组织三者重新组合之后，相应的生产经营系统是否有利润增长为标志。将上述四个特征归结为一点，就是：技术创新是一种市场行为，是以盈利为目标的行为。因此，它是企业的原动力之一，是开发者的原动力之一。

技术的成长是在不断地解决问题和提高集成度的相互作用下实现的。不断地发现问题并通过不断地提高集成度解决问题，实质上既是一个企业寻求市场机会、赢得市场机会的过程，也是一个用户寻求满意的过程。因此，在促销策略中向社会公众，包括中间开发者、中间商和最终用户宣传技术创新的这种社会意义和市场价值，其号召力是非常大的。利用创新导向进行促销，企业往往遵循这样的策略轨迹。

比如，美国杜邦于 1991 年初推出替代该公司 60 年前发明的氟利昂制冷剂的新一代制冷剂——SUVA，为尽快进入市场，扩大市场占有份额，杜邦便遵循上述策略轨迹。他们首先抓住氟利昂制冷剂对大气臭氧层的破坏作用大做文章，普及保护大气层臭氧层的科学知识，将氟利昂"逼"到势必要被取而代之的地步，同时宣告新一代制冷技术已经成熟，并在较广的范围内推出试用产品，一下子便被世界接受了。

在电脑产业中过去名不见经传的一些中小企业，例如美国的 Sun、Oracle 等公司之所以如日之喷薄而出，也是正确地使用了创新导向的结果。它们首先让公众认识电脑网络时代将成为发展主流这一历史趋势，告诉公众对 PC 机及应用软件的投资将无限度地"膨胀"这一难题，然后 Sun 推出了"JAVA"网络软件，而 Oracle 推出了"NC"，极高的性价比令千千万万人折服了。

（4）竞争导向

有些开发者的促销策略的制定是以竞争为导向的。所谓竞争导向，即企业把竞争对手的行为作为自己促销策略设计的主要参照系，制定出一套动态的针对竞争对手的促销策略。

有四个要素构成了竞争行为的参照系。

① 竞争对手的研发动态。这一要素主要是引导企业主动跟踪对手的开发计划，预期设定自己的替代品，以求贴近或超过对手。如果对手研发进程已被掌握，则应在促销中强调自身的研发计划，使用户保持与自己产品及替代产品的接触。

② 竞争对手的产品缺陷。这一要素常常是企业巩固自己竞争地位的突破口。在促销上强调自己产品对对手产品缺陷的弥补作用是非常重要的手段。

③ 竞争对手的上市速度。这一要素常常用在快速上市企业的策略中。对手的产品固然好，但上市速度慢，也会给别人留下获胜的机会。例如宏碁电脑集团所采取的"速食式产销模式"就是以上市速度战胜竞争对手的典型。该模式的基本思想是全球化多区域多点快速组装电脑，多区域多点同步上市，从而保证了全球市场的"同步运作"。这是一种反"串行"的"并行运作"。好比手工抻面，其速度比手工切面和刀削面的速度快得多，因为它使众多的面条同时被抻拉完成。

④ 竞争对手的反应模式。这是一种博弈行为。一种策略的实施势必引起竞争对手的一系列反应。企业应了解对手的反应方式和可能的对策，在新策略推出时就准备相应的后续策略。好比二人下棋，一般的业余爱好者也应有三步以上的考虑。最常见的反应是价格竞争。当一个企业对其产品实施降价策略以寻求更多的用户或试图在竞争中保住原有的用户群时，它的竞争对手们往往视其效果而相应采取降价策略。这种反应有可能在同行中蔓延开来。

事实上，正确地参照上述因素而制定的促销策略，也是为自己创造市场机会的重要途径。在这个高度上认识促销策略，是因为所有好的促销策略均可以刺激并引发市场的潜在需求。换句话说，刺激并引发市场的潜在需求是促销策略的真正目的。

### 9.4.2 促销策略组合

传统的市场促销策略组合往往给人以误解，好像策略组合是由广告、人员行销和营业推广等要素构成的。其实真正的策略组合，指的是在相应的"导向"作用下，针对市场行为的主体（中间商、用户、竞争对手等）而设计的旨在加速产品上市过程，巩固和扩大产品市场占有率的、有计划的刺激行为。这种行为是借助"手段组合"来实现的。

（1）促销手段组合

经济学家扬·丁伯根指出：每一种经济目标须借助两个以上的手段得以实现。这就是著名的"丁伯根原理"。促销策略是一种有计划有目标的行为，所以也必须按照"丁伯根原理"所揭示的规律运作。

促销手段主要由广告、人员行销和营业推广等构成。广告是厂商信息经传播媒介扩散给公众的一种单向宣传形式；人员行销是一种依靠人际传播形式沟通供求双方信息，达到销售目的的一种行销手段；营业推广是一系列直接刺激销售的行销活动。这三者之间互相依存，相辅相成。

图9-3列出了四种组合，每一种组合均有其特定的作用。

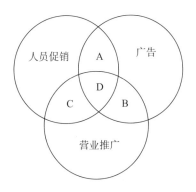

**图9-3 营业推广组合图**

1）A组合

以"二步信息流程"的沟通方式去启动市场，打动用户，是高新技术产业中普遍采取的手段组合。所谓"二步信息流程"是指以大众传媒为导体的广告和以人员行销为主体的推销行为结合运作的一种促销策略。广告的作用在于在较短的时间内让较多的社会公众知晓产品信息，了解有关知识。而人员行销的作用在于通过人际传播的形式找到社会公众中的真正用户并使其产生购买欲望。

菲利普·科特勒在考证了消费品市场与工业品（生产资料）市场的区别后，专门归纳出各种手段在不同市场上重要程度的不同组合（见表9-2）。

表9-2　消费品市场与工业品市场促销手段组合表

| 重要程度排序 | 消费品 | 工业品 |
|:---:|:---:|:---:|
| 1 | 广告 | 人员行销 |
| 2 | 营业推广 | 营业推广 |
| 3 | 人员行销 | 广告 |

消费品之所以主要依靠广告就可以达到刺激销售的目的，主要原因是其技术含量较低，技术本体的流通几乎不存在。公众完全可能在广告的创意和定位引导下产生偏好，进而产生购买欲望。高新技术产品则不同，由于其技术含量较高，决定购买的因素不是创意和形象化的描述性刺激，而是技术标准的高低和应用范围的大小，宣传推广这类产品只有依靠专家才能完成。但专家也不是在一张白纸上作画，他们的作用，只有在广大公众或特定顾客群对高新技术产品有了初步的认识后才能发挥出来，所以必须借助广告的作用。一项研究证明：广告结合人员行销可比在没有广告的情况下增加23%的销售额，总促销成本占销售额比重减20%以上。

2）B组合

营业推广是一系列直接刺激购买的行销活动的总称，比如折扣让利、有奖销售、售前售后的特别服务项目、展示、演示销售等。在普通商品市场上，营业推广往往可以由分销商、批发商或零售商，在"售点"或其"商圈"范围内独立策划实施。由于高新技术产品是以技术本体流通为主的产品，专家在流通中的诠释作用十分重要，而这种诠释往往直接来自开发商或主要代理商，以保证其准确性、及时性和权威性。❶所以，一定形式的广告宣传就成为必不可少的手段。

同时，集中的、大面积的广告宣传也可以在一个统一的、协调一致的市场上产生协调一致的促销行为，从而达到降低总成本、减少分销商压力、提高营业推广效果的目的。

3）C组合

高新技术产业特别注重C组合的作用，正如前面所揭示的：专家在流通中

---

❶ 芮明杰，吴嵋山. 现代公司高新技术市场经营［M］. 济南：山东人民出版社，1999.

的诠释作用十分重要。

高新技术产品的营业推广策略体系的核心是技术咨询服务。所有行销活动如果以这个核心展开策划，就一定能够迎合广大用户的需要。"专家促销"就是为满足这种需要应运而生的。它把营业推广策略与专家行为高度结合，保证了促销目的的顺利实现。IBM 在促销上就强化了这一点。随着"新蓝色巨人"的销售分队缩小规模、降低花费、更新设计等一系列措施的出现，IBM重建它具有传奇性的销售力量，以适应市场的现实。它最显著的变化是在规模方面——据公司知情人士称，IBM 在全世界的销售人员要继续精减，将销售成本削减 1/3。大多数继续留任的推销员，不仅要增加收入和利润，并且要用新方法去推销——主要是在推销 IBM 和非 IBM 的技术中，为了化解商业上的难题，要充当有经验的顾问角色。

随着硬件和软件销售差额的缩小，IBM 不能总是派推销员外出推销产品，这花费不起。越来越多的"蓝色巨人"的产品将通过经销商，即那些"使产品增值的转卖商"，或是邮购方式售出。IBM 决定，让毛利低于 25% 的产品，通过非 IBM 渠道出售。IBM 的一个雄心勃勃的观念就是：IBM 的推销员足以提高到咨询顾问的水平，而不仅仅是接订单或当产品推销员。

更新营销体制是更新"蓝色巨人"计划的核心。创始人托马斯·沃森的经营天才中就包括把推销员从一种灰溜溜的角色转变为模范的公民，即他应该精通专业、举止潇洒、彬彬有礼、穿着考究、遵守纪律、表情庄重而又积极进取。IBM 的长期竞争对手，邓恩和布拉德斯特里特软件公司的主席约翰·伊姆得说道："沃森创造了一种与 20 世纪 50 年代正好相反的推销员形象。20 世纪 50 年代的推销员是面带微笑、会拍肩膀和皮鞋擦得铮亮的。沃森为其销售网带来了真正的信誉。"信誉正是 IBM 在计算机销售中取得胜利的关键。"蓝色巨人"那些衣着整洁的销售代表，使顾客懂得计算机是怎么回事，怎么把新技术运用于自己的机构。

4）D 组合

将广告、营业推广和人员行销结合起来运用，就是 D 组合。尽管表 9 - 2 中反映了三种手段对高新技术产生的重要程度不同，但三种往往被同时采用。

过去，高新技术企业并不重视 D 组合，它们视产品特征就事论事般地选择其中某一种或两种手段承担促销任务。甚至有些企业任何一种手段都不采用，在它们那里，技术的领先性就是一切："我们天真地认为，最好的技术一定会流行起来，但事实并非如此。"（史迪夫·兹奈克——苹果公司的创始人之一)❶ 难怪人们常说："苹果公司是一流的技术，三流的市场与销售，末流的管理。"结果是苹果公司差不多要"掉"下来了。实践证明，D 组合是非常重要的促销手段策略。

D 组合有如下几点重要意义。

第一，三者之间具有相互依存、相辅相成、相得益彰的"三相"关系。没有切实可行的营业推广策略设计，人员促销就是空泛的、千篇一律的、简单的、低层次的推销行为；如果没有广告宣传的作用，再好的营业推广策略、再强的人员阵容也同样不能发挥作用，正所谓"酒香也怕巷子深"，更何况"西方不亮东方亮"的竞争，足以将默默的耕耘者抛弃。

谁都知道，在产品质量优异且适销对路的前提下，一句好的广告用语，一幅富有新奇创意的画面，一次影响深远的活动足以使企业一朝腾飞。这便是 1 + 1 + 1 > 3 的逻辑。D 组合所寻求的，正是这样的结果。

第二，D 组合所产生的全方位的舆论效果，可以使企业在激烈的竞争中为自己缔造一个"天然屏障"，一层"保护膜"，充分抵御竞争对手的进攻，分散和抵消竞争对手的影响。在三个方面应付挑战，对任何竞争对手来说都不是一件容易的事。正所谓"雄兔脚扑朔，雌兔眼迷离。双兔傍地走，安能辨我是雄雌"。

第三，D 组合的作用不仅仅在于启动用户市场，还在于它可以启动二次开发商的市场，再通过二次开发商的作用拓展最终用户市场。这是一种类似"滚雪球"的行为，是一种良性的循环。有两个机制促成这种"滚雪球"式的良性循环：一是二次开发商获取开发商的新技术信息后主动进行第二次开发；二是二次开发商从最终用户那里发现了对开发商新技术需求的态势，将其视为不可多得的市场机会，因此主动进行二次开发，参与市场利润的分配。

5）手段组合的步骤

高新技术企业在运用手段组合时，应考虑履行"SIATBIA"步骤：确定促销策略体系的主题（Subject）；分别对三种手段的策略内容进行创意（Idea）；对三种手段进行组合（Association）；决定三种手段的实施时间（或同步或异步）（Time）；编制预算（Budget）；组织实施（Implement）；适时调整（Adjust）。由探讨手段组合而得到的"SIATBIA"步骤，具有较为普遍的应用价值，特别是在促销策略组合中依然适用。

---

❶ 北京青年报，1996 – 06 – 13.

（2）促销策略组合

我们按照"SIATBIA"的步骤讨论促销策略问题。

1）确立促销策略主题

"主题"又叫"主题思想"，系指作品中所蕴含的基本思想。它包括三种主要类型：第一，告诉对象（或目标受众——预定的接受者）最重要、最核心的信息；第二，所要解决的首要问题；第三，最主要的承诺。主题是在区分市场主体后，针对预定的目标受众，在一定的导向作用下提出来的。

在促销实践中，主题也是可以组合的。有时可以将三大类主题融于一次促销活动中，有时也可以根据不同区域（或国家）市场的特点，在同一时间内采用不同的主题。许多市场研究策划人员甚至坚持针对不同的顾客群，在不同的媒体上或以不同的促销手段设置不同的促销主题。所谓"因人而异""因地制宜"就是这个道理。

2）策略创意

一定的主题，需要以富于刺激、有感召力的语言、画面、活动来表达，从而形成促销策略的独到特点。这个过程就是创意。因此，创意是主题思想的表现。有人说，创意就是创造一种有别于竞争对手的作品和目标受众的常识的意境。英文的 idea，除了具有上述含义外，还有一层含义，即"感觉"或"印象"。也就是说，思想的表现必须给目标受众以深刻的印象，否则就谈不上什么 idea。

策略创意有赖于三个心理学理论的支持。

① 前摄抑制理论

前摄抑制是心理学的概念。它的意思是，如果前一个信息对人们所产生的心理刺激非常强烈，印象非常深刻，则人们自然就会对后一个信息特别是同类型或相似的信息产生排斥心理。正如人们常说的"先入为主"。

在文艺界，前摄抑制的现象十分明显。比如一位歌星首唱一首好歌并一炮走红，也就等于宣告该首歌已经不能再由别的歌星唱了。倒不是因为法律上的问题，而是因为唱这首歌并不会给其他歌星增光添彩。一般情况下人们只会以首唱者为标准去衡量后面的歌星，而不是相反。这是一种"自然垄断"。策略创意如果能够达到这种"自然垄断"，效果自然也就很好。换句话说，我们利用"刺激－反应"理论的目的，正是为着让目标受众产生心理上的前摄抑制，排斥对竞争产品的感觉与印象，产生对我们的产品的偏好。

前摄抑制的产生需要有三个基本条件。

第一，技术的发布与宣传速度必须很快。因此必须使用现代化的"大众传媒"，如电视、报纸、杂志、广播、信息网络五大媒体，而且必须全面组合使用，在时空上抢占制高点。

在探讨选设渠道的准则时，我们提出了"市场快速渗透力"的问题，同时提出以增加"比表面积"的方法有效地提高渗透力。这种"比表面积原理"也同样适用于媒体的选用问题。只有全方位、高速度地传播技术本体信息，才有可能使信息大范围地深入公众群中，才有可能提高"知晓率"和"知晓速度"，从而导致"前摄抑制"的产生。

第二，市场快速渗透。在技术本体的信息大面积快速传播之后，必须使技术本体和技术载体的市场渗透也以很快的速度进行。从某种意义上说，技术本体和载体能否很快地进入消费有着十分重要的意义。因为大量地上市和大量地消费，可以在社会公众中再度传播产品形象，前摄抑制是靠鲜明的形象来建立和维系的。

"刺激-反应"理论证明，在刺激与反应之间，有一个"学习过程"。而学习过程多数情况下是由使用者、购买者和未购买者三者信息交换来完成的。使用者的数量是影响学习过程的关键。使用者越多，购买者也就越多，进而未购买者受到的影响也就越大。在这种情况下，"从众效应"就会发生。所以，产品快速大量地渗入市场是关键。

第三，稳定产品形象。企业在促销过程中会采用一系列手段和策略。但无论手段和策略多么千变万化，均应将产品形象稳定在一个相对不变的范围内，使学习过程有一个可参照的标准。频繁地变化形象就会使公众失去比较和学习的目标。

稳定形象的办法大致有三种。一是保持新旧技术之间一定的合理的兼容性。二是保持品牌及标识系统的相对稳定。品牌和标识是产品形象的高度抽象和概括，稳定品牌和标识系统，有助于克服公众对技术替代加快所产生的逆反心理现象。三是保持促销策略中某些构成要素的稳定，如广告、人员行销、营业推广等活动中应有一部分策略与方法是相对不变的。

② 个性化理论

个性化就是"与众不同"，就是"非同凡响"。心理学家凯利希（R. A. Kalish）认为："个性是导致行为以及使一个人区别于其他人的各种特征和属性的动态组合。"实际上，促销策略创意也有其个性化的问题，只有具备某种区别于其他同类或相似促销策略的特质，才能强化对目标受众的心理刺激，引起强烈的、正常的反应。

　　托尔斯泰说，作家们在形容大海时，往往使用"波澜壮阔""波涛汹涌""一望无际"等美丽辞藻，这些形容词并不能给人以深刻的印象，而朴实无华的俄国渔民却简单得不能再简单地说道："海是大的。"这种"大"比起华丽的辞藻来说，意义要深刻得多，印象要深刻得多，感觉要强烈得多。

　　鲁迅先生在评论宋代诗人晏殊的诗时说道：古人今人形容荣华富贵多用"金银珠宝"，但晏殊却以"小宴追凉散，平桥步月回。笙歌归院落，灯火下楼台"四句诗取代了那些"金银珠宝"，把大户人家的富有、排场及至奢侈形容得淋漓尽致，个性化的手法达到了登峰造极的境地。

　　③"刺激－反应"理论

　　人类的每一种行为都是在受到外界的刺激后产生的。刺激是由体外的客观环境和体内的生理心理状况而产生的，反应永远随着刺激而及时呈现。

　　促销策略的实施最终都将变成刺激信号，对人们产生刺激。刺激可以分成两大类，一类是"正刺激"，另一类就叫"负刺激"。前者是通过刺激，使对象产生良好的反应；而后者则是指那些可以导致不良后果的刺激信号。

　　许多市场策划人都希图他们的策划具备鲜明的个性，具备产生"前摄抑制"的条件，但结果却并不总是如愿以偿。比如有的促销活动会让广大用户感到厌恶，并且由厌恶这种行为扩展到厌恶这种产品，进入负刺激。据一项调查表明，75%的公众厌恶上门直销商品，他们从安全、隐私和可挑选性几个角度审视上门直销行为，而不会过多地注意所推销的产品特征。

　　"刺激－反应"理论在霍华德等人的研究下又取得了进展。他们经过大量实验，证明了这样一点：在刺激与反应过程中，目标受众还有一个接受的过程，也就是"学习"过程。公众需要借助于其他渠道的信息，如亲朋好友的指导与规劝、他人的示范与榜样等。经过这种学习过程，最终的反应才可实现。于是一个"刺激—学习—反应"循环系统就建立了。企业的任务是增加一个"再刺激"或"第二次刺激"，这是一个有效的促销策略的重要组成部分。

　　如果说第一次刺激的任务是启发目标受众的认识，那么第二次刺激的任务就是促成态度的形成。经过"反应"结果的反馈后新的刺激又将产生。我们不妨举一个抽象一点的例子加以说明。假定有产品 A 要进入一个新的市场，企业展开促销活动后，形成第一次刺激——告知有关信息。目标受众由于受各种因素的影响，不可能立刻形成大量购买，至少在短期内是这样的。于是随之而来的是学习过程。企业必须针对可能的疑问实施"再刺激"策略——

比较、鉴别、劝说、解决问题、作出承诺等。有时需要有专家和先期用户的权威性评论。经过再刺激，目标受众可能会产生明显的态度与倾向，最后产生反应——购买行为。一旦 A 产品进入消费过程，也就可能暴露出许多问题，形成信息反馈。企业再针对这些问题，或改进产品，或修正促销方案，开始新的又一轮的"刺激—学习—反应"循环。

刺激的重复发生或新刺激的产生，均须注意一个十分重要的问题，即目标受众在多次刺激下，可能产生"反应迟钝"，或进入麻痹状态，对又一次的刺激或新的刺激不再有强烈的反应，或者干脆失去反应。这在心理学上叫作"不应期"或"绝对不应期"。有时，甚至会出现"逆反心理"。造成这种现象的原因是，要么刺激强度无任何变化，要么刺激的间隔时间过短。

一旦出现不应期，对企业的危害就很大。因为目标受众对此种产品或此企业的刺激无反应，就有可能增强对彼种产品或彼企业的刺激的反应。企业的竞争地位就会产生动摇，企业就会处于弱势。

克服这一难题的基本思路是：第一，使刺激的强度逐渐升级。比如刺激信号可向深度和广度扩展。如果"再刺激"可以起到深度刺激的作用，那么又一轮的新刺激便应针对新的问题重新设计，或者以新的形式和表现手法发起新一轮的刺激。第二，使各次刺激的间隔时间适当拉长，保持其"新鲜感"。我们知道，在健美运动中，若想使某部分肌肉健壮起来，运动应当是分组有间隔地进行的。无数次地重复同一重量和力量的运动，不会使肌肉健壮，因为肌体本身会以最经济的状态应付同量的重复运动，这是人体自然调节机制的作用。如果我们有间隔地分组运动，而且适度增加运动量，情况就会相反。

成功的高新技术企业往往注意克服目标受众的"不应期"。它们有意地拉开大规模促销活动的间隔，有时甚至在广告市场上"销声匿迹"一段时间，养精蓄锐，阶段性地发起进攻；它们也有意地变换促销手段和策略主题，不断地以新的面貌面对目标受众，满足公众"喜新厌旧"的心理需要；甚至有的时候，它们也采取诸如"声东击西""围魏救赵"之类的"战国策"，改换目标受众，迂回制胜。比如，某企业欲上市一种新产品，它以中间商为第一个促销目标，希望它们尽快接受并大批量订货。为此，企业可以通过向广大社会公众做广告宣传，普及有关知识，强化产品形象的策略，使公众中相当一部分人产生购买欲望。公众的表现通过各种信息渠道传给了中间商，使之确信市场前景十分乐观，于是订货积极性高涨，企业便如期实现了第一个目标。这就是"声东击西"的战术。

　　3）策略组合

　　多种策略组成一组，统一协调指挥和组织实施。这是当今高新技术产业多采取的方法。

　　组合并不是简单的结构问题，而是各种策略相互配合的一种联合行动。构造这种联合行动的目标是产生一种推动产品顺利上市的合力。

　　企业在策划运作过程中，可以创意制定出许多应用策略，可谓是千奇百怪，万紫千红。我们很难将那些具体的策略一一罗列。但万变不离其宗，将众多的策略归纳整理，提出当今流行的几大策略类别，探讨其特征，明确其价值，让应用者各取所需，进行"二次开发"，却是件有意义的工作。

　　① 二步信息流程策略

　　高新技术产品进入市场的过程，就是高新技术信息进入市场的过程。经验证明，高新技术信息流程与高新技术产品的促销有着十分密切的关系。具体讲，二步信息流程，对于促进产品销售有着至关重要的作用。

　　第一步信息流程是指开发者的产品信息通过电视、报纸、广播、杂志等大众传媒传播给目标受众。信息经过这第一步的传播有如下意义。

　　第一，传播时间较短。上述四大媒介中，有三种几乎是每天可以向目标受众传播的，从信息的发出到目标受众接收中间没有任何中转环节，所以传播速度很快。例如，美国微软公司在推出 Windows 前 3 个月，就投入上亿美元进行了大规模的广告宣传。这段时间内，在美国已有 3000 多篇评论文章在报纸、杂志上刊出，与之有关的轶事秘闻报道 7000 余篇；全世界各地的报道达 3 万篇左右。结果是在短短的 3 个月之内，全球几十亿人几乎同时获悉了 Windows 的主要功能特征和正式上市的重要消息。

　　第二，信息到达率较高。信息的到达率指在一定时间范围内，目标受众对某种已发布信息的知晓率。由于中间环节多或传播媒介的落后、不适应，有些信息会出现"失真"现象，有时即便不会"失真"，信息强度也会大大地衰减。衰减本身又会造成"失真"。而采用大众传媒的四大手段，"失真"和"衰减"现象几乎都不会发生。所以，它的到达率很高：通常认为通过大众传媒传播信息，其到达率可达目标受众的 10% 以上。而采用其他手段进行传播，效果就要再打折扣，二者相去甚远。

　　第三，形成社会舆论热点。由于传播时间短，到达率较高，在较短的时间

内就可以在较多的社会公众中形成舆论热点，因而促使更多的人去关注信息。❶

传统的市场营销理论中，有一个"AIDA"模式。即任何一种商品的促销过程，大致须经过A（引起公众注意）、I（引起公众兴趣）、D（使公众产生好感与偏好）、A（公众采取购买行为）四个阶段。其中第一个A是十分重要的。通过大众传播的方式去引起公众的普遍关注，是一个极好的选择。这其中也有点"马太效应"——越好就越好，越差就越差。因为有10%以上的目标受众知晓，就有更多的人要了解信息；知道的人越多，不知道的人就越关心这个信息，就越要知道它。这一结论，是根据"刺激-反应"理论获得的。

第二步信息流程是通过"中间商和二次开发商"以及"意见领袖"来完成的。中间商和二次开发商是信息的第一个购买者或学习者，他们在一次开发的成果基础上进行二次开发以将市场进一步细分化，满足衍生需求。

意见领袖在传统的市场营销理论中，包括那些与产品无直接关系的知名人士，他们的作用是"榜样作用"——使千百万消费者追随效仿。高新技术市场营销中所说的意见领袖，是指那些具备相关专业知识、自己使用这类技术或对此颇感兴趣的专家们。中间商、二次开发商和意见领袖均会以他们自己的方式对第一步传播的信息进行加工、整理、强化，再传输给开发者既定的或超过既定范围的社会公众。

加工——赋予原技术以更多更实用的附加价值的过程叫作加工。中间商和二次开发商的二次开发过程（加工）就是满足衍生性需要的过程，是进一步逼近目标市场的过程。意见领袖也会通过有针对性的咨询、培训、讲授，分别对不同的消费者群体传播开发者的有关信息。

整理——将原技术的所有信息重新整合后传播给目标受众的过程叫整理。原技术的开发尽管是以市场需求为目标有计划进行的，但任何一项开发都不可能完全与实际需求相吻合，也不可能令所有的用户直接接受。在开发者与最终用户之间，应当有一个整理过程，将原技术按实际需求和用户特征重新整合，让用户各取所需。比如，某项先进技术所拥有的实际用途，在开发者那里是无法完全概括性地回答的。因为不同的用户会根据他们自己的需要和技术的原理去使用技术。为了促进这一过程，中间商、二次开发商和意见领袖可以通过他们所掌握的资料部分地或全部地代替用户的这种劳动，即协助或代替他们选择

❶ 罗永泰，黄志伟. 高新技术企业产品促销策略创新［J］. 科学学与科学技术管理，2002，23（3）：83-86.

技术和调整技术配置。

强化——强化是一种刺激与激励行为。它通过对原信息的重复宣传与印象整饰来刺激目标受众的购买欲望。所谓印象整饰，是指控制别人形成对自己印象的过程。在人与人相互交流的过程中，行为者总要选择适当的言辞、表情、姿势与动作，期望在对象的心中留下独特的印象，以便能打下继续交往的基础。实际上，就是选择对方易接受的、能获得深刻刺激的宣传方式。继第一步信息流程之后，第二步信息流程已经是"重复宣传"了。同时，中间开发者和意见领袖又通过他们的口头宣传和劝说工作，将原有技术信息以更易于被人们接受的方式传播给目标受众。因此，强化是增强对目标受众的刺激的行为。

第二步信息流程有如下意义：

第一，它是针对特定的目标市场和目标受众而进行的。所以，它近乎现代的"定制营销"（了解特定的需求，为特定的需求专门设计和制造，满足特定的需求）。前述的各种促销导向，在第二步信息流程中得以进一步地体现。

第二，第二步信息流程是由人际传媒来完成的。通过加工、整理和强化三大作用，人际传媒最容易使目标受众产生态度和倾向，最后产生购买欲望。到目前为止，几乎所有的高新技术促销活动，均离不开第二步信息流程的作用。

二步信息流程的两个组成部分——第一步信息流程和第二步信息流程是相辅相成的。没有第一步信息流程的作用，开发者的信息不能"在较短的时间内让较多的人知晓"，第二步信息流程便会因失去"有准备"的、产生了"注意"的对象而丧失作用；相反，如果没有第二步信息流程的加工、整理、强化作用，第一步信息流程的作用也只能仅仅停留在引起公众"注意"上而已。

② 情感促销策略

情感促销策略是将精神、文化、情感、人文等因素融于高新技术促销过程的一种策略。

中国传统文化中关于真、善、美的哲学观点，集中体现在三个命题之中，即天人合一、知行合一和情景合一。能够实现这三个合一，万物即进入了高度和谐的美好境界。其中的情景合一，就其哲学含义来说，就是情感促销的高度抽象，或者说，情感促销是情景合一哲学思想的具体体现。

情景合一中的"情"指的是感情、情意及一切精神、文化因素。"景"除了指景物以外，可以抽象地理解为所有"情"的载体，如有形与无形的产品。孔子把情景合一的作品称作"尽善尽美"的作品，可见其重要性。

美国科学家约翰·奈斯比特在他的《大趋势——改变我们生活的十个新

方向》一书中，首次着重提出了"高技术与高情感相平衡"的问题。而高技术与高情感相平衡，恰是中国古典哲学中"情景合一"的观念的现代表述。

奈斯比特写道："我采用了高技术与高情感相平衡（HighTech/HighTouch）这个说法来描述人们对技术的反应。每当一种新技术被引进社会，人类必然要产生一种要加以平衡的反应，也就是说产生一种高情感，否则新技术就会遭到排斥。技术越高级，情感反应也就越强烈。""我们必须学会把技术的物质奇迹与人性的精神需要平衡起来。"

那么，高技术与高情感是怎样结合的呢？

——许多产品的名称、品牌商标、包装装潢及造型设计本身就有丰富的精神文化价值。

早期的技术产品，特别是载体以设备设施的物质形式体现的产品，往往仅以其技术规格、编号及标准作为产品的名称，包装也只考虑对技术设备的保护作用。人们能够辨别的，只是工业品和消费品之间的外在区别。现代高新技术市场营销改变了这一传统观念。"长征"系列运载火箭、IBM 蓝色巨人、英特尔"奔腾"微处理器、"喷施宝"生物工程制品等，均以人们易于接受的、经过"美化处理"的品牌形象打入市场。

——许多产品的直接用途就有助于增进人际沟通，增进感情交流，激发人们的创造意识，促进自我实现与完善。

上面曾经讲到的电子计算机网络、电视机、电话机等就属于这类产品。卫星通信技术的发展又将全球 50 多亿人联结起来，"时间消灭空间"是当代高新技术发展的一个显著特点。电子计算机多媒体技术的发展，又使人们的枯燥操作变得丰富多彩起来。Teflon 涂料、高级化学技术更多地直接进入人们日常生活，丰富、美化了人们的日常生活。全电脑三维动画制作的《玩具总动员》简直等于给娱乐业注入了新的兴奋剂。

经验证明，高新技术的研制时滞越长，它与人们高情感的要求背离的时间就越长；反之就越短。当代高新技术发展的快速替代和技术集成的加速度现象，必然在缩短这一时滞。

——促销过程中，在策略设计上附加进去大量的精神文化因素，也是一条有效途径。

因为存在上述高新技术的物质价值与精神文化价值的"复合现象"，高新技术企业在设计和组织促销活动时，就必然融入大量的情感手段与方法、教育、培训以及完备的售前售中售后服务，在二次开发商、经营者和用户之间架起一座人际直接交流的桥梁。销售过程中的"专家形象"又扬弃了单纯推销员的呆板形象，销售过程真正开始变成社会过程了。在以广告为手段的促销活动中，这种精神文化价值的表现更明显。在营业推广过程中，以"解决问题、协助成长"作为"座右铭"的企业更是比比皆是。在一般情况下，只要能够站在顾客的角度为其出谋划策，使其了解到商品的优点和购买商品所能获得的利益，生意大多可以成功。美国推销奇才鲍洛奇将这种情感沟通式的销售法称为"激励式推销"。

美国 TTI 电话语音卡创意了一幅情感式广告，表现电话机与计算机通过 TTI 语音卡结合起来，组成语音信箱系统，以拟人化的手法、亲近的举动表现某项高新技术产品的特定功能，以期克服枯燥感，引人注目，达到宣传效果，这是一次小小的尝试。

——高技术的"学习过程"（参见"'刺激－反应'理论"）本身就促进了开发者、二次开发商、中间商、最终用户四者之间及最终用户内部的联系。高新技术产品的购买决策绝不像买件衣服那样简单，学习过程是必不可少的。因此高新技术的促销过程，实际上就是促进社会交流的过程。这种社会价值功能是普通商品的促销所不能比拟的。对于高新技术企业来说，如果能够成功地促进学习过程，促进社会交流过程，则可以发挥二步信息流程中第二步信息流程的作用，使促销工作易于达到应有的效果。

企业通过何种方式和策略去促使促销工作达到情景合一的境界呢？

从根本上说，欲达到情景合一的境界，必须将精神文化价值与其载体有机地结合。

精神文化价值包括沟通与社会交往价值、民族文化价值、艺术欣赏价值、自我实现价值、自我完善价值、追求与奉献价值等。这些要素均可以反映人们所持有的人生哲理与生活观念。

精神文化价值的载体包括高新技术品牌、包装、技术载体、造型、技术本体、广告、营业推广等。精神文化价值可以以某种形式融进这些载体中。

我们只是在众多的价值与载体中选取了表中所列的数目。而在现实生活中，可以存在着 $n$ 个价值观和 $m$ 个载体。于是就有 $n \times m$ 种组合存在。一个高新技术企业不可能满足所有的精神文化需要，也不可能始终以同一价值面对社会。同时，也不可能采用所有的载体，于是就存在选择的必要。

③ 社会责任策略

高新技术企业的产品总是处于社会经济发展的前沿，处于各产业的领先地位。技术水准越高，技术创新越快，受到社会公众关注的程度也就越高，对社会经济、政治、文化及伦理道德范畴的影响也就越大。高新技术产业每获得一次长足进步，社会结构都要相应获得一次调整。因此，不论高新技术企业主观上是否接受，在客观上它都是社会责任的排头兵和主要承担者。所以，有意识、有计划地利用社会责任意识来促进产品销售，自然也就成为有效的策略之一了。

在从事社会责任促销时，企业还应具备如下观念：第一，长期战略应与短期战术相结合，每一短期热点的响应应保持与长期热点的响应相一致，企业应在建立二者关系上下功夫；第二，企业应尽可能将"三点一线"以"事件行销"的方式体现出来，即有效地响应或构造一些有主题的社会活动，在这些有影响力的活动中实现自己的目标；第三，适时进行"主题升华"，即从企业产品、服务特征上的响应点向整体企业形象响应上过渡，从一个单纯"产业组织"过渡到"社会责任承担者"。

总之，企业，特别是高新技术企业，作为社会责任的主要承担者，是时代赋予的重任，也是社会公众的迫切要求。因此，社会责任促销策略的应用也会更加普遍和深入，对社会责任策略的质量要求也会越来越高。

## 【阅读材料】

### 一、斯坦福大学技术许可战略对我国高校的启示

（一）斯坦福大学技术许可现状

1. 技术许可的宗旨

1970 年，斯坦福大学成立了技术许可办公室（Office of Technology License，OTL），由其负责将大学研发的技术成果许可给企业界，以实现技术的产业化。斯坦福大学强调：技术工作的宗旨是促进斯坦福大学的技术向市场的转移，为社会谋福利，通过产生技术许可收益以支持大学的科研和教育。在斯坦福大学，技术许可工作往往是建立在专利开发基础之上的，但科研和教学任务仍然是优先于专利开发的。

2. 技术许可的组织结构及工作流程

OTL 负责斯坦福大学的技术转移工作，OTL 有 25 名工作人员，主要从事技术许可的人员如下：1 个主任、7 个副主任、7 个许可助手。这些人都具有理学或工学学士学位，都具有至少两年以上商业企业的工作经验。技术许可人员的主要职责是：与发明人沟通，为发明成果的知识产权管理提供服务；对技术进行评价，与现有技术进行比较，判断是否为当前专利热点领域以及是否应该申请专利，对技术的商业价值进行评估，预测潜在的市场前景；将合适的技术成果介绍给相应的企业，与有意向的企业展开技术许可合同谈判。

所有的收益交给 OTL，现金收益按如下分配：15% 的收益用于维持 OTL 的运作，剩余的收益被分为 3 部分，1/3 归发明者，1/3 归发明者所在的系，1/3 归发明者所在的学院。OTL 有时可以接受企业发行的股份，部分替代许可费用。

技术许可办公室的工作流程如下。一是登记技术发明：发明者向 OTL 登记自己的技术发明成果。二是评估商业价值：OTL 对技术成果商业化的可行性、知识产权保护的可能性、潜在的市场进行评估。三是知识产权保护：OTL 将该技术成果申请以专利、商标、版权及商业秘密的形式保护。四是签署技术许可：OTL 开始与相关公司进行技术许可谈判，最终签署技术许可协议。

3. 技术许可的成果

斯坦福大学的技术许可办公室在促进大学科研成果转化为生产力上，作出重要的贡献，因此成为全美国大学技术成果转移的典范。通过斯坦福大学 OTL 成功开发，创造了具有巨大经济价值的技术，包括 DNA 克隆技术、谷歌、ADSL 电话线上网技术。2000～2001 年度到 2005～2006 年度，斯坦福大学技术许可上的收益基本保持在 4000 万～6000 万美元。登记公开的发明数量逐年稳步上升，从 277 件上升到 470 件。

4. 技术许可工作的特征

（1）财政自主的商业化运作。斯坦福大学 OTL 在成立的初期，提倡的是一种创业

精神。尽管 OTL 是大学的一个管理机构，但是在财政上它是自给自足的，它所采取的管理模式是一种类似于企业的商业化运作模式，技术许可人员不仅要具有科学技术背景，更要具有在企业工作的商业经验。

（2）少数技术产生大部分的收益。斯坦福大学 OTL 注重开发和推广那些具备很大商业潜力的技术成果。在 OTL 签署的 1271 项许可协议中，只有 4 项许可产生了超过 500 万美元的收益，只有 14 项技术许可产生了超过 100 万美元的收益，其余的许可协议大都只产生了非常少量的收益。

（3）许可助理负责和发明人参与。在 OTL，一项技术申请会交由一个专门的许可助理来审批和推广，他将负责这项技术从 OTL 一直到市场的全过程。同时，发明人会参与从技术发明披露到技术完全产业化的整个过程，即发明人要和许可助理协商该发明的商业化前景、知识产权保护的形式、该发明的许可战略。并且在该项技术进入企业后，发明人也需要向企业提供必要的技术培训和服务，帮助将该技术完全产业化。

（二）斯坦福大学技术许可战略

斯坦福大学在从事技术许可的工作中，采取了一系列的许可战略，既能够使自己的技术许可活动产生最大的经济效益，又能促进大学科研和教学工作。

1. 许可与不许可战略

斯坦福大学并不将所有的技术发明都采取许可的方式进行技术转移。只有那些不影响科研和学术工作、具有潜在的商业价值和市场空间、技术成熟度达到可以实际应用、能够以知识产权的方式给予法律保护的技术发明，才会采取技术许可的方式进行技术转移。作为承担科研和教学任务的研究型大学，斯坦福大学在进行技术许可时，必须要考虑学术价值和商业价值的平衡，而技术的许可情况完全取决于对技术是否有许可前景的评估和分析。

2. 知识产权与技术许可相结合战略

斯坦福大学在技术许可的过程中，非常重视利用知识产权保护（主要是专利保护）与技术许可相结合的战略。知识产权能有效地保护大学的技术成果，使企业与大学进行技术许可时，企业承担的法律风险进一步降低，能使被许可企业获得一定时间的市场垄断权，从而激发企业与大学签订技术许可协议的积极性。斯坦福大学的技术许可的对象包括专利技术、生物材料、版权作品、半导体集成电路版、商标。OTL50% 的技术发明会申请专利，剩下的一部分技术发明会以版权、商标、商业秘密的方式进行保护，最终只有 20% ~ 25% 的技术发明会向企业许可。截至 2005 年，通过 OTL，斯坦福大学总共申请并获得了 1518 件美国专利。

3. 技术许可类型选择战略

斯坦福大学签订的技术许可协议一般分为：独占性许可协议、一般性许可协议、选择性许可协议。影响斯坦福大学具体选择类型的因素为：待许可的技术成果的成熟程度、技术的科学关联性及企业的需求状况。

处于不同技术开发阶段的技术成果会采取不同的许可战略。技术成熟度高、能够迅速实现产业化的技术，往往会采取一般许可协议，授权给多家企业。技术成熟度低、还需要深入的开发和改进工作的技术，往往会采取排他许可，授权给一家企业，以市场的垄断权激励企业引进该技术并深入改造。

科学关联性强的技术，往往是基本专利成果，会对一个产业的发展产生关键性的影响，这样的发明密切关系到社会公众的利益，所以往往会采取一般性许可。科学关联性低的技术，往往是改进专利成果，对公众和产业的影响比较弱，所以会采取独占性许可，以保障被许可企业的市场利益。企业的需求状况也会影响到许可协议类型的选择，若一项技术成果的市场需求程度低，往往会采取独占性许可，反之则往往会采取一般许可或者选择性许可。

斯坦福大学的许可协议根据每一个具体发明成果的技术特征和市场状况而采取必要的修改，没有一个固定不变的许可模式。往往选择性的技术许可也会是半独占性的，即同时授予几家企业在各自的地区享有独占权。斯坦福大学与企业界历年签订的技术许可协议中，一般许可协议占据了大多数，独占性许可协议比一般性许可协议要少得多。这反映了斯坦福大学在进行技术许可的同时，更注重考虑技术许可的社会价值，即通过技术许可促进科研成果的产业化、促进社会公众福利，而不仅仅是其商业价值。

4. 技术许可与应对知识产权诉讼战略

斯坦福大学参与面向企业的技术许可，近些年来一直积极地参与应对知识产权纠纷的诉讼，利用知识产权诉讼保护自己的技术成果。2003 年，Globespan Virata 对斯坦福大学和得州仪器公司（Texas Instruments）提起了针对 Asymmetric Digital Subscriber Line（ADSL）技术的专利诉讼和反垄断诉讼。ADSL 技术是斯坦福大学 John Cioffi 教授的实验室开发出来的，并且以独占性的方式许可给 Amati Communication 很多年，这项技术随后由得州仪器公司于 1988 年获得。2006 年 1 月，专利诉讼案件审判完结，法院认定诉讼主张的专利权利是有效的，Globespan Virata 侵犯了斯坦福大学和得州仪器公司的专利权，判定其给予斯坦福大学和得州仪器公司 1.12 亿美元的损失。通过知识产权诉讼，技术许可办公室更加认识到了技术获得专利保护的重要性，也使专利侵权赔偿成为技术许可办公室另一种新的收入来源。

（三）对我国高校开展技术许可的启示

1. 完善现有技术许可机构，引进相关人员，积极开展技术许可工作

我国高校目前需要做的是完善现有科技管理机构的技术许可职能，展开技术许可工作。在科技政策和科技管理上，需要调动发明人、院系在技术许可上的积极性。同时，科技管理机构应积极发展同企业界的合作交流，充当发明人和企业的纽带，把技术成果向企业界推广。

2. 以知识产权保护技术成果的产业化，以技术许可收益补偿知识产权成本

对企业来说，保证许可的技术受法律保护非常重要，技术成果只有受到知识产权的保护，在从技术向市场的改进中，才能够避免潜在的风险。同样，法律赋予专利的市场垄断权，是吸引企业向大学引进专利技术的重要原因。知识产权是保证技术许可工作能够顺利进行，并最终获得收益的最关键因素。技术许可的成功实施，抵消了大学获得知识产权花费的成本，进而提高了发明者的研究积极性。

3. 技术许可工作要重点开发商业化前景巨大的基础专利

从斯坦福大学技术许可工作的经验可以看出，少数几项发明成果的技术许可带来的许可收益，占据了历年来技术许可总收益的大部分。这样的技术发明往往是在科学上创新性非常高的基础性创造。我国高校由于在技术许可上人力、财力资源不足，可以将重点集中在一些基础性的发明创造上来，通过申请专利保护，将这些基础专利进行技术许可。

4. 技术许可工作要注意实现商业价值、学术价值以及社会公众利益的平衡

技术许可以产生商业收益为直接结果，但同时也标志着科研资源的投入转化成了生产力。斯坦福大学在技术许可评估时，将学术价值也作为许可与否的一个重要考量指标；在技术许可战略的选择上，充分考虑到了许可收益和社会公众利益的平衡。我国高校在开展技术许可工作时，也应注意此类问题。

5. 技术许可要防范和善于应对知识产权诉讼

我国高校如果将大学的技术成果向企业界许可，不可避免地会同外在的企业或个人发生诉讼纠纷。最有可能产生的诉讼形式为：技术许可合同纠纷、专利无效纠纷、专利侵权纠纷。我国高校应提前做好应对诉讼纠纷的准备，在技术发明的公开、申请专利、签订技术许可合同时提前规避法律风险。

**二、全球服务外包浪潮驱动下的中国生物医药研发谋划新版图**

炎热的阳光下，是苏州吴中经济开发区一片繁忙建设的景象；凉爽的空调间内，是一群激情洋溢的科学家在讨论每一个细节和章程。

2008 年 8 月，药明康德新药开发有限公司（WX. NYSE，以下简称"药明康德"）与美国科文斯有限公司（CVD. NYSE，以下简称"科文斯"）签署合作备忘录，双方将选址苏州吴中经济开发区，各以 50% 的股权组建一家合资公司。科文斯首席运营官温德尔·巴尔（Wendel Barr）表示，双方"联姻"后，将在医药研发服务外包领域为全球客户提供更完善的服务。

"这两周，我们双方各派出了一个工作小组，夜以继日地讨论各种合作细节问题，正在将备忘录内容协商、细化。"药明康德董事长兼首席执行官李革对《第一财经日报》表示，"预计今年晚些时候达成这项交易，合资公司的建设工程也在进行，预计 2009 年正式启用。"

　　事实上，药明康德的发展轨迹，仅仅是中国本土合同研究组织（Contract Research Organization，CRO）迅速崛起的一个例证，中国潜在的市场空间以及庞大病患群体正在成为跨国医药公司向中国转移研发环节的驱动力。

　　"科文斯针对这个合资项目，在明年初期投资额将达到约 3000 万美元，这些投资资金将用于运营资金筹备、仪器设备以及最后工程竣工。"温德尔·巴尔说，"今后，我们也将持续投资中国市场，这不仅仅是出于成本因素的考虑，在中国，一批高质量的医药研发服务外包企业正在蓬勃发展。"

　　温德尔·巴尔进一步表示，目前，合资公司的名称尚未确定，预计首期协议期限为 10 年（不排除内部续约选择权），关于资金财务、组织架构等细节问题，将在各项协议条款确定、公司实体正式建成以后透露。

　　对此，李革表示，这一合作项目对于药明康德建立全球性研发外包服务平台至关重要，"借助这个平台，我们将帮助客户提高药物发现的成功率，缩短药物开发的时间"。

　　事实上，像药明康德这样的本土 CRO 企业，正在面临着越来越具有吸引力的市场契机。跨国医药企业和生物制药公司纷纷选择来中国开展新药研发项目，以获得中国庞大的病患人口市场信息和数据，而本土 CRO 企业也在服务外包转移浪潮中迅速崛起。

　　葛兰素史克（中国）投资有限公司大中华区总裁黄秀美 2008 年 8 月接受《第一财经日报》采访时表示："中国是一个令人兴奋的市场，在这个大市场里应该相互合作，现在有 13 亿这么大的人口基数在这里，任何人都不可能单独占领这个市场。"

　　来自国家发改委高技术产业司的一份报告也表明，生物医药研发外包业务有进一步向我国转移的趋势，上海、北京等地区生物医药外包业务继续快速增长。相关统计数据显示，上海浦东新区生物医药外包服务业产值由 2004 年的 2.2 亿元增到 2007 年的 21.4 亿元，增速将近 10 倍，目前，已有 300 余家各类生物医药企业落户位于浦东新区的张江药谷。

　　对此，业内人士认为，巨大的市场潜力、中国本土研发人员不断提升的科研及临床试验能力，正成为跨国生物制药公司向中国转移研发环节的重要因素。辉瑞制药公司全球研发副总裁、亚洲研发总裁杨青对本报记者表示，目前，跨国医药公司在选择合作伙伴时，成本因素固然重要，但并不是首要考虑的因素，毕竟中国的人力资源成本及商务成本也在不断上升。

　　对此，温德尔·巴尔也深表赞同，尽管他始终不肯透露即将启动的合资企业是否已经开展承接全球订单的谈判，但他也毫不讳言，该公司在中国市场的目标是"成功"（be successful），未来将拥有一批逐渐壮大的客户群，包括已经进驻中国的跨国制药、生物技术和医疗器械公司。

　　"我们的服务对这些公司意义重大，这些公司希望进入中国迅速扩大的医疗保健市场，利用病患人口众多这一条件进行全球试验，并分享其庞大的研发外包人才库。"温德尔·巴尔说。

国家发改委有关部门撰写的一份报告中也指出，目前医药行业的外商投资，已经呈现由简单的加工、分装向上下游产业延伸的特点，为降低生物医药的研发成本，跨国制药企业在强化知识产权保护的同时，向我国转移研发环节的步伐明显加快。

"各大跨国制药公司都希望真正分切中国的市场蛋糕，尤其是针对中国的病患研究、开发特有的药品，这也是我们与本土 CRO 企业进行长期合作的原因。"杨青说，"像药明康德，他们不仅科研力量优秀，也非常尊重知识产权的保护，跨国公司希望能够在全球范围内寻找这样的企业进行研发项目外包。"

事实上，在与本土 CRO 企业加强合作的同时，跨国医药巨头也通过设立研发中心来加速拓展中国市场的步伐。阿斯利康、葛兰素史克等跨国医药企业都不断增加在中国的研发投入。

原阿斯利康中国区副总裁伍立杰（James Ward - Lilley）2008 年 8 月对本报记者表示，阿斯利康将按照既定计划，在浦东张江地区建立一个工业园区，包括研发中心，并且整合销售、管理等其他项目元素。

"我们希望在中国进行一些早期的研发，业内人士都清楚，新药一般会先在美国、欧洲等地先上市，但若能使中国早加入到全球的研发的一环当中，就能缩短研发与上市之间的时间。"伍立杰说，"加快研发的进程，不仅能尽早给病者带来好处，还能保证在中国的专利时间。"

业内人士指出，由于全球专利药近年专利保护相继到期等原因，跨国药企必须加大新药研发力度并展开错位竞争。在中国建立研发中心或进行服务外包，则是其加快新药上市时间的"撒手锏"之一。

对此，黄秀美也坦言："时间就是竞争法宝，如果你在中国的速度慢了半拍，在全球研发体系中自然也就落后于他人。"

伴随着跨国制药公司向中国加速研发转移进程，中国也被纳入了全球药品研发体系。业内人士指出，本土 CRO 企业也将通过为全球领先的跨国药企提供外包服务，积累新药研发经验，并为将来建立自身原创药物研发奠定基础。

根据医药领域专业调研公司 IMS Health 预期，中国医药市场未来将迎来快速增长期，至 2012 年，其规模将从 2003 年的 84 亿美元扩大到 460 亿美元。跨国制药公司自然也不会放弃新一轮的增长机会。

2008 年 7 月，阿斯利康与药明康德共同宣布，阿斯利康未来两年将投资 1400 万美元，携手药明康德进行有关化合物合成方面的项目合作。该项目也将成为未来 3 年，阿斯利康在中国进行 1 亿美元药物研发投资的重要组成部分。

来自 IMS Health 的数据显示，2007 年全球生物医药研发外包的市场总值约 200 亿美元，并以每年 16% 的速度增长，预计到 2010 年将达到 360 亿美元的规模。

事实上，跨国制药公司已经将研发服务外包的范围延伸至整个产业链，包括新药产品开发、临床前试验及临床试验、数据管理、新药申请等技术服务，新药研发的整个流程都在陆续向中国转移。

尽管全球服务外包浪潮的兴起，将为中国本土 CRO 企业带来更多机遇。但是，在业内人士看来，由于知识产权相关法规执行力度不够、人力资源依然存在瓶颈等因素，中国本土 CRO 企业依然面对着众多难题。

对此，黄秀美指出，中国在知识产权法规执行方面，应该更透明、更具执行力，这也是跨国制药公司在进行研发服务外包时最在意的问题。"整个行业面临的另一个共同挑战就是人才，在中国的企业，往往是培养出一批人才，很容易流失。"黄秀美说。

2008 年 8 月，在第二届中国生物产业大会上，国家发改委副主任王金祥也指出，中国生物医药领域的自主创新能力依然薄弱。王金祥列举的一组数据显示，从知识产权看，2006 年，在欧盟、美国生物技术专利中，美国占 54.66%，日本占 10.3%，韩国占 1.4%，而我国生物技术领域获专利授权仅为 41 件，占 0.52%。

对此，业内人士指出，印度的 CRO 企业也是在创新药专利保护不健全、产业环境不完备的过程中逐渐蜕变，在新药研发领域开始实现转型，越来越多的跨国药企选择与印度创新性企业结盟或合资的形式，以利用科研人才、成本时间效率、疾病群体以及政策优势。

"中国本土 CRO 可以借鉴印度发展的模式，政策引导和鼓励、企业自发研制创新药，这些都是印度 CRO 成长的积极要素。"杨青说，"实际上，辉瑞在全球范围内挑选合作对象进行研发服务外包时，并不是十分考虑地域因素限制，更多的还是看承接项目的公司管理及研发能力，是否符合我们的标准和需要。"

在葛兰素史克高级副总裁迈克·欧文（Mike Owen）看来，中国也正在成为跨国制药公司全球战略的版图中不可或缺的部分。2008 年 7 月，迈克·欧文在接受记者采访时表示，中国的研发人员往往有独特的思维，这也是难得的优势。"我们中国研发部的主任对于把传统中草药成分进行发现和提纯很感兴趣，若能成功，则意味着很大的研发前景。"迈克·欧文说。

迈克·欧文进一步表示，中国政府对生物医药研发领域的政策支持，也将是这一产业蓬勃发展的优势所在。他说："有时候，政府的态度对完成一个项目起决定性的作用，中国现在对新药的保护依然不足，一旦专利保护等法律制度建立起来，就会起到很大的推动作用。"

### 三、哈佛大学商学院案例——上海生命科学院知识产权与技术转移中心

2011 年 1 月 14 日，哈佛大学商学院管理实践课程教授 Willy C. Shih 及 Vicki L. Sato 率博士生、MBA 学生等人访问上海盛知华知识产权服务有限公司，他们认为盛知华做的工作对中国未来的发展意义重大，随后要求用盛知华的工作来做一个哈佛大学商学

院案例。目前哈佛大学商学院业已完成该商业管理案例，并已于4月28日用作哈佛大学商学院MBA学生的教学。现将案例内容选译如下。

大部分中国企业已经有了一定的经济实力，但是它们对开发早期技术缺乏兴趣。我认为主要原因是中国企业只注重传统商业模式，不了解现代高科技或生物技术的商业模式，即以拥有覆盖全球主要市场的知识产权为前提，将早期技术推进到一定的阶段，然后许可给大公司进行下一步的研发，这个过程能够创造出巨大的商业价值。但是中国企业还停留在"我们马上能够卖什么产品，我们现在可以获得多大的利润？"的阶段。它们非常缺乏具有科研和知识产权背景的复合型商业人才，也没有专门的技术许可部门。由于通常找不到合适的人去洽谈许可事宜，并且即使我们能够联系到公司某些人，对方要么只懂商业而不懂科学，要么只懂科学而不懂商业和知识产权，因此要把技术许可给中国公司十分困难。

——纵刚，上海生命科学研究院知识产权与技术转移中心主任

纵刚最近刚搬进位于上海肇嘉浜路上的一栋漂亮办公大楼六楼的新办公室。他是上海生命科学研究院（SIBS，以下简称"上海生科院"）知识产权与技术转移中心（OTT，以下简称"知产中心"）的主任和上海盛知华知识产权服务有限公司（Sinoipro，以下简称"盛知华"）的CEO。盛知华是在上海生科院知产中心的基础上成立的一家新公司，成立的目标是为中国更多的高校和科研单位提供专业化知识产权管理与技术转移服务。纵刚管理着一个新团队，这个团队的使命在于推动上海生科院的科研成果转化到企业，从而创造出真正的商业价值。这一过程在欧美发达国家的药物研发和生物技术领域是非常普遍的，但在中国才刚刚起步。

新办公室离岳阳路上的上海生科院行政主楼很近。上海生科院的校园内还坐落着新建成的生化细胞所大楼、神经所大楼、与德国马普所共建的计算生物学研究所和其他的研究所。目前，新办公室内还有很多空间虚位以待，纵刚正在积极地为上海生科院知产中心和盛知华招兵买马、扩充团队。

纵刚团队目前只有13人，但他的目标远不止如此。由于中国很多的科研院所和高校尚未重视技术转移工作，纵刚希望上海生科院知产中心的做法可以起到很好的示范作用，为其他希望开展专业化知识产权管理和技术转移工作的科研机构提供成功的案例。或许，在这个示范过程中，上海生科院知产中心可以为更多的中国科研单位和高校提供这类专业化服务，这也是盛知华成立的原因。当然，这意味着纵刚将面对巨大的双重挑战，一方面挑战来自于中国高校和科研院所完全不了解专业化知识产权管理和技术转移工作的性质；另一方面挑战来自于尚未健全但迅速发展的中国知识产权体系。然而正是这种迅速发展给予纵刚希望。如果"中华人民共和国国家知识产权发展战略（2011—2020）"中的改革措施能够得以顺利实施，那么中国的知识产权发展环境将会有巨大变化，对盛知华来说很重要的是要做好定位以应对和把握这种变化。一位

美籍华裔企业家评论道："中国善于引进外来思想，并加以整合使之符合中国国情，佛教就是最好的例证。"

### 中国专利体系现状

1984 年中国通过了首部《专利法》，建立了一个与欧洲和日本相似的体系。中国国家知识产权局（SIPO）负责管理全国的专利事务。中国主要有五种知识产权：专利权、商标权、著作权、商业机密权和新植物品种权。专利授予方式有三种：发明专利、实用新型专利、外观设计专利。发明专利在授予前需要通过实质审查证实其具有实用性、新颖性和创造性，而实用新型专利和外观设计专利则不要进行任何新颖性和创造性的审查。1992 年中国对《专利法》进行了第一次修订和增补，扩大了专利保护范围并将发明专利保护年限延长至 20 年（实用新型专利仍维持 10 年的有效期）。在加入世界贸易组织的前期，为了遵守《与贸易有关的知识产权协议》（TRIPS），中国再次修订了《专利法》。修订后的《专利法》规定专利权人在起诉侵权人之前拥有向人民法院申请责令停止侵权行为的权利。此外，修订后的《专利法》还明确规定了如何计算侵权损失，以及国有企业和非国有企业拥有同等的专利保护权。

自《专利法》实施以来，中国的专利申请数量逐年增加。近 5 年来，专利申请年平均增长率达到 23%。截至 2006 年 12 月 31 日，中国知识产权局受理的专利申请量累计达到近 3 334 000 件，授权专利数量约 1 738 000 件。截至 2009 年，中国已经成为世界第三大专利申请国，其中 90% 是中国国内申请人的专利申请。根据业内人士的分析，即使把在华的外资企业如美国通用电气公司（GE）（中国）的专利申请归为外国企业所有，国内企业，如华为、中兴、海尔等的专利申请数量仍然远高于外国企业。业内人士特别指出，国内申请人的发明专利申请数量与国外申请人的发明申请数量的比率达到 3:1，并且实用新型专利数量远远超过国外公司。

然而，不少业内人士在研究中国申请人的专利后，指出这些专利的质量非常差。在中国政府大力推动下，专利申请数量急剧增加，已经严重超出相应专利服务机构和专业服务人员的承受能力，中国国家知识产权局也不得不培养大批人员来审查专利。由于具有深厚的法律背景又能透彻理解技术的专业人才十分缺乏，因此这类岗位上充斥着大量不具备足够专业技能的行政人员。

增加专利申请数量的压力只能加重困境。纵刚解释道："因为专利申请和授权数量增加得太快，中国国家知识产权局不得不培训大量的人员来审查专利。其中必然会有一些审查员的专业技能达不到标准。结果是他们或者漏检了在先技术，授权了一些很容易被无效掉的专利，或者坚持一些偏离专利原则的严苛要求，只授权范围很窄的权利要求，极大地降低了授权专利的价值。"

### "垃圾专利"的诱因

中国政府非常重视专利数量的增长。由于专利数量是很多政府部门和各类国家和地方组织的统计指标，加之专利审查系统又十分宽松（极少量的在先技术检索，实用新型专利和外观设计专利则无实质审查程序），造成大量的专利申请涌现。此外，许多地方政府支付了专利申请头3年的各项费用，又进一步降低了申请专利的难度。不难预料，有大量的垃圾专利会在3年以后因政府资助终止而导致专利权的放弃。

很多其他因素也造成了中国专利申请数量的增加，其中显著的因素是：政府部门和科研院所的政策所导致的专利的不恰当使用。例如，政府科研基金资助部门通常要求课题组在资助项目结题时有1件以上的专利，致使很多项目负责人为结题不得不申请专利，而根本不考虑专利本身的商业价值。一些大学和研究所规定研究生只有发表科学论文或是申请了专利才可以毕业，这使一些学生为了毕业而不得不申请专利。专利申请其他不恰当的用途还包括：专利可以作为工作晋升或是申报城市户口时的评价指标等。另外，一些地方政府或研究机构规定对每一项专利的申请或授权都给予发明人一定的现金或其他奖励。非常明显，这些政策和规定关注的只是专利申请和授权的数量，却并未考虑这些专利申请或授权专利是否已经被商业化或者是否具有商业价值。

存在这些奇怪的政策和规定的主要原因是政策制定者没有充分理解专利的本质。实际上，递交一件专利申请十分容易，而且只要专利的权利要求范围足够窄，获得专利授权也会非常容易。但是，权利要求范围窄的专利通常毫无价值，因此申请这样的专利完全是浪费资源。尽管如此，除非这些政策和规定得到修正，否则它们还会造成大量垃圾专利的不断产生，浪费大量的社会资源，并给专利申请人带来不合理的申请动机。

中国高校和科研院所的发明人申请专利的动机各种各样。纵刚说："科研院所评价科研人员的主要标准是论文的发表情况和科研工作的质量，专利申请并不是很重要。"中国许多科研院所并不设立终身聘任制，而是采用5~7年的合同聘任制，定期开展科研评估。这就导致科研人员面临巨大的发表科研文章的压力，特别是在上海生科院这样的顶尖研究所。所以，申请专利对于许多科研人员来说并不重要。另外，更为关键的是，由于这些院所缺少经验丰富的技术转移中心，而专利代理机构能够提供的帮助又很有限，这迫使发明人不得不自己撰写专利申请书、答复审查意见、为专利申请提供数据和理论支持、开展专利许可谈判，最终导致专利质量差、成果转化率低和交易质量差。质量差的专利通常保护范围窄，在专利诉讼时无法有效保护专利技术。

由于中国的科研机构很少能从成果转化中获益，所以它们缺少申请高质量专利的动机。对于美国的高校来说，专利许可费用是学校经费的一个重要来源，因为它们有能力将自己的技术许可出去，获得专利使用费和销售额提成，但大部分中国高校和科研院所做不到这一点。实际上，中国科研人员申请专利通常只是为了获得政府科研基金。美国众达律师事务所（Jones Day）上海代表处的知识产权律师 Benjamin Bai 指出："除非高校把自己的专利进行转化，它们才会关心专利质量，但即便如此，真正关心专利质量的也是被许可方，不是高校。目前教授获得科研项目经费主要是基于文章发表情况，只有少数的情况下专利才作为评价因素：即有专利才能获得政府资助。尽管各地政策不尽相同，但是大多数人申请专利只是为了获得政府资助，这造成中国存在许多毫无价值的垃圾专利。另外，教授们申请专利的原因之一，也是因为拥有专利可以使他们表面上看起来很光鲜。这是游戏的一环，但这个游戏的目的绝不是为了专利诉讼。只有当专利是以诉讼为目的撰写时，专利质量才能提高。"

**从专利到转化**

2001 年，中国教育部和原国家经济和贸易委员会联合批准在 6 所一流高校（清华大学、上海交通大学、华东理工大学、华中科技大学、西安交通大学、四川大学）成立国家技术转移中心。2008 ~ 2009 年，中国科技部也指定了 134 家技术转移中心作为国家技术转移示范单位。然而，一些学者指出，这些中心成效不佳，与大学科研处的目标职责划分不明确，缺乏独立性。近来政府对专利申请数量的重视给这些技术转移中心的内部组织架构和运行效率增加了更多的压力。这类技术转移中心的员工通常是行政人员，他们缺乏足够的技能来判断发明是否具有巨大的潜在商业价值或在申请高质量专利方面提供增值服务。因此，大部分这类技术转移中心通常缺乏工作成效。

由于对技术转移工作的复杂本质缺乏充分了解，中国政府部门采用了一种可以被称为"超市"的运作模式，来过分简单化地推动成果转化。例如，许多城市成立的技术交易中心，像超市把货物摆在货架上一样，只是简单地展示需要转化的技术，没有对技术转移提供任何增值服务。另一种情况是政府部门每年投入大量资金在各城市举办成果交易会，将成果进行展示，期望公司参加交易会来找到和许可它们需要的技术，就像顾客到超市选购日用品一样。政府要求研究机构参加技术交易会，交易会的所有费用都由政府承担。然而，许可一项技术与购买日用品完全不同，（即便不是许可一项技术）而只是购买价格昂贵的大件商品如大屏幕电视或汽车，也要比购买一包薯片复杂得多。因此，中国每年有大量的资源被浪费在没有价值的成果交易会上。

与政府把大量资源浪费在成果交易会上截然相反的是，中国科研机构在专业化技术转移运作上投资极少。例如，北京大学和美国康奈尔大学每年都能产生大约 300 项发明，北京大学每年申请约 300 件专利，但仅有 2 人分别负责专利管理行政事务和专利许可事务。相比北京大学，康奈尔大学每年只申请约 150 件专利，然而其技术转移中心拥有 30 多人的专业团队负责管理知识产权和技术转移相关事务。为什么美国大学与中国大学在专业化技术转移团队的投入上会有如此巨大的差异？尤其是考虑到美国的人力成本远远高于中国，它们为什么还要这么做？对这个问题的深刻理解也许能够给中国政府在如何有效地促进技术转移方面带来一些极为重要的启示。

中国科研机构内部技术转移部门规模小和能力低在中国是非常普遍的现象，因此许多科研单位的发明人不得不自行开展技术转移工作，从专利申请书的撰写一直到技术许可谈判。由于发表科研论文和申请专利的数据要求完全不同，发明人通常不清楚如何准备足够的数据以获得更大的专利权利要求范围，或如何撰写一份公开充分的专利申请书。因此他们申请的专利，通常权利要求范围很窄，专利文本的撰写也并非以支持诉讼为目的。

在发达国家，一个典型的技术转移专业人才需要具备独特的知识和技能的组合，即科学、法律和商业的复合背景。通常是以自然科学博士或硕士为起点，然后加上工商管理或法律方面的高级学位，如工商管理硕士（MBA）或法学博士，即使具有这样背景的专业人才也还需要 3 ~ 5 年的工作积累来培养其法律和商业判断力，才能应对技术转移中心工作中的各种任务，包括特定区域许可，筛选被许可方，以及确定合适的市场、客户、商业应用范围（scope of application）和可能的商业模式。在中国，具备这种能力和水平的人才即使在知识产权相关的政府机构和服务行业中也几乎没有。造成这种情况的部分原因可能是中国高中就要进行文理分科的教育体制，这种体制中理科生通常不需要学习社会科学的基础知识，反之亦然。另外，当前中国很少有人会在获得自然科学的博士或硕士学位后再去攻读一个商业或法律的研究生学位。因此，在中国本土几乎难以找到在科学、商学、法律三方面都接受过良好专业训练的人才。

在发达国家，技术转移中心可以将部分工作外包给各种服务机构，如专利律师事务所可以参与在先文献的检索和专利性的判断，法律顾问可以协助起草把技术许可给新公司或大企业的许可合同，风险投资公司和咨询公司可以参与评估专利价值和确定合适的商业模式。然而，在中国，这些服务机构还没有发展起来。如专利律师事务所或资产评估事务所的人员通常技术背景薄弱，导致专利撰写的质量差；法律顾问在与国外公司就专利许可合同或合作研究协议进行沟通或谈判时有很大的困难；评估公司没有能力提供以谈判为目的的专利价值评估，其评估报告的结果常常是根据客户要求的数目而定，主要是为了满足政府的要求而完成；几乎没有风投公司对投资早期技术感兴趣或者了解以知识产权和早期技术开发为基础的现代高科技或生物技术商业模式。

在中国，技术转移专业能力的缺乏，加上利益冲突和不良动机的存在，使情况变得更加复杂。一方面，专利事务所是以专利撰写的数量而不是质量获得报酬，这导致它们倾向于将一件专利申请分为多件专利申请，以便增加专利数量和代理费。这一做法极大削弱了专利的权利要求范围和专利诉讼时的保护力度。另一方面，潜在的国内被许可企业本来应该很关心专利的质量，但通常因注重追求短期回报而对投资早期技术不感兴趣。这些国内企业普遍缺乏必要的技术转移专业人才和研发能力来判断早期技术的价值。而具有丰富技术转移经验的跨国公司对这些低质量专利也不感兴趣，因为它们可以绕道设计。由于上述种种原因，中国科研机构里很多好的早期技术面临着难以被转化的难题。事实上很多具有创新性的好技术由于无法被转化而被白白浪费了，其主要原因是这些技术的专利质量太差，无法给公司或潜在投资者提供有效的保护。

　　一些在国际市场上有较大市场份额的中国公司已经被迫提高其知识产权管理能力。在华为和中兴参与竞争的电信行业领域中，国际电信行业标准要求企业必须获得核心知识产权的许可才能参与行业竞争。对华为来说，早期的诉讼经历迫使其改变自己的策略。5年前华为还鲜有重要的专利，而今日其拥有的专利的数量和质量已经急剧上升，成为全球最大的专利申请人之一。华为目前拥有超过300人的知识产权团队，以诉讼为目的撰写专利，并且已经拥有足够多的高质量专利来与行业巨头如诺基亚、爱立信等企业抗衡。

　　不同行业的技术转移经验差别也很大。在电信行业新老技术交替迅速，许多公司可以越过老技术直接发展新一代的技术。相反，在医药行业，老的专利通常是新一代技术和新专利的垫脚石。一些行业人士认为，中国医药公司的知识产权管理能力与西方竞争对手相比至少落后10年以上。

### 上海生科院技术转移中心：创新改革中国的技术转移

　　"我回到中国后，发现的第一个问题是国内的专利质量太差。如果你仔细看一下中国的专利申请，就会发现它们通常只有短短几页，比如8~10页，大部分只保护了实施例，权利要求范围非常窄，因此这样的专利基本上都毫无价值！"

### 未来目标

　　上海生科院知产中心首要任务之一是发展并完善知识产权和技术转移政策，这为中心以后的运作提供了坚实的基础和指导方针。纵刚计划使知产中心成为一个有效联系科研人员和企业的枢纽。知产中心负责各种合同或协议的谈判，包括专利许可合同、选择权合同、股权合同、保密协议、材料转移协议、合作开发合同等。知产中心也不断在产业化方面促进与企业和投资者的积极合作，还负责处理专利侵权案件并与专利事务代理机构合作。纵刚计划中一个重要部分是有效地管理和避免潜在的利益冲突。

　　随着上海生科院知产中心逐渐成为一个成功模式，纵刚计划未来将盛知华打造成一个专业化知识产权与技术转移服务公司，为中国高校、中科院研究所、其他研究所和企业等提供专业的知识产权和技术转移服务，以促进早期技术的成功转化。与每个单位自己建立一个专业化知产中心相比，盛知华能够更迅速、更高效和更高质量地实现成果转化。纵刚认为盛知华在未来3~5年里有能力每年管理3000~5000件新发明。上海国盛集团——上海市政府的投资公司、国科控股——中国科学院的投资公司和上海生科院都意识到中国急需专业化的知识产权管理和技术转移服务，并愿意为盛知华的发展提供资金和支持。对纵刚来说，这是一件很有意义的事情，既能使有益于社会的创新技术得以产业化，同时又能帮助科研机构实现自身的价值。

### 建立管理过程

　　上海生科院知产中心的最终成功和可持续发展取决于有效实施发明披露和评估、增值、市场推广以及谈判的全过程管理。纵刚围绕技术优点、专利性、市场潜力、发明人四个关键因素建立了一套健全高效的发明评估体系。他认为早期技术的价值都在细节中，因此，仔细地了解发明的技术细节以及在先技术的细节，同时仔细地判断可能的权利要求范围、自由实施度、可维权性、无效可能性分析（针对授权专利）等是判断发明专利性和价值最重要的步骤。在这些工作的基础上，一个高质量专利成功与否还取决于其潜在的商业价值。纵刚团队开发了一套评估竞争产品以及相关专利和非专利技术的流程，以此来判断商业开发步骤和风险、竞争优势和劣势，并最终决定技术的潜在许可前景。

纵刚认为缩短专利评估时间对成功运作非常重要。由于80%～90%的新发明在初始披露时都基本上没有商业价值，纵刚的模式能否被成功地放大取决于专利性和商业价值评估过程中资源的有效利用。目前一个全职项目评估经理平均需要两星期评估一个发明，但他们现在正在寻找缩短评估时间的方法。通常在完成评估后，知产中心会与发明人密切交流并通过为发明人设计后续实验来扩大权利要求范围，以提高发明的质量和价值。例如，将治疗单一适应症扩大到治疗多种疾病适应症，或是使保护范围涵盖一组化合物而不是仅仅保护单一化合物。知产中心还致力于设计实验以降低可能的风险和迅速提高技术的商业价值。例如，得到商业初步可行性实验数据、进行毒理试验、推动药物进入人体试验阶段、获得GMP认证的材料和符合GLP的实验数据或临床试验数据等其他相关信息。

鉴于大部分专利无法被许可出去的原因是由于专利申请的质量差或专利律师事务所的工作质量差而造成的，纵刚认为知产中心的一个极为重要的任务是对专利申请进行全过程管理，从专利撰写到与发明人和专利代理人沟通，每一步都要加以监督和管理，批准和授权专利代理人的每一步操作。中国的专利代理事务所倾向于接受专利审查员的意见，而不愿与其争辩以获得更大的权利要求范围。这些事务所通常对每件专利申请按件收费，因此他们有动机尽量避免更多的工作。然而，即便是对美国和欧洲的专利律师事务所，因为每个专利律师事务所或专利律师的水平参差不齐，纵刚认为监管专利申请过程的每一步也是十分必要的。上海生科院曾经历过许多案例，在这些案例中，假如知产中心没有严格管理专利申请过程中的每一步，专利的价值就会被大大降低。

纵刚团队没有依靠"超市"模式或技术交易会等方式来进行技术市场推广，而是采用了一种更有针对性的市场推广方式，即根据具体技术的特点对潜在被许可方进行仔细的分析研究和挑选，主要考虑其技术开发的能力和经验、商业策略、经济实力、产品兼容性及其现有的市场营销网络等因素。然后项目经理会与挑选出来的潜在被许可方联系，确定他们是否对所推广的技术感兴趣，并协助他们做好复杂的内部评估工作。这样的方式远比把所推广的技术在技术交易机构简单陈列或者将技术的市场推广信息随意发给大量未经筛选的公司更为高效。因为上述方式会带来大量的低效率的工作，例如与那些只想了解技术细节而并非真正对许可感兴趣或是与根本不具备进一步研发能力的公司签订保密协议。

纵刚团队在专利许可谈判时总是自己内部对技术进行价值评估。中国政府的政策导致了许多资产评估公司的成立，其主要目的是在国有机构以专利入股与私有企业成立公司时防止国有资产流失或避免低价转让。政府规定在这种情况下，入股的专利应该由政府认可的资产评估公司对其进行价值评估，同时，评估报告应由政府指定的机构批准。但非常奇怪的是，对于现金结算的专利许可交易却没有这样的要求。

纵刚认为：这种政策的出台是基于专利是有固定的价值这样的一个错误理念。实际上，精确衡量一个专利的价值十分困难，特别是对那些离市场很远的早期技术，因为在市场化的过程中，这些技术的价值可能会受到很多种不确定因素的影响。价值评估通常是基于一系列假设而得到的一个粗略估计。一个专利的最终价值通常是由交易双方谈判而确定的，而且经常会根据不同被许可方的具体情况而改变。由于通过改变假设可以很容易地改变专利价值，资产评估公司通常会根据客户要求的价值数来撰写专利价值评估报告。所以这种价值评估报告除了满足了政府的要求外并不具有任何实际价值，因此，这种政策不但不能有效防止国有资产流失，而且还因审批过程漫长，给试图抓住转瞬即逝商机的真正想进行成果转化的企业造成了巨大障碍。

在中国，很多的许可交易仍采用一次性付款方式。这种交易方式不仅非常难做，而且对交易双方都有很大的风险。在对被许可方信誉和诚信度了解的前提下，纵刚团队通常采用国际通用的阶段付款的交易结构，包括入门费、节点费和销售额提成等，这样许可方和被许可方可以共同承担风险。2010 年，纵刚团队将一项专利技术在美国和欧洲的部分权利许可给赛诺菲公司，总合同金额达到 6000 多万美元，外加销售额提成。这个消息公布之后，被广大媒体争相报道，大家都感到十分震惊和困惑为什么一个如此早期的技术能有这么大的价值。但对纵刚来说，这项交易非常普通，只要知产中心坚持以合理的原则进行价值评估和谈判，未来将作出更多类似的或更大金额的交易。纵刚将一些基本原则融入技术转移中心谈判的实践中，以公平公正为基础、始终寻求双赢的解决方案、创造性地解决双方合理的顾虑，以及重视建立长期合作关系。纵刚还发展了一套在合同谈判时检查和权衡重要法律条款的体系，包括尽责条款、报告责任、保密信息处理、发表权、免责条款、侵权责任、保证条款、合法审判地以及终止权等。

**企业合作**

在中国经济蓬勃发展的环境下，上海生科院知产中心需要与能够实现技术产业化的重要企业密切合作。由于国内企业更加关注短期内即能够产生销售额的技术，如果没有跨国公司的参与，把发明成果从实验室推向市场会很困难。除了与国内企业建立密切联系之外，上海生科院知产中心目前已经与赛诺菲、辉瑞、诺华、葛兰素史克、拜耳等跨国公司建立了密切的合作伙伴关系，并开展了多项合作研究项目。

在与企业合作的过程中，特别是资助研究项目，大多数中国科研单位都完全或部分放弃了自己在这类项目中产生的知识产权。相反，纵刚已经与跨国企业谈判过许多资助研究项目，获得了更公平的、类似于美国大学与企业典型合作模式中的知识产权条款。这些条款包括谁发明谁拥有的原则，即如果发明人都是上海生科院的员工，上海生科院可以独家拥有在这类项目中产生的知识产权；资助企业可获得上海生科院独家拥有或共同拥有的专利权的独家选择权，即在一定的时间内可以独家评估是否需要许可和是否开始许可谈判；如果在一定时期内上海生科院与资助企业在友好诚信的基础上没有达成许可协议时，上海生科院拥有将该知识产权许可给第三方的自由权利。在获得这样公平条款的同时，上海生科院始终与这些大公司保持了良好的合作关系。

**盛知华：为未来做好准备**

"在过去的二十多年里，中国已经稳步建立了知识产权的保护制度，以保护其在目前发展阶段的自身利益并满足其国际承诺。中国已经加入了许多国际知识产权保护协议，并起草和颁布了国内专利法。目前中国已经逐步在法院中建立知识产权案法庭、执法程序和培训体系。"

当纵刚在思考着他心中上海生科院知产中心和盛知华的发展前景时，他也在不断关注着在这个发展体系中各组成部分的需求。将盛知华打造成专业化的技术转移公司来帮助国内的高校、科研院所和公司实现早期技术的商业化的确是一件十分困难的事情。困难一方面来自人才的缺乏，但是更大的挑战来自中国研究机构的领导层对专业化的知识产权管理和技术转移服务还很不了解，他们还没有发现盛知华的价值所在。纵刚需要精通法律知识和具有商业头脑的高学历的科学人才，这类人才的综合能力需要很多年才能发展起来，并且这种能力对于在中国从事商业活动的大型跨国公司越来越有价值。纵刚到哪里去招聘这类人才、如何培养他们？更重要的是，如何激励这些人才使之留在盛知华长期发展？即便是解决了人才的问题，他应该如何向中国高校、科研院所和企业的领导层证明盛知华服务的价值所在，并说服他们委托盛知华对其发明进行管理和技术转移？这些领导层对盛知华的服务会有哪些疑问和顾虑？纵刚吸引这些科研机构的策略应该是什么？

纵刚认为盛知华的成功取决于找到自身可持续发展的商业模式。这就意味着公司需要了解国内企业和跨国企业的需求和关注点，而通常国内外企业的需求差别很大。因为中国专利保护环境较差，许多国外公司不认为申请中国专利有价值。但也有些外国公司会申请中国专利。例如世界上最大的两家航空业巨头——空客和波音公司，在2005年改变了它们的策略。"这两家公司之前在中国几乎不申请专利。但是当中国政府在2005年提出要制造国产大飞机之后，这种情况突然发生了改变"，中国国家知识产权局专利管理司马维野司长解释道，"他们急切申请专利的意图并不是为了促进中国企业的技术创新，而只是为了维护它们的市场份额。"

国内企业仍然对于低风险、见效快的技术更感兴趣而不愿意获得早期技术的许可。将早期技术成功商业化是否意味着加剧国内企业和跨国企业的竞争？或者意味着让跨国企业将早期技术商业化和证明其价值后，再让国内企业采用跟随和模仿的方式在国内市场进行商业化？毕竟上海生命科学院还保留着许多技术的国内专利许可权。纵刚应该如何转化手中的国内专利？什么是能够让中国企业对早期技术感兴趣的正确策略？

# 第三部分　战略篇

# 第十章 技术转移战略

## 10.1 技术转移的战略背景

### 10.1.1 技术转移战略的产生

技术转移最初是在 1964 年第一届联合国贸易和发展会议上提出的，作为解决南北问题的一个重要策略，会议将国家之间的技术输入和输出统称为技术转移。从技术输入方在技术引进过程中的行为角度分析，国际技术转移的过程可以分为技术的获得、对新技术的消化吸收和基于引进技术的创新三个阶段，即技术在新的环境中被获得、利用、改造开发的完整过程。技术转移的第一阶段是技术的获得，也是技术转让方和技术引进方的相互博弈阶段。引进方需要根据自己的需求、能力、优势、劣势等因素搜寻相关技术，转让方也会遵循自身利润最大化原则确定技术输出的具体内容、价格和方式，双方在成本和收益的初步估算基础上作出决策，达成技术转移的意愿。

衡量技术转移的效果通常有三条标准：第一，引进规模，即引进方引自外国的技术总量；第二，是否成功地吸纳了所转移的技术；第三，是否引进了合适的技术。

技术经营（Management of Technology，MOT）是技术创新的基本环节，也是我国技术转移中的薄弱环节。其将企业价值链中包括经营、人事、信息、营销、开发、采购、生产、物流、售后服务等业务过程中涉及的全部技术环节进行系统整合，是把"研发力和经营力有机结合起来，使其实现良性互动，以达到提高企业和国家竞争力目的的一门学科"。其最早出现于"二战"之后，在 20 世纪 90 年代得到迅速发展。

技术经营的兴起是为了解决研发活动中存在的"死亡之谷"问题，即"很多研究成果没办法走向市场，被埋没在从基础研究到商品化的途中"，其主要目标是保障科技成果商业化的顺利实施。随着科技创新的快速发展，科技成果及其知识产权在生产要素中的主导作用越来越突出，传统依赖资源、资本、劳力的工业化模式逐步向依赖知识、人才、信息的创新发展模式转变，并推动知识与经济的全球化发展。这种发展范式的重大转变，使得蕴藏于科技成果及其知识产权中的"知本"也可以像资本一样，在市场中得到运作。发明、专利等知识产品正逐步代替实体技术产品，成为技术转移产业链条中的核心要素。❶

## 10.1.2　技术转移战略的发展与深化

在经济全球化的背景下，只有将创新优势转化为知识产权优势，才能形成长久的市场竞争优势。尤其是在后金融危机时期，知识产权不仅是企业应对危机的"保护伞"，更是企业化危为机的"强心剂"。企业的专利战略，指的是企业基于自身技术研发、技术储备和需求，为了应对市场竞争，运用专利制度，有效地维护和提升企业技术优势，谋取企业经济利益最大化的整体战略。

企业和组织运用知识产权制度的程度及其成功率，能够反映出社会发展的类型。如果知识产权仅仅被用于约束他人，而未被用于尝试发展合作关系，那么知识产权就未能实现全部潜能。知识产权的运用程度或其成功率，可以作为企业知识产权熟识度的量尺。知识产权被用于发展合作关系也是一种技术的战略转移。

企业的知识技术战略立足于未来的发展，其成效厚积薄发，有时在短期内不仅无法取得明显的效益，反而必须为了维持专利的所有权而支出巨大的费用；需随着不断的积累，再配合有效的管理运作，专利的无形资产价值才能充分体现且为企业赢得利益。然而，并不是所有的专利都能在积累和运作中为企业带来经济效益。我国的企业和科研院所每年都投入大量的资本进行科技研发，但是对所取得的研发成果却没有很好地运用专利制度进行保护和运营，申请专利的部分技术，大多也被闲置，没有充分地商品化，为自己带来利润。事实上，每一项专利的产生都必有其存在的价值，只要能够从实际出发，制定相应的专利技术转移战略，必定能够带来可观的利润。

对于我国的大多数中小企业而言，专利的申请与管理主要是为了"防御"，即不会因专利的不合理使用而陷入"专利门"。事实上，成本控制与防

---

❶ 董丽丽. 国际技术经营新趋势下我国技术转移战略研究：以美国高智发明公司为例 [J]. 科技进步与对策，2014，31（15）：15 - 18.

御有着密切的关系。企业的专利申请也并不是越多越好，申请无用的专利只能造成企业维持专利费用的无谓支出，毫无价值。企业在专利战略的制定中要尤其注意专利技术的质量，在申请专利的同时不仅要考虑到成本控制，同时更要根据未来的战略规划期限内的产品市场发展方向，考虑到专利技术的利用与管理，制定适合的专利技术申请战略。

技术转移伴随着知识产权的产生、发展与深化，可以说技术转移是实现知识产权经营的有效途径。然而，我国在强调创新、提高国民知识产权意识的过程中，却对知识产权应转化为经济效益这一理念认知不足。我国只有将知识产权转化为生产力，方可成为真正的科技知识产权大国。对于知识产权的拥有者个人而言，花费了巨额的资金，付出精力取得的知识产权无法为自己带来效益，不仅损失了资源，更会打击个人发明创造的积极性；对于企业来说，技术转移是企业将已有的知识产权、科研技术得以转化为经济效益的手段，也是能够减少企业的知识产权维护支出的成本控制方法；对于一个国家来说，做好技术转移战略不仅仅是能够提升国家科技竞争力的手段，更是促进我国科技成果转化、实现科学技术产业化、加强国际交流合作的重要手段。

### 10.1.3　技术转移与企业专利战略

技术转移贯穿于企业的整个专利战略之中：在专利的获取中，只要涉及委托开发、专利技术的引进等，就会发生专利技术转移；在专利的保护中，有时在专利的侵权诉讼中，可能达成交叉许可的和解协议，发生专利技术转移；在专利经营战略实施中，专利技术转移的活动时常发生，而企业的利润也可以从这些专利转移中获取。

企业的专利技术转移可以划分为被动型与主动性两类。被动型的专利技术转移一般是偶发的，比如专利侵权诉讼中发生的专利技术转移，此种转移可能为企业减少损害，但一般不会为企业带来太大的利益；主动型的专利技术转移，主要指企业为追求利润而有意识地进行专利技术转移活动，此种技术转移与企业专利战略紧密相关。

企业在制定专利战略时，应当有意识地考虑到专利技术转移活动。专利技术在专利经营战略中占主导地位，且在专利获取战略和专利保护战略中都有可能涉及。此外，专利技术转移活动也影响企业专利战略的实施和推进。在企业确定专利战略后，企业的专利技术转移活动原则上应遵循企业专利战略，否则即会与企业的发展方向相悖；而专利技术转移活动是直接与市场打交道，企业在其中可以获知最新的市场信息和技术信息，从而修正或推进专利战略的实施。由此可见，企业专利战略指导企业专利技术转移活动，而企业专利技术转移活动则是企业专利战略实现的主要途径之一。❶

### 10.1.4 技术转移政策借鉴与比较

知识产权管理是指权利人为维护其合法权益并保证其知识产权不受侵害而进行的活动，以及为使其智力成果发挥最大的经济效益和社会效益而制定各种规章制度、采取相应措施和策略的活动。技术转移则是权利人对其拥有的知识产权所进行的市场化、公司化、资本化的活动。从世界范围来看，以知识产权立法手段规制技术转移的体制、机制和模式，并形成技术转移的法律政策资源支撑，从而实现知识产品和科技成果权利人的利益平衡，是美国、日本等发达国家广泛采取的手段，并在法律体系、实施机构、运行机制等方面形成了具有借鉴意义的知识产权和技术转移运行体系。❷

（1）美国的技术转移政策

20世纪70年代，美国的制造业逐步被日本、西欧及新兴工业化国家赶上，其在世界经济体系中的领先地位受到威胁，贸易赤字与失业率居高不下。当时，美国所有接受联邦政府经费资助的研发成果依法均归属联邦政府，非经核准不得加以应用。且研发成果亦限制以专有授权方式转至私营企业，从而降低了私营企业利用政府研发成果的意愿。另外，美国当时的专利政策缺乏一致性，不同政府部门、不同联邦实验室各有其专利授权政策。这些法令政策上的障碍，造成了联邦实验室或联邦政府资助的科技项目的研发成果无法得到有效商业化。因此，美国将实验室研究成果向产业界转让视为提升国家竞争力的重要手段，尽力在政策与法律环境方面提供良好的技术转让条件。

1980年，美国国会通过了《史蒂文森－怀德勒技术创新法案》。这是美国第一部定义和促进技术转让的法律。它允许联邦实验室将技术转移给产业界，并要求其在产学研技术合作中发挥积极作用；要求联邦实验室对外发布信息；在主要的联邦实验室内部成立研究和技术应用办公室（ORTA）；在国家信息技术中心（NTIS）内部成立联邦技术利用中心，协调各联邦实验室ORTA的工作；要求将联邦实验室预算的0.5%（后修订为充足的经费）用于支持技

---

❶ 陶鑫良. 专利技术转移［M］. 北京：知识产权出版社，2011.
❷ 刘群彦，邱韶晗. 发达国家知识产权和技术转移管理机制及启示［J］. 中国高校科技，2015（5）：46－49.

术转让活动；设立了国家技术奖，由总统授予在技术创新和技术人才培养方面有突出贡献的个人或者企业。联邦实验室技术转移联合体，是联邦政府推动联邦政府支持的研究成果向地方政府和企业转移的主要措施之一。联邦实验室技术转移联合体采用网络服务方式，将政府实验室研究成果与各级政府和企业相联，发布联邦实验室的技术转移与合作项目，同时将地方政府和企业的需求反馈到相关的实验室。联合体的运转经费来源于政府拨款。

美国政府为联邦实验室的技术转移活动提供的有力支持，使科技成果和商业更好地结合在一起，从而形成了对经济和社会发展的强大动力，也给企业带来了优厚的利润。反过来，企业的发展又对科技的发展产生了强大的牵引作用，使美国的经济和科技实力都有了显著的提高，有力地加强了美国在全球的经济战略优势地位，促进了人民生活水平的提高，产生了非常显著的经济和社会效益。例如，美国农业部农业研究服务机构（ARS）研制成功的"蜻蜓"昆虫捕捉器较之传统的化学药剂更加环保；国防部空间和海军战斗中心的科学家发明了一种高性能显示器，并和工业部门合伙进行开发，这种技术在军事上和商业上都产生了极大的影响。

20世纪80年代初，美国经济遇到了来自日本和德国的严峻挑战。为了提高美国产品的竞争力，美国采取了科技引导战略，制定了一系列的法规措施促进科技进步，其中一项重要的措施就是促进科技的商业化进程，其中最有影响力的就是《拜杜法案》。该法案主要针对以大学为主的基础科学研究部门的科技商业化，解决了科技商业化过程中的一些主要问题，大大促进了美国高校的科技商业化进程。《拜杜法案》在美国技术转让立法史上具有划时代的意义，在这个法案及其相关修订法的激励下，美国的大学与产业界的合作情况大为改观，大学开始在科技和经济的互动发展中扮演重要的角色。

《拜杜法案》主要以大学、中小企业和非营利研究机构为规范客体，允许上述类型机构对政府资助所得的研发成果拥有知识产权，并可以专有或者非专有方式授权给产业界，进行技术转让；研发成果的运用须符合美国工业优先原则，即该研发成果之商品必须在美国境内生产、制造；有关发明的描述受到法律的保护不向公众扩散，《信息自由法》要求为专利的申请提供合理的期限；联邦政府在一定条件下（取得专利的机构在合理长的时间内未有效实施该发明；或未能满足国家安全或者公众合理使用该发明方面的要求；或成果转让违反了美国工业界优先受让的原则）可使用介入权。《拜杜法案》的出台，使美国大学立即形成一股技术转移热潮。据大学技术管理联合会（Association of

University Technology Managers，AUTM）统计：1980 年，美国只有 20～30 所大学积极参与技术转移；而 2000 年，已有 200 多所大学加入 AUTM；《拜杜法案》通过前，美国大学每年申请的专利数不超过 250 项，而自 1993 年以来，美国大学年均申请的专利数在 1600 项以上，最近几年则连续超过 2000 项。由于《拜杜法案》的实施，美国大学的科技转化成果逐年提高。根据 AUTM 对美国主要大学的调查，1985 年，美国大学获得专利 589 项，到 2001 年，达到 3721 项。2001 年，签订技术转让合同 4058 项，技术成果转让费达到 10 多亿美元，新成立公司 494 家。由大学技术商业化对 GDP 的贡献在 500 亿美元左右，为近 30 万人提供就业岗位，并产生 50 多亿美元的税收。

1982 年颁布的《小企业创新法》，设立了小企业创新研究计划，要求政府机构对与其任务相关的小企业研发提供资助。1984 年的《国家合作研究法》，允许两家以上的公司共同合作从事同一个竞争前研发项目，而不受《反托拉斯法》的限制，并成立了若干个大学和产业界组成的技术移转联盟。1986 年的《联邦技术转移法》，是《史蒂文森 - 怀德勒技术创新法案》的补充法案，提出公办公营（GOGO）联邦实验室可以同大学及企业建立 R&D 合作；实验室负责人有权与企业签订合作协议，建立合资企业，推广实验室的技术等。1987 年《12591 号总统令》，确保联邦实验室和政府机构通过转让技术支持大学和私营企业。强调政府对技术转移的承诺，并促进 GOGO 实验室在法律允许的范围内签署合作协议。此外，美国与技术转移有关的法律 还有 1988 年《综合贸易与技术竞争法》、1989 年《国家竞争力技术转让法》、1991 年《美国技术卓越法》、1992 年《小企业研发加强法》、1995 年《国家技术转让促进法》、2000 年《技术移让商业化法》等。❶

（2）日本的技术转移政策

日本实施集专利技术开发、引进、转让于一体的主体化知识产权战略，是日本企业经济实现飞跃的成功经验。日本企业专利管理工作被视为企业发展、竞争、再创业发展战略的重要组成部分，它们视知识产权为一种经营资源。其知识产权战略主要包括：重视海外专利申请，进攻他国市场；注重技术的消化与吸收，并不断加以改进创新；将专利战略作为企业生产经营战略的重要组成部分；促进专利发明商品化发展。日本在专利实施方面一直居世界前列，其平

---

❶ 邬文兵，闫涛. 北美主要国家技术转移政策比较［J］. 管理现代化，2006（2）：61 - 63.

均实施率为 52%，远远高于世界平均水平。[1]

要想引进好技术，确保技术引进在经济发展中的作用，既要避免缺乏资金难以购买到技术，又要避免持有充裕资金但找不到合适的新技术源。日本政府不仅制订了一系列技术政策，而且采取了一整套手段来保证政策的实施，充分发挥技术转移在经济中的作用。日本的技术转移手段主要包括指导培训手段、经济手段、情报手段和基础手段四大类。

首先，指导培训手段是直接将技术变成人的本领，是技术转移情况下必须考虑的方法。在这种手段中最重要的是提供资金，减少税收，帮助企业培训有关人员。其次是经济手段，包括财政金融手段、通商手段、税收手段。在这种手段中最重要的是各手段的联合使用和互补性。再次，情报手段是实施技术转移政策的重要支柱。没有可靠的情报源，没有顺畅的情报流通渠道，要实施技术转移政策是不可能的。为了使情报手段生效，日本政府非常重视技术知识的普及和科技研究成果的普及，改变人们的价值观，使情报手段合理化、现代化。最后，基础手段是指促进技术转移吸收消化的政策手段。这一手段包括创立技术革新氛围，形成技术转移代理人，建立信息产业，培养大量科技人员等。这些基础手段的运用与发展，对促进技术转移的高层次发展起到推动作用。[2]

（3）我国技术转移体系演进及特征

我国技术转移的实践由来已久。无论是晚清洋务派主张的"师夷长技以制夷"的改良运动，抑或是新中国成立初期苏联成套设备及工业标准的引进，还是改革开放以来在市场经济下的自主创新之路，虽然每阶段的技术转移主体、范围、技术来源等不尽相同，但从时间序列上它表现为不断完善的发展过程。一直以来，学术界对我国技术转移体系演进阶段的划分争议颇多。按照技术转移所处的历史时期及特点，新中国成立以来我国技术转移体系演进可分为四个阶段。

第一阶段（1949 年至 20 世纪 50 年代后期）是单纯国际技术转移及推广阶段。新中国成立，百废待兴，工业技术水平极为落后，国家为发展民族工业，以出口初级产品的方式从苏联及东欧社会主义国家进口成套设备及技术。随着一批批技术及设备的引进，加速了新中国工业化的进程，构建了以石油、

[1] 中国电子商务研究中心. 电子商务环境下企业的知识产权战略分析［EB/OC］.（2010 – 04 – 21）. b2b. toocle. com/detail – 5112178. html.

[2] 贾蔚，高鹏. 日本技术转移政策及其启示［J］. 沈阳化工，1998，27（3）：5 – 7.

冶金等为基础的现代工业体系。

第二阶段（20 世纪 50 年代后期至 1978 年）为国内技术转移萌芽阶段。在这一时期，我国与苏联关系紧张，技术引进几乎处于停顿状态。这时我国一方面加强对前期引进技术进行消化吸收再创新，加大国内技术转移力度，促进了中西部科技的发展，为我国调整技术转移战略提供了契机；另一方面与欧洲资本主义国家及日本建交，以技术交流的方式从这些国家的民间组织引进技术，建立了我国轻工业体系，进一步完善了重工业体系。

第三阶段（1979 年至 20 世纪 90 年代初期）为技术转移政策发展阶段。十一届三中全会后，我国开始改革开放，进一步促进了我国技术转移的发展。国务院于 1980 年颁布的《关于开展和保护社会主义竞争的暂行规定》首次对技术转让进行了规定，随后国家科委又颁布了《关于我国科学技术发展方针的汇报提纲》《加强技术转移和技术服务的通知》等法规，催生了相关技术转移政策及法规和技术市场的诞生，我国技术转移政策体系建设进入了一个崭新的发展阶段。

第四阶段（20 世纪 90 年代初期至今）为我国技术转移体系全面发展阶段。自 1992 年之后，我国继续推行改革开放战略，在加快高新尖端技术引进的同时，促进成熟技术在国内扩散，以企业为主体的技术转移体系初步建立。2006 年，国务院发布《国家中长期科学和技术发展规划纲要（2006—2020年)》的提出，标志着我国技术转移体系建设进入全面发展阶段。❶

（4）我国存在的问题与差距

我国的技术转移的政策初步成型，正在不断地深化发展中，但是没有形成完善的专利转移管理体系。科技部、国家知识产权局、商务部等多部门职责重叠，缺乏协调机制；对技术转移机构的定位及其主管部门的规定模糊；没有合适的部门对专利的价值作出恰当的评估，导致专利技术由于买卖双方的沟通难以进行而无法实现其应有的价值，为我们的社会服务；各机构与企业以自身利益为主，对很多实用但经济效益不大的专利的舍弃，造成人力、物力等各方面资源的浪费；现有的技术转移从业人员的知识结构难以满足国内技术转移的需要。

总的来说，我国的技术转移体系仍处于入门阶段，提升的空间很大，有待解决的问题很多，在探索前进的道路中任有许多的弯路与风险，应积极了解国

---

外发达国家技术转移体系建立完善的实例，结合本国的实际情况，走出属于自己而富有特色的技术转移强国之路。

## 10.2 技术转移战略的必要性

### 10.2.1 国内现有专利状况的现实需要

根据《2011 年中国有效专利年度报告》公开的数据，截至 2011 年底，我国有效专利共计 2 739 906 件。其中，国内 2 303 015 件，同比增长 26.2%，占总量的比重较 2010 年提升 1.7 个百分点，达到 84.1%；国外 436 891 件，同比增长 11.8%，占总量的 15.9%。从专利类型看，有效发明专利 696 939 件，同比增长 23.4%，占总量的比重为 25.4%，较 2010 年下降 0.1 个百分点；有效实用新型专利 1 120 596 件，同比增长 30.6%，占总量的比重达到 40.9%，较 2010 年提高 2.2 个百分点；有效外观设计专利 922 371 件，同比增长 16.3%，占总量的比重为 33.7%，较 2010 年下降 2.1 个百分点。国内有效专利构成结构不均衡，实用新型和外观设计专利各占到国内有效专利总量的 48.2% 和 36.6%，而创造水平及科技含量较高的发明专利比重相对较低，只有 15.3%。而国外在华有效专利则是以发明专利为主，其占到国外有效专利总量的 79.1%，外观设计专利占 18.4%，实用新型专利所占比重仅有 2.4%。从有效专利的维持时间来看，中国发明专利平均维持时间要短于国外。国内发明专利平均寿命在 6.9 年，实用新型专利为 4.1 年，外观设计专利为 3.2 年；国外发明专利平均寿命为 10.3 年，实用新型专利为 5.9 年，外观设计专利为 6.3 年。❶ 从发明专利有效期维持时间指标来看，我国发明专利有效期维持时间要比国外在中国的发明专利有效期持续时间短，表明我国发明专利的平均核心技术程度或经济价值相对要低一些，发明专利拥有者普遍不愿意承担专利费用，在比较短的时间内就选择了终止发明专利保护。我国专利数量在国际上已经位居世界前列，表明已经整体形成了较强的知识产权保护意识和专利创造能力。但与此同时，我们还需要客观冷静地对待数量上的大幅提升，学会将专利技术转化为可为我国发展带来贡献的实用技术。

我国近年来专利申请数量不断增多，但利用率却不是很理想。在建设创新

---

❶ 田屹，李凤新，刘磊. 2011 中国有效专利年度报告［J］. 科学观察，2012，7（5）：1 - 30.

型国家战略的引导下，我国对专利技术越来越重视，技术转移体系得到了快速发展。但对专利技术研发的投入与所取得的经济效益不平衡，众多的专利技术被束之高阁而无法对经济作出有效的贡献，内耗严重。技术转移体系的低效率仍是我们必须认清的现实和有待解决的重要问题。正如诺贝尔物理学奖获得者杨振宁教授说过的那样："中国已经掌握了世界上最先进最复杂的技术，如卫星和火箭技术，但中国最失败的地方，是没有学会怎样把科技转化成为现实的经济效益。"在科技迅猛发展的今天，追求更高科技、创新的同时，认识并厘清我国的专利体系内容、特征、缺陷，构建具有本国特色且符合国情的技术转移体系，降低内耗，提高专利转移体系效率是我国现有专利状况的现实需要。

### 10.2.2　参与国际竞争的需要

经济全球化的大背景下，国际技术转移已经成为我国国家创新体系建设的重要环节。但新技术革命的到来，使得当今的国际技术转移呈现出日趋复杂化，技术转移服务社会化、专业化，地区不平衡性持续扩大等一系列新特征，我们必须站在创新型国家建设的高度，在深刻理解当代国际技术转移的过程和影响因素的基础上，及时调整国际技术转移政策，提高国际技术转移绩效。

通过技术转移来分享知识创新的成果是一件有利于社会与国家的好事。对当今这个复杂而相互依存的世界尤其如此。以人们对气候变化的关注为例，当今世界上没有任何一个国家能够独自处理好这个复杂的困境，而技术转移对此尤为重要。政府间气候委员会将技术转移阐释为："一种涵盖了在不同利益相关者之间交换知识、金钱和商品的普通方法，其导致了适应或减缓气候变化的技术的传播。为了尽可能使用最广义和最概括的概念，使用'转移'一词，以囊括国家内部和国家之间的技术扩散与合作。"

技术转移是将知识与发明创造转化为生产力的重要方式，是国家创新体系的重要环节。在知识经济的大潮中，技术合作日益紧密，技术竞争愈演愈烈，但无论是合作还是竞争，技术转移都在发挥着越来越重要的作用。技术转移正在改变世界，改变我们的生活。

技术转移是一个复杂的过程，它涉及技术、人才、金融、市场和法律等诸多方面的要素，构造创新体系的微生态细节，并在快速地演进发展。发达国家一贯重视技术转移，美国和欧盟的主要国家早已构建起具有本国特色的技术转移体系。我国虽然也相继出台了《合同法》《促进科技成果转化法》《科学技术进步法》等法律法规，成立了数个国家级的技术转移中心和技术交易市场，但在技术转移上仍处于探索、模仿和学习的阶段。

我国的专利申请中，很多技术由于缺少中试环节而被束之高阁。在解决技术成果转化和资本投入的衔接缺口方面中试肩负着重大使命。从政府角度而言，资金也有限，不可能对所有的技术转移都提供专项资金支持。建议政府促进风险投资在我国的发展，具体包括对风险投资企业实行税收优惠，提供担保，并对其采取倾斜的政府采购政策等。❶

知识产权是技术转移的关键保障，而技术转移则是知识产权的生命力。作为知识产权最重要的组成部分，专利的实施、许可和交易是技术转移最核心的内容。近年来，我国的专利申请量不断攀升。世界知识产权组织发布的2015年全球创新指数报告显示，我国以47.47分位列榜单第29名，与2014年排名持平，在中高收入国家中排名首位。据我国2015年8月15个副省级城市发明专利申请量、授权量的统计数据，2014年全国的专利申请400多万件，其中通过的有100多万件。如此多的知识产权，如果能真正转化为生产力，有效地融入产业升级中，实现的经济价值将是十分巨大的。然而，数量无法代表实力与价值。无法有效地实行技术转移意味着大量的专利技术被浪费，同时，在专利从发明到产生经济效益的过程中，需要大量的资金投入和大批的劳动力，此过程中造成的资源浪费是难以想象的。因此，把专利转移战略作为一项国家战略十分必要。

## 10.3 技术转移战略的制定

### 10.3.1 技术转移战略的准则制定

（1）转变理念，推动技术创新各环节技术资源的国际流动

现代技术发展的国际化趋势使得国际技术转移的空间已经从单纯科技活动成果的流动拓展到技术创新全过程中的资源全球化配置，在这样的背景下，任何一个国家都无法关起门来搞创新，技术发展上的自力更生越来越脱离现实。作为后发现代化国家，我们必须充分认识到现代技术创新资源全球流动的趋势，抓住机遇，充分发挥后发优势，拓展国际技术转移空间，积极推动技术创新链条各个环节在全球范围内的资源整合。要充分利用跨国公司社会化协作程

---

❶ 乔翠霞. 国际技术转移的新变化及对中国的启示 [J]. 理论导刊, 2015 (6): 48-54.

度高、产业链条完整的特点，鼓励跨国公司研发环节的技术资源转移。通常跨国公司会根据各国资源禀赋在全球布局其研发、生产、销售和售后等整个产业链条，我们需要通过政策引导、鼓励跨国公司研发资源在我国的落地，并通过聚集效应带动整个产业研发资源的集聚和研发能力的提升。要加强国内外产学研机构的交流，积极推进国际性协同创新平台的建设，吸引国际前沿技术创新资源的深度参与，提高我国创新平台的研发能力。主动参与国际技术交易市场，通过全球知名的国际技术交易平台了解国际技术转移的前沿信息。继续组织推动更多像"中国国际技术转移大会"这样的国际技术交流平台活动。

（2）加快技术转移中介服务体系建设，提高技术贸易服务能力

当代技术创新过程的复杂性和技术成果的专业性，加之各国技术进出口政策和知识产权保护情况的差异性，都使得今天的国际技术转移更加复杂。这在客观上要求从事国际技术转移的人员和机构都必须具有丰富的专业知识和行业经验。为适应当前形势，提高我国国际技术转移效率，必须加快建立、完善我国的国际技术转移中介服务体系，为技术转移提供高水平的专业服务。从国际经验来看，比较成熟的技术转移中介服务体系包括专门为科技成果转移提供服务的机构和组织，比如美国国家技术转移中心、欧盟创新驿站、英国技术集团；直接参与技术创新活动的综合性技术服务机构，如美国的高智发明公司就是专门从事发明投资的行业巨头，其雇员涵盖科学家、商业精英、项目运营专家、资本运营专家、知识产权专家和专业的律师团队，其投资业务更是拓展到澳大利亚、新西兰、爱尔兰、加拿大、中国、日本、韩国等世界各地专门为技术创新主体提供业务咨询服务的机构，如各类知识产权公司、科技评估机构等。近年来，我国已经开始重视技术转移中介服务体系的建设，一批技术服务中介机构开始兴起，如中科院知识产权投资有限公司、中国国际技术转移中心以及科技部自2008年开始推行的国家技术转移示范机工作重点扶持的五批国家技术转移示范机构等。但是总体而言，我国的技术中介服务体系尚缺乏系统性和完整性，没有形成有效的协作网络，服务内容趋同，从业人员素质参差不齐，国际化程度较低，市场服务能力还有限，无法满足迅速发展的国际技术转移市场的需求。因此，政府一方面应该大力支持和鼓励各类技术转移中介机构的发展，提升其服务能力和范围，要通过财政、税收等支持政策推动现有机构的整合，大力培植区域性的、具有国际竞争力的大型技术转移中介机构，在科技资源的国际流动中争取主动；另一方面加强与国外国际技术转移机构和国际组织的交流与合作，在互通有无的过程中逐步扩大我国国际技术服务机构的国

际影响力。

（3）加强技术经营专业人才培养，提高国际技术转移水平

国际技术转移中介是一种典型的知识密集型服务行业，其从业人员既需要懂得专业的科技知识，了解当代技术发展的前沿，又必须深谙现代技术市场、资本市场的运行规律。为解决技术经营领域人才短缺问题，近年来美国、德国等国的技术经营人才教育迅速发展。据统计，世界范围内 1949 年开设技术经营课程的大学仅有 1 所，1994 年增加到 159 所（其中美国 103 所），到 2002 年，仅美国就有 200 个大学或研究生院开设技术经营专业。专业的技术经营人才在国际技术转移中发挥了极其重要的作用。据日本早稻田大学教授寺本义也的研究，正是 20 世纪 80 年代到 90 年代技术经营教育的飞速发展，才带来了美国 20 世纪 90 年代技术创新的活跃和经济的繁荣。我国正在推进创新型国家建设，技术转移市场进入高速发展期，必须加强技术经营专业人才培育。应该尽快争取在各类学校开设技术经营管理专业，加快国际技术转移专门人才的培养。目前技术经营与管理的教育培训在我国尚属空白，无论是基础教育还是继续教育的空间都非常大。一是要尽快制定优惠政策，吸引优秀的国际技术经营专业人才。由于技术经营专门人才教育培训的基本目标是让懂技术的人懂经营，懂经营的人懂技术经营，因此通常技术经营人才的选拔较为严格，培养周期较长，因此人才缺口较大。我们必须立足国内，放眼全球，高点定位，逐步在国内建立起一支具有国际视野和渊博专业知识的国际技术转移服务团队，以此带动国内技术经营机构的发展。二是要推动技术经营理论研究的发展。技术经营理论研究在我国起步较晚，多以介绍国外理论和实践发展为主，因此需要加大对这一领域理论研究的支持力度，发展适合我国国情的技术经营理论。三是要建立技术转移各领域专家的常规化交流机制。由于技术转移服务是一项涉及资本运营、知识产权保护、技术发展等诸多专业领域的综合性业务，各相关领域的协调沟通和信息共享至关重要。

（4）完善技术转移支持政策，提高国际技术转移绩效

不同于一般商品，技术具有很强的公共产品特性，因此，从创新型国家建设的角度看，国际技术转移是一项重要的国家战略，需要我们从国家层面完善国际技术转移的相关政策，提高我国技术转移绩效。第一，国际技术转移是一项复杂的系统工程，涉及企业、大学、研究机构、工商管理、税收、进出口、技术监督等各个部门，为了提高各级政府对技术转移工作重要性的认识，增强各部门的协同性，应当从"创新型国家建设"的高度尽快将国际技术转移工

作纳入国家和区域发展规划，增强政府对国际技术转移的宏观调控能力。第二，加强国际技术转移尤其是技术引进的产业导向。我国 30 多年技术引进的经验表明，在全球化的大环境下，技术引进如果不能同本国的产业结构升级高度契合，没有全局性、战略性考虑是很难实现国家创新能力提升和产业振兴的。第三，完善以知识产权保护为代表的相关法律法规，为技术转移提供法律支持。第四，大力发展技术出口市场，尤其要鼓励技术终端产品和成套设备的出口；充分发挥我国在南北技术转移中的桥梁作用，增加对发展中国家的技术资源出口。第五，制定针对国际技术转移各环节的财政、金融、产业扶持政策，为国际技术转移提供良好的政策环境。❶

## 10.3.2　制定技术转移策略的原因

组织常常需要为经济环境、产业环境、技术环境和社会环境制定愿景，并制定适当的知识产权战略以保证愿景的实现。不同组织的知识产权管理规模和作用不同，有效的知识产权管理往往需要多个不同领域的专家。知识产权管理有助于将组织的创新过程与其广泛的业务和研发伙伴关系整合在一起。知识产权促进了组织与其他外部开发者，特别是与创新供应链上的开发者之间的伙伴关系，技术转移既是为企业带来经济效益的手段，更是加强企业合作关系的方式。

技术转移作为技术进步的表现方式，促进着经济增长。技术进步、技术创新和技术转移对经济增长的作用分别如下：技术进步主要依靠对资源的有效配置来促进经济增长，包括利用创新技术生产先进的设备，实现物质资本和人力资本的有效利用。技术创新是技术进步的核心内容，是以技术创新产品对国民需求的满足，提高国民需求水平，创造新的需求，促使更进一步的技术研发的良性循环方式实现经济增长的。技术转移是实现创新技术经济效益的有效手段，促进着经济增长。技术转移也称为技术商品化过程，即创新技术经历"基础研究—应用研究—试验发展—产业化"的一般性过程。很多情况下，国家新产品产值低并不是由于技术创造能力不足，也不是由于技术开发水平薄弱，而是两者之间联系的通道不够，众多科研成果未能跨越科学研究与市场开发之间的一条沟壑，即"死亡之谷"（Valley of Death）。技术转移作为跨越"死亡之谷"的桥梁，涵盖了技术、科技产品和产品市场三个节点，将其紧密

---

❶ 乔翠霞. 国际技术转移的新变化及对中国的启示［J］. 理论学刊，2015（6）：48 – 54.

联系起来，不断地实现技术的再创新和创新技术的转移，创造更多的社会需求，实现技术进步对经济增长的带动效应。[1]

我国专利数量在国际上位居前列，表明我国已经形成了较强的知识产权保护意识和专利创造能力，但对数量上的成就需要客观冷静地分析。从专利质量角度对我国专利发展水平进行研究，在提出国家专利质量主要测度指标的基础上，对我国专利质量与国际领先水平进行比较分析，发现我国专利在申请质量、国际化水平、有效维持时间和技术影响力四个维度均比较落后，这一现象表明我国已是名副其实的专利大国，但还不是专利强国。面对已经来临的知识经济时代，知识产权的重要性越来越明显，我国的专利水平一年比一年好，但是，专利数量虽然能反映中国技术创新的活跃程度，却不能真实反映中国技术创新的状况，专利申请量居世界之首也不意味着中国就一定会成为创新大国；相反，核心专利少、专利质量不高、存活时间短、市场价值低、专利制度的功能无法得到正常发挥，是阻碍我国专利事业健康发展的主要矛盾和问题所在。专利数量的增多同时也意味着在技术知识创新中的花费越来越高且专利泡沫和垃圾专利的比例也可能不低；花费了较多的资源创造出的新技术在科技飞速发展的时代如无法及时地为社会服务，创造经济价值，大多会被遗忘。而大量的专利技术成果无法转化，其造成的资源浪费可想而知。庞大的专利数量是我国需要制定良好的技术转移战略的原因之一。

## 10.3.3 制定专利转移战略需考虑的因素

技术转移的核心是科技与经济、社会一体化，是技术创新与扩散的过程，是成果商品化、产业化的过程。技术转移的经济性决定了相关各方在经济目标上的重合性，以及相关各方对技术成果可能产生的市场机会和商业价值判断的功利性。技术转移的关键是缩短技术源头到使用终端的转移路径，优化转移流程，降低转移成本，控制转移风险，提高转移成功率。合理分配转移过程中的利益，有效分解转移相关者的权利和义务，激活转移过程中涉及的相关各方的动力，实现技术转移的可持续发展。在目前技术转移的市场机制还不完善，规则还不健全，市场运行过程的各个方面还没有形成有机统一的体系，技术转移关联各方还存在角色错位、观点不一、政出多门、标准多元、协同度弱等问题，合同等契约在执行过程中严肃性、强制性不够，市场化程度不够，这些都导致了技术转

---

[1] 牛茜茜，王江琦，肖国华. 技术转移对经济增长作用的研究 [J]. 科技管理研究，2015，36 (6)：91-94.

移市场的无序和紊乱。行政管理与市场机制衔接不畅形成的政策抵消导致规则作用的弱化，都会对技术转移和科技成果转化产生重要的负面影响。❶

因此，站在国家的高度来制定专利转移战略，意味着专利转移技术要为国家、为社会带来高价值的服务及利益，但作为国家政策的专利技术转移战略与企业的专利技术转移战略有所不同。它意味着更高的风险以及更多层次的因素。企业的专利转移战略针对的仅仅是本企业所能获得的利益价值，而国家的专利转移战略不仅仅要考虑该政策能带来的经济效益，更重要的是该政策是否符合社会现实和国家长远发展需求，因此，制定国家的专利转移战略要考虑到社会层次方方面面的因素。总的来说，制定专利转移战略需考虑的因素有政治与经济因素、社会环境、科技水平、军事技术等。

（1）政治因素

在科技迅速发展和竞争激烈的信息化时代，各国政府都会为了保持本国在相关领域的竞争优势而通过种种激励政策和管制措施鼓励或限制关键技术的专利转移，同时，会为了本国的发展而积极采取各种手段从国外引进相对成功、先进的知识产权技术。在制定专利技术转移战略的过程中，相关的各个国家的激励政策和管制措施等都是应考虑的因素之一，同时，出于对本国在相关领域竞争优势的考虑，应制定相关的政策限制核心技术的出口。因此，政治因素是制定技术转移战略应考虑的内容之一。

（2）经济因素

技术转移战略的制定不仅仅是为了使得技术能够为人们的生活服务，更是获得高额经济利益的手段及举措。为了取得一定的经济效益，使得专利技术产生过程中消耗的资源不至于被浪费，制定相关的保护措施是必要的。技术的产生是一个十分消耗资源的过程，发明、创造新技术的人或组织都不是为了让其束之高阁而使用资源，大多是抱着一定的获利目的，因此在制定专利转移战略的过程中尽可能地考虑到经济因素的影响，可以使得技术转移战略实施得更加顺畅。好的专利转移战略不仅仅能够使得技术创新过程中花费的资源物超所值，更能为个人、集体、国家、社会带来巨额的经济效益，加强国与国之间的交流合作，提升一个国家的国际竞争力。

（3）社会环境因素

我国的社会性质是社会主义下的发展中国家，社会环境与取得技术转移战

---

❶ 刘杨，易宏. 科技成果转化与技术转移的七个关键特征［J］. 中国高校科技，2015（6）：58.

略成功的发达国家不同。一项专利技术能否被推广、产生经济效益有时取决于其是否有能够及时被推广的推广会,在大型的推广会上更多相关人士能够全面地了解该专利技术,发现其商业价值,实现专利技术的转移,将其转化为经济效益,为社会服务。技术产生之后,需要有恰当的环境,可保证专利技术的顺利转化。无法转化为经济效益的专利技术在经济高速发展的社会环境中始终是难以长存的,良好的社会环境能够更好地保障技术转移成果的价值,而技术转移能够使得社会环境的变化朝着更好的方向发展。

(4)科技水平因素

一项新技术的产生并不是有资源或者有想法就可以的,有时新技术的发明创造需要部分高科技的支持。技术转移的目的除了获得经济效益、不造成无谓的资源浪费之外,也是科技发展的需要。高科技能够为某些新技术的产生提供有利的条件,同时,新技术的运用也会使得科技更加完善。纵观科学技术的发展历程,从事事依靠人力的时代到机械的应用,新技术的产生不仅仅带来了我们日常生活的变化,更使得科技在原有的技术水平上不断地发展。在制定技术转移战略的时候应考虑到某些一时无法带来经济效益却能够提高国家科技水平的新技术,在巨人的肩膀上谋发展,在高科技的平台上不断向前看。科技带来的不仅仅是经济效益,更多的是能够向更高方向发展的阶梯。科技因素对技术转移至关重要,对发展更是不可或缺。

(5)军事技术因素

不论什么时候,一个社会组织体系在特定的环境中要获得良好的发展,稳定的经济、人文、自然环境都是必要的。在现今这个国家体系结构复杂、国际关系多变的社会里,每个国家有一定的军事保障是必要的,这是保障一个国家长治久安的必要条件;而迅速发展的科技力量为军事带来了不小的变革,当今社会,拥有核心军事竞争力的国家大多是拥有高科技专利技术的国家。现代的军事力量水平偶尔体现在和军事相关的专利技术上,科技的发展使得现今的军事较量不再是冷兵器时代的人数优势较量,更多的是科学技术的比拼、核心专利的竞争。拥有强大军事核心技术的国家,能够凭借自己的力量保证本国的和谐安宁,不受他国可能出现的侵扰。然而,对军事技术的研发投入的资源是巨大的,所以在制定技术战略转移的过程中应当考虑将难以适应军事力量发展的专利技术转为民用,在确保核心技术不外泄的情况下既保证军事竞争力又提高社会生产发展水平。

## 10.4  技术转移战略的成果

### 10.4.1  国际上技术转移战略的成果和法规

（1）发达国家技术转移战略的成果

发达国家主要以美国、英国、日本、欧盟、韩国、澳大利亚、加拿大等一些国家和地区为例。美国技术转移政策始终围绕着技术转移的进步与发展，以提高技术转移的经济效益而制定，科技成果转移是一个非常复杂的过程；英国是近代史上成功地实现技术转移的鼻祖，英国技术转移的典型例子就是英国技术集团（BTG）的建立；欧盟一些国家在技术转移方面加强国与国之间的科研合作，同时也鼓励展开国际合作；日本的技术转移能够取得成功，主要是日本政府的机能和其所作用的结果；韩国的技术转移主要是韩国政府制定了有利于技术转移的各项政策，积极利用外国直接投资，建立韩国技术转移中心等服务机构；澳大利亚的科技决策和管理体制是一个联邦政府起主导作用的多层次的体制；加拿大联邦政府没有统一的科技主管部门，即全国性的科技计划，各部门制订其部门的科技发展计划。

（2）发展中国家技术转移战略的成果

发达国家总是生产和出口创新产品，发展中国家总是生产和出口成熟产品，二者福利均有提高。在这样的均衡结构中，技术创新使资本的边际产出率提高，从而吸引资本流入；技术转移引起的资本流动，使新产品能在较低的资源成本下生产，使世界生产要素发生更有效率的配置，各个要素市场都达到均衡状态。这样，发达国家与发展中国家之间就要经常保持一定的技术差距，发达国家不间断的技术创新，不仅是维持其竞争地位的需要，更是维持其福利水平不下降的必要条件。如果发达国家创新速度下降或技术转移的进程加快，发达国家与发展中国家的工资差距就会缩小。发展中国家主要以印度、俄罗斯等为例对这些国家的技术转移进行简要概括。印度政府一直致力于技术本土化，其间经历了五个阶段，政府在每一个阶段都有相应的科技政策和计划；俄罗斯能够迅速实现社会工业化建设的重要原因之一，是把技术转移引进作为一项国策，最近几年在技术转移方面取得了很大的成就。

（3）国际上技术转移的法规

1）发达国家技术转移的相关政策法规

**美国**：《拜杜法案》、《联邦技术转移法》、《国家竞争力技术转移法》、《史蒂文森－怀德勒技术创新法案》及其修正法案、《技术转移法》、《贸易和竞争法》、《美国专利法》、联邦实验室技术转移联合体、对科技中介机构的支持、《国家技术转让与促进法》、《联邦技术转让商业化法》、《技术转让商业化法》。

**英国**：英国技术集团（BTG）的建立、对科技中介的支持、税收优惠、融资扶持和人才激励政策、"法拉第合作伙伴"计划、成立"企业联系办公室"（Business Link）。

**欧盟**：制定泛欧盟框架政策、建立全欧技术平台、加强各国研究机构合作、《科学与社会行动计划》、建立欧洲创新和创业的运行表、实施《科学与社会行动计划》、建立国家地区和欧洲科学与社会活动网络、建立数据和信息库。

**日本**：制定《促进中小企业技术开发的临时措施法》、政府制定有关法规和产业政策、保护和运用知识产权、"两阶段"模式、加强政府研究开发资金的管理、强化产学官协作网、塑造基础研究的竞争环境。

**韩国**：积极利用外国直接投资、《1993—1997年新经济五年计划》、颁布《2000年法》、建立韩国技术转移中心、成立技术许可办公室联合体、建立大学工业技术团。

**澳大利亚**：资助政府科研机构和大学、合作研究中心计划、国家重大科技计划、制定《创新行动计划》。

**加拿大**：技术引进计划（TIP）、工业研究援助计划（IRAP）、首席研究员计划、加拿大创新基金（CFI）的建立、技术伙伴计划。

2）发展中国家的技术转移的相关政策法规

**印度**：技术本土化，科学和技术的创新，创造或生产，科技基础设施的建设，创新网络，为本土化营造保护的环境，经济自由化，自由化政策，实施《技术利用计划》，《技术吸收和适应计划》、风险投资机制（包括收入税减免、税收加权减免、关税减免、免税期规定和消费税免征等）。

**俄罗斯**：科技研究与开发纲要的制定、国家创新政策的实施、《2010年前俄罗斯联邦科技发展基本政策》《俄罗斯联邦宪法》《科学和国家科技政策法》《俄罗斯联邦国家预测和社会经济发展规划》《俄罗斯税法》《公民法》《预算法》《国家专利法》、总统签署的相关科技和创新文件、改进金融支撑体系、对技术型企业的改进机制、对知识产权和技术转让的调整措施、创造竞争环境、互联网交易平台的建立。

## 10.4.2　我国技术转移战略的成果

（1）我国技术转移发展的阶段性成果

新中国成立初期，我国主要是通过从国外引进先进的技术来实现经济的高速增长。20世纪六七十年代，我国开始从日本、英国、美国、德国等一些发达国家进口成套设备，技术转移达到了历史上新的高峰。20世纪80年代，我国的技术转移得到进一步的发展。这一时期坚持技术引进与企业技术改造结合的方针，技术转移政策法规逐渐完善。

20世纪90年代以来，以国家颁布《中华人民共和国合同法》为标志，我国的技术转移逐渐走向成熟。

（2）国内高校技术转移战略的成果

1）高校科技创新队伍不断壮大

高校研发人员近年呈稳步增长态势，截至2008年，全国理工农医学类高校从事科技活动人数310.2万人，其中研发活动的人力达33.5万；在校研究生人数128.3万人，其中博士23.6万人。高校拥有两院院士562人，占两院院士总数40%；国家杰出青年科学基金获得者902人，占获资助总人数的比例超过60%；国家自然科学基金委创新研究群体98个，占总数的58.3%。

2）高校科技经费快速增长

近年来，高校科技经费快速增长，2008年通过各种渠道获得科技经费654.5亿元，较2007年增长20.2%。其中，来自企事业单位委托经费近一半。

3）高校创新基地布局日趋完善

截至2008年底，依托高校建设的国家重点实验室140个（占总数的63%），教育部重点实验室518个；国家工程研究中心49个（占总数的39%）；国家工程技术研究中心54个（占总数的27%）；国家工程实验室17个（占全国25.8%），教育部工程研究中心278个；国家技术转移中心7个（占全国70%），国家大学科技园69个。

## 10.4.3　各国历史上部分技术转移成果相关情况

技术转移战略的发展将直接体现在成果和应用上，表10-1是国际上一部分技术转移的历史情况。

表 10 – 1 国际技术转移的历史情况

| 发明项目 | 发明国和年代 | 转移地点和年代 | 转移所用的时间 |
|---|---|---|---|
| 造纸 | 中国 2 世纪 | 欧洲 12 世纪 | 1000 年 |
| 火药 | 中国 9 世纪 | 欧洲 14 世纪 | 500 年 |
| 印刷术 | 中国 11 世纪 | 欧洲 15 世纪 | 400 年 |
| 眼镜 | 意大利 13 世纪 | 日本 16 世纪 | 300 年 |
| 机械表 | 德国 16 世纪初 | 日本 17 世纪初<br>中国 17 世纪初 | 100 ~ 150 年 |
| 铅室法制硫酸 | 英国 1746 年 | 日本 1872 年<br>中国 1932 年 | 126 ~ 186 年 |
| 氯气法制漂白粉 | 法国 1785 年 | 日本 1872 年<br>中国 1909 年 | 97 ~ 134 年 |
| 汽船 | 美国 1801 年 | 日本 1855 年<br>中国 1865 年 | 54 ~ 64 年 |
| 水泥 | 英国 1821 年 | 日本 1903 年<br>中国 1906 年 | 82 ~ 85 年 |
| 铁路运输 | 英国 1825 年 | 日本 1872 年<br>中国 1884 年 | 47 ~ 59 年 |
| 火柴 | 英国 1827 年 | 日本 1876 年<br>中国 1880 年 | 49 ~ 53 年 |
| 有线电报 | 美国 1884 年 | 日本 1869 年<br>中国 1880 年 | 25 ~ 36 年 |
| 平炉炼钢 | 德国 1865 年 | 日本 1890 年 | 25 年 |
| 电灯 | 美国 1880 年 | 日本 1890 年 | 10 年 |
| 无线电广播 | 美国 1910 年 | 日本 1925 年<br>中国 1927 年 | 15 ~ 17 年 |
| 电子显微镜 | 美国 1936 年 | 日本 1942 年 | 6 年 |
| 尼龙 | 美国 1938 年 | 日本 1949 年 | 11 年 |
| 半导体三极管 | 美国 1950 年 | 日本 1954 年 | 4 年 |

资料来源：中国教育新闻网。

从表 10 – 1 可以看出专利技术转移的时间由长变短、从难到易这样一个过程。说明随着时代的进步，技术转移战略也在被进一步地完善，战略的完善与技术转移大量的兴起和发展是息息相关的。

## 10.5 技术转移成功案例分析

### 10.5.1 英国技术集团（BTG）

英国技术集团（British Technology Group，BTG）从最初着眼于国内市场，主要依靠研究院所和大学，发展成长为今天的国际公司，业务领域涵盖欧洲、北美和日本，75%以上的收入来自英国以外的业务，使技术转移国际化，成为世界上最大的专门从事技术转移的科技中介机构，拥有250多种主要技术、8500多项专利，400多项专利授权协议。它通过许可证贸易、出版物与文献交流服务、合同研究开发、技术咨询、技术人员转移、支持投资创办新技术企业、授予技术专有权以及采购科技成果等经营业务，取得了卓越的成效。

由于英国专利管理费用昂贵，一项专利从开始申请到失效，全部管理费用需7万~10万英镑。如果发生侵权行为，打起官司来，费用就更高了，而且有关专利等无形资产的法规是很复杂的，科研人员要想搞明白是较困难的。所以，大学、科研机构或一些中小企业因缺乏专利保护的资金和专业知识，不得不放弃专利权，把其转让给BTG，从中获取一定的收入就可以了。从买方的角度考虑，无论是大企业，还是中小企业，都面临激烈的市场竞争，要想取胜，就必须靠新产品、新技术，靠产品质量。由于市场变化莫测，即使是有实力的大企业也不能保证其开发的产品适销对路或者样样成功，而且也不可能什么产品都能开发。因此，一些企业在改变发展战略、调整产品结构时，在本企业没有合适的新产品的情况下，往往希望能买到可以直接投产的新产品或新技术，以解燃眉之急。由于一些专利还未达到实用的程度，需要进一步开发才能推向市场，因此，买卖双方的需求还有一定差距的。BTG作为买方与卖方之间的桥梁，负责为卖方申请并保护专利，资助卖方进一步把技术开发到可以实际应用的程度，再转让给买方，所得收入由买卖方按一定比例分配。

近10年来，BTG每年技术转移和支持开发、创办新企业等的营业额高达6亿英镑，其中技术转移上千项次，支持开发项目四五百项，气垫船、抗生素、先锋霉素、干扰素、核磁共振成像（MRI）、除虫菊酯、安全针等都是BTG成功实施的技术转让项目。

### 10.5.2 美国斯坦福大学技术许可办公室

1970 年，斯坦福大学建立技术许可办公室（Office of Technology Licensing, OTL），主要职责是促进学校科技成果产品化，包括技术成果评估和市场风险预测、技术许可、专利申请等知识产权管理工作。OTL 由学校分管科研的副教务长直接管辖，向上对教务长以及学校校长负责。

自 20 世纪 50 年代初以后 15 年时间里，斯坦福大学获得的总收入不超过 5000 美元。1968 年，斯坦福大学试点由学校亲自管理专利事务，即申请专利，并把专利许可给企业界，当年创收 5.5 万美元。2013 ~ 2014 年年报数据显示，该财年斯坦福大学共获得 655 项发明技术的许可收入，总计约 1.1 亿美元，其中 40 件发明带来的收益超过每件 10 万美元，40 件发明中的 6 件发明带来的收益超过每件 100 万美元。对于斯坦福大学身处其中的硅谷和生物技术湾而言，OTL 许可出的技术是一些高技术产业成长和壮大的源泉，OTL 的技术转移与硅谷和生物技术湾的成长和发展是同步的。其中，著名例子之一是 1981 年 OTL 将斯坦福大学教授 Stanley Cohen 和加州大学伯克利分校教授 Hebert Boyer 于 1974 年联合发明的"基因切割"（gene – splicing）这一重大生物技术申请了发明专利，并以非独占性许可方式将该技术许可给了众多企业，从而开启了全球生物技术产业。

### 10.5.3 英国帝国理工学院创办的帝国创新服务公司

1986 年，英国帝国理工学院成立帝国创新服务公司（Imperial Innovations）。该公司当时是学校的一个部门，后来独立成为学校所属的一家企业。帝国创新服务公司作为第三方服务机构，与帝国理工学院建立了排他性的合作关系，通过将帝国理工学院的技术许可给其他公司或成立创业公司，对学校优质的技术进行发展、保护和商业化。2006 年 7 月，该公司在伦敦证券交易所另类投资板块（AIM）上市，募集 3 亿英镑用于技术商业化前期投资。

帝国创新服务公司每年评估约 400 项由帝国理工学院师生提供的发明，完成 30 ~ 40 项许可案件，设立 8 个新公司及对 60 个新技术进行专利申请。同时，除了与帝国理工学院合作，帝国创新服务公司还为在伦敦与高校有关的 NHS Trusts（NHS 综合医院）提供技术转移服务。目前帝国理工学院在数据技术、物联网、生物医学与制药、新材料、清洁技术、能源、设计、基础设施系统、金融服务领域的知识产权保护与转化都与相关产业建立起了长期而可持续的伙伴关系。2012 年起，帝国创新服务公司与帝国理工学院合作建设帝国理工学院创新实验基地，成为初创企业社区的典范。基地每年举办各类创新创业活动 80 多场，有 3000 多名学生参与各种项目与活动，集中支持 80 多个初创企业项目，同时特别为帝国理工学院的亮点科研成果和学生团队举办推介路演活动，每年都能吸引 400 多家伦敦及全英国的高科技企业和投资机构参与，其中 70% 的推介项目募集到 600 多万英镑概念验证启动资金。2014 年还增设专门资助女性创业者的专项基金。截至 2015 年 7 月，帝国创新服务公司投资的企业达 98 家，市值约 3.27 亿英镑，其中最大的企业是位列英国富时 250 指数的切尔卡西亚制药公司（Circassia Pharmaceuticals）。

# 第十一章　技术转移的启动战术

技术转移，顾名思义，是指技术从一个地方以某种形式转移到另一个地方。它包括国家之间的技术转移，也包括从技术生成部门向使用部门的转移，也可以是使用部门之间的转移。20 世纪 30 年代到 40 年代，技术转移开始由理论向其经济价值转化，开始注重对技术转移理论的实践。当今，经济全球化日渐紧密，国际技术贸易日渐发展，技术转移也越加频繁这对我国技术转移有哪些有利之处，我国的优势又是什么呢?

## 11.1　我国知识产权技术转移启动的优势

我国在技术转移的发展过程中，制定了一些计划和一系列的政策法规。这些政策包括技术创新政策、知识产权政策、财政税收政策等，创造了良好的外部环境和内在机制，为技术转移奠定了良好的基础。

### 11.1.1　良好的政策法律环境

"863 计划"，即国家高技术研究发展计划，是我国的一项高技术发展计划。"863 计划"已经成为我国科学技术发展，特别是高技术研究发展的一面旗帜，它所取得的成就对于提升我国自主创新能力、提高国家综合实力、增强民族自信心等方面发挥了重要作用。"火炬计划"培养和吸引了一批高素质的人才，他们是实现高新技术成果商品化、产业化、国际化的根本保证。"星火计划"项目以技术含量高、经济效益好在社会特别是金融部门赢得良好的信誉，形成了一种以国家少量资金引导，银行贷款、企业自筹资金为主的市场融资机制。至 1995 年底，用于"星火计划"的银行贷款总额为 321.9 亿元，占投资总额的 34.3%。"国家重点新产品计划"在"十五"期间以"扶持重点、营造环境"为指导思想，通过政策性引导和扶持，促进新产品开发和科技成果转化及产业化，加速科技产业化环境建设，推动企业的科技进步和提高企业技术创新能力，带动我国产业结构优化升级和产品结构调整。新中国成立以来，经过几代人的努力，我国已经成功实施了很多计划，取得了大量先进的科技成果，这些计划推动了我国的科技进步，促进了我国的经济发展。

《合同法》的颁布实施标志着我国的技术转移逐渐走向成熟。

《国家重点实验室评估规则》进一步落实创新驱动发展战略、科技体制改革，更好发挥国家重点实验室评估指南的作用，不断增强国家重点实验室科技创新能力。

《高等学校开放研究实验室管理办法》创造了良好的科学研究条件和学术环境，吸引、聚集了国内外优秀学者及博士研究生，在科学技术的前沿领域开展高水平的基础性研究，促进新兴、交叉学科的形成和发展，培养、造就高层次科学技术人才。

《促进科技成果转化法》的出台为科技成果转化为技术标准起到了很好的规范和指导作用。

《关于修改〈国家科学技术奖励条例实施细则〉的决定》增加了促进科技成果转化方面的规定，加大了转化工作的力度。

《关于国家科研计划项目研究成果知识产权管理的若干规定》对在国家科研经费支持下完成的科研成果产权的归属问题作了明确规定，即成果的知识产权归属研究单位，它促进了我国科技成果的转化和新技术产业的发展。

《国家知识产权战略纲要》有利于增强我国自主创新能力，完善市场经济体制，增强企业市场竞争力和提高国家核心竞争力和扩大对外开放，实现互利共赢。

《关于促进企业技术进步有关财务税收问题的通知》鼓励企业对技术开发的投资，促进了企业之间的技术联合开发，加速了企业对技术成果的商品化和产业化，同时还增加了财政对技术进步的投入。

此外，还有《关于企业所得税若干优惠政策的通知》《专利法》《著作权法》《商标法》《保障发明权与专利权暂行条例》《关于对科研单位取得的技术转让收入免征营业税的通知》《关于设立中外合资研究开发机构、中外合作研究开发机构的暂行办法》《标准化法》《关于科技型中小企业技术创新基金的暂行规定》《国家基础科学人才培养基金实施管理办法》《国家杰出青年基金实施管理办法》等有利于技术转移的法律法规。我国有关技术转移和知识产权保护方面的法律虽然不能和那些发达国家相比，但这些已经足够形成技术转移法律基础框架了。同时，它们不仅是用来保护技术成果，更多的是体现了国家对技术转移的重视，体现了我国政府的引导作用。

从目前我国技术转移的发展状况来看，其中存在许多不完善之处，需要不断地借鉴学习和发展，以适应经济全球化和市场经济发展的需求。

## 11.1.2　累积多年的技术引进

技术引进是一个国家或地区的企业、研究机构通过一定方式从本国或其他国家、地区的企业、研究单位、机构获得适用的先进技术的行为。技术引进可以使引进方迅速取得成熟的先进技术成果，不必重复别人已做过的科学研究和试制工作。引进发达国家的先进技术，可以充分利用世界各国的科学技术成果，实现消化、吸收和技术创新，快速缩短与发达国家之间的技术差距，是世界各国互相促进经济技术发展必不可少的重要途径。

1949 年新中国成立以来，为了改变落后的国民经济状况，我国开始从苏联和东欧各社会主义国家大量引进成套设备、工厂和先进技术，提出了"向外国学习，但不照抄照搬""洋为中用""自力更生为主，争取外援为辅"等方针。几十年的技术引进为我国引进了先进设备和成熟的科技成果，培育了大量技术人才，这为我国技术转移的发展奠定了良好的基础。

1950～1959 年，我国签订的 700 多个项目中，有 450 项左右是引进的投资金额约 37 亿美元。我国近代以来的技术发展主要以引进为主，新中国成立后我国经历了 5 次阶段分明的技术引进高峰期。其中"一五"计划完成了"十二年科学技术发展远景规划"。20 世纪 60 年代，由于中苏关系发生变化，我国开始从一些西方发达国家引进先进技术和设备，先后从日本、欧洲等国家和地区进口石油、电子、化工等方面的设备。1963～1966 年，我国与英国、日本、意大利、法国等国签订了 80 多项引进合同。

1978 年十一届三中全会制定了改革开放的方针，在邓小平的号召下我国开始了多渠道的技术引进。在总结过去多年经验的基础上，技术引进工作提出了新的要求，鼓励以多种灵活方式引进适用的国外先进技术，尤其是生产制造技术。20 世纪 90 年代以后，我国吸收外资的金额开始显著增加，技术引进的方式灵活多样，引进来源也更加广泛，有关技术引进的法规也不断完善。

据统计，1999～2005 年，我国累计引进技术近 5 万项，合同总金额超过1000 亿美元，技术费达 623 亿美元，约占总合同金额的 57.6%。2005 年我国共签订技术引进合同 9902 份，同比增长 14.1%；合同总金额 190.5 亿美元，同比增长 37.5%，技术费达 116.3 亿美元，约占合同总金额的 62.1%，比

1999 年提升 31%。2006 年共签订技术引进合同 10 538 项，合同总金额 220.2
亿美元，同比增长 15.6%，技术费 147.6 亿美元，占合同总金额的 67.0%。

2007 年我国共签订技术引进合同 9773 份，合同总金额达 254.2 亿美元，同
比增长 15.6%，技术费达 194.1 亿美元，占合同总金额 76.4%，超过 1991～
1995 年 5 年间技术引进合同数量的总和。2008 年上半年我国共签订技术引进
合同 4955 份，合同总金额 126.0 亿美元，同比增长 21.1%，技术费达 112.1
亿美元，占合同总金额的 88.2%，比 2007 年同期增长 32.8%。技术引进合同
创同期历史最好水平，引进的质量也明显得到改善，引进方式也更加多元化。

中华民族是一个包容性强、善于学习的民族，尤其是新中国成立以后，通
过改革开放在较短的时间内快速成长，科技方面向不同的国家学习，我国技术
引进来自世界各地，不仅有欧盟、美国、日本等发达国家和地区，还有中国台
湾、香港等地。

## 11.2　我国知识产权技术转移启动的劣势

自新中国成立以来，我国技术转移在科学技术和社会经济的发展中发挥了
重要作用，对我国的综合国力的提升也作出了巨大的贡献。虽然我国现在已经
成为世界第二大经济体，高校、科研院所和企业都加入了技术转移的行列，实
践中也已经积累了相当多的成功经验，但是我国在技术转移方面还存在一些问
题，我国在技术转移方面还有很长、很艰难的一段路要走。

"近年来，我国政府不断加大科研经费的投入，年均增速在 20% 以上，
2012 年时突破万亿元大关。在 2013 年，R&D 投入占 GDP 比重在 2013 年突破
2%，同比增长 15%，使我国科学技术得到迅猛发展。但是，在科技成果转化
方面表现得不尽如人意，转化率仅在 10% 左右。"全国人大代表、上海市经济
和信息化委员会副主任邵志清曾提道。

以下就技术转移战术的不足之处作一些探讨。

### 11.2.1　对比其他国家的技术转移战略的发展

美国是法律体系相对完善的国家，技术转移活动最早可以追溯到 19 世纪
末 20 世纪初。20 世纪初美国在大学设立技术转移机构，斯坦福大学首创的
OTL 模式是目前世界上运行得最为成功的一种模式。1980 年 12 月 12 日《拜
杜法案》问世，它使所有在政府帮助和支持下完成的发明从实验室见到阳光。

美国长期积累的科技成果开始不断转化，知识产权得到巩固，对美国的经济和科技起到了很大的推动作用。随后又出台了《史蒂文森 – 怀德勒技术创新法》《国家合作研究法》《专利与商标修正法案》《联邦技术转移法》《国家竞争力技术转移法》《技术转移法》《贸易和竞争法》《美国专利法》《国家技术转让与促进法》《联邦技术转让商业化法》《技术转让商业化法》《发明人保护法》等。除此之外，美国还通过立法建立了国家技术转移中心（NTTC）、联邦实验室技术转让联合体（FLC）和国家技术信息中心（NTIS）等技术转移机构。NTTC 成立于 1989 年，是美国技术转移及技术成果产业化领域的先驱者，属于国家级非营利性技术服务机构；FLC 是一个由 700 多家联邦实验室及其上级部门所组成的全国性技术网络组织，是一个典型的技术转移管理组织；NTIS 则主要负责处理联邦政府各部门产生的非保密的技术报告以及其他各种形式的信息。

日本是一个岛国，虽然它在第二次世界大战中战败，实力受到重创，但是它在战后能够迅速兴起与技术转移的成功有不可分离的关系。《科学技术基础法》是日本科学技术体系的基本法律，规定了日本在发展科学与技术方面的基本国策和方针。《科学技术振兴事业团法》《独立行政法人科学技术振兴机构法》《促进大学等的技术研究成果向民间事业转移法》《知识产权战略大纲》等促进了技术转移的成功。日本具有技术转移中介机构，最典型的是日本科学技术振兴机构（JST）与大学设立的技术许可组织（Technology Licensing Organization，TLO）。JST 是由日本政府成立的独立行政法人单位；TLO 是将大学研究人员的科研成果以许可的方式转移给企业使用，并收取专利许可费用的科技中介机构。

英国是工业革命的创始国，技术转移已经发展得相当成熟，是近代史上成功地实现技术转移的鼻祖。英国技术集团（BTG）的建立，使巨大的报酬返还给技术的提供者、商业合伙成为可能。它对技术转移中介机构的支持、融资扶持和人才激励政策、"法拉第合作伙伴"计划、成立"企业联系办公室"等都使技术转移取得优异的成绩。

韩国《1993—1997 年新经济五年计划》强调了政府在技术转移中的作用，《外资引进法》规定了一系列对技术引进的税收优惠条款，吸引了外资的流入。《技术开发促进法》《新技术产业化投资税金扣除制度》《技术及人才开发费税金扣除制度》《科研设备投资税金扣除制度》等各种税收优惠政策推进了技术转移的发展。韩国还有很多技术转移机构，如：韩国技术转移中心

（KTTC）、国家技术转让数据库、韩国技术风险投资财团（KTVF）、韩国科学技术院（KAIST）等。

以上国家都有比较健全、完善的法律制度保障技术转移，保证了技术转移受让方、发明人和中介方三方合理的利益关系，形成了良好的技术转移动力和保护机制；同时，中介机构的发展，也大大降低了技术知识交易过程中的信息不对称，推动了企业的技术创新，增强了核心竞争力，促进了创新成果转化为生产力，进而有力推进了技术转移的发展。

## 11.2.2　我国的技术转移战略的不足

（1）资金缺乏，体系不完善

目前我国已经意识到技术转移对国家经济发展和国力提升的重要性，政府也给予了足够的重视，颁布了一些相关方面的法律法规。但是，技术成果转化率仍然很低，这种局面目前还没有得到根本改善。技术转移的各个阶段都离不开巨额的资金投入，这庞大的资金链也离不开政府的投入。然而，我国研究经费的缺乏是科研人员最难解决的问题之一，许多项目进行到一半就无法进一步开展下去。前期的科研都无法正常地进展，后期的转移又怎能进行下去？

"据有关资料显示，在我国已成功转化的科技成果中，转化的资金主要靠自筹的占56%，国家科技计划拨款的占26.8%，风险投资仅占2.3%；而国外科技成果转化率高，风险投资起了关键的作用，在美国至少有50%从事高新技术的中小企业在发展过程中得到风险投资的帮助。"❶

不仅国家在技术转移费用上投入的少，企业R&D投入总量和强度也低。在2014年，中山大学教授林江指出，目前我国发达地区R&D比例为2.1%，而美国、韩国、瑞典的数据分别是2.8%、3.7%、3.5%。❷而且，我国企业对引进技术的消化吸收能力较弱。"统计显示，2012年，全国有R&D活动的企业仅占企业总数的13.7%；企业所有的研发机构共45 937个，占企业总数的13.2%，研发机构数量不足；2012年企业研发人员共225万人，其中博士3.6万人、硕士24.7万人、本科生103万人，分别占1.6%、11%和46%，研发人员数量不足，高素质研发人员数量占比更少。技术开发机构和研发人员数

---

❶ 何维军，李庆云. 我国科技成果低转化率的原因及对策［N］. 人民日报，2000－07－25.
❷ 林江. 企业R&D投入要适度［N］. 南京日报，2014－03－26.

量短缺，研发投入不足，都使得企业无力支持引进技术的消化吸收工作。"❶

我国台湾地区和韩国新加坡政府在技术转移方面都有资助和补助金、税收信贷和风险投资等，同时还鼓励政府机构、高校与企业合作。虽然 2014 年我国 GDP 已经突破 60 万亿元，达到 636 463 亿元，2015 年 GDP 增长率预计达 7.2%，总量可突破 682 288 亿元，但在技术转移研发投入的资金则比较少。由于缺乏成果转移资金，我国有很多科研成果只完成到样机阶段，而这些样机产品转到商品化的成果更是少之又少。资金的投入是实验产品向批量产品生产转移的基础和重要保证。

要想在技术转移方面有所成就，政府还是要有一定的主导作用，要把一切有力的资源集中起来统一进行分配管理。资源分散就会出现各自为政、重复建设、不易管理等问题。我国技术转移体系有五大系统：中科院、科技院、教育部、国防科工委、各行业系统之间联系松散，无法实现资源共享、优势互补。另外，各系统的功能也比较单一，在研究方面就会出现同质化、无法及时满足市场需求等问题，同时由于自身实力和技术的限制在技术转移过程中大大降低了国际竞争力。

（2）信用体系不健全

社会信用体系是社会主义市场经济体制和治理社会制度的重要组成部分。它以法律、法规、标准和合同为基础，在改善社会基础设施网络成员的信贷和信用记录的覆盖面的基础，遵守信用申请和信用信息服务体系，建立文化的完整性经营理念，倡导诚信和传统美德的内在要求，承诺遵守激励和奖惩机制约束，它的目的是提高全社会的信用和诚信水平。社会信用是技术转移过程中知识产权保护的基础，它从根本上解决知识产权侵权等行为。良好的社会信用使知识产权保护能够健康快速发展。

目前，我国正处在由传统的计划经济向市场经济转型的重要时期，建立社会信用制度，是我国信用管理体系迫切需要解决的问题。信用问题关系到建立和完善社会主义市场经济体系，但是，我国正处于建设社会信用体系的初级阶段，经济体制、市场基础、法律体系以及国情与西方发达国家相比有很大不同。目前，我国讲信誉、守信用尚未成为民众基本的道德规范和行为准则；覆盖全社会的信用体系尚未形成，社会成员严重缺乏信用历史；守信激励和失信惩罚机制不健全，信用服务市场不发达，服务体系不成熟、不规范；缺乏信用

---

❶ 赵定涛，邓闩闩，袁伟. 技术引进与消化吸收经费比例失衡研究［J］. 中国国情国力，2015 （5）：23－24.

信息主体的权利保护机制；诚实守信的社会环境尚未形成。重大安全生产事故、食品药品安全事件时有发生。商业欺诈、制假售假、偷税漏税和诈骗、虚假冒领、学术不端行为等也屡禁不止。所以，要想建立起完善的社会信用体系还要以市场为主、政府为辅，并由政府进行宏观调控。

目前，虽然我国社会信用体系取得一定进展，但与经济发展水平和社会发展阶段不匹配、不协调、不适应的矛盾仍然突出。在推进市场化进程中，信用体系的不完善在一定程度上引发了信用危机的产生，技术转移的受让方、发明人和中介机构彼此间没有诚信感，在合作中都深受其害。技术的转移是为了经济成本和收益，如果彼此间的信用出现问题，交易将受到很大程度的阻碍，时间成本将大大提高，进而影响交易成本。许多投资者和发明人都曾强调我国在知识产权方面缺乏信息保护，不敢将资金和先进的技术带进中国，这样又怎么能提高合作率？可见，信用问题已经成为技术转移中的最大阻碍之一，没有良好的信用保证，技术转移将无法得到快速发展。

近年来我国也意识到信用的重要性，政府也开始号召并制定一系列的法律制度，例如，党的十八届三中全会提出"建立健全社会征信体系，褒扬诚信，惩戒失信"，党的十八大提出"加强政务诚信、商务诚信、社会诚信和司法公信建设"，《中华人民共和国国民经济和社会发展第十二个五年规划纲要》提出"加快社会信用体系建设"，《中共中央 国务院关于加强和创新社会管理的意见》提出"建立健全社会诚信制度"。但由于我国在知识产权保护方面的执行力仍然不尽如人意，那些对我国进行技术转移的公司有很多都依靠商业合同中的制约性条款来进行知识产权的保护，因此我国在技术引进和技术转移中处于不利地位。

## 11.3　知识产权技术转移启动的机遇

技术转移，在国外相关领域和学术界中，一般用"技术转移"来表述，在中国，可以用"科学成果技术转化"来相应理解。可以理解为通过一系列的方法，将技术进行加工成品化，成为一种产品或者服务，即意味着科技成果的产业化或者商业化。技术转移不仅给社会带来了财富，同时也是科研成果推动社会科学进步环节中十分迫切且必要的过程。知识产权技术转移产业化或者说商业化，小到个人、团体，大到企业国家，能为其带来经济效益。有了此经济效益，便能积极推动技术转移，从而推动知识、创新、技术的产生，形成良性循环。那么，在全球科技经济等一体化的环境下又面临哪些机遇呢？

## 11.3.1　国家提倡科技创新

技术创新和技术转让是国家间科技竞争的重要途径，也是建设创新型国家的重要途径。创新型国家是指将科技创新作为国家基本战略，通过有效的制度安排和技术手段提高科技创新能力，形成国家核心竞争力的国家。现在，在全球公认的创新型国家有 20 个左右，包括美国、日本、芬兰、韩国等。

（1）政府提倡科技创新

1956 年，周恩来总理亲自提议，主持制定了我国《十二年科学技术发展规划》，为科学技术的发展奠定了基础。1978 年 3 月，邓小平同志在全国科学大会上重申了"科学技术是生产力"的马克思主义基本观点。1988 年，邓小平同志进一步提出了"科学技术是第一生产力"，明确指出科学技术对现实生产力的推动作用。1999 年，朱镕基总理在政府工作报告中指出："当前最重要的是，大力推进改革，加快国家创新系统建设，解决科技与经济相脱节的问题，促进科技成果转化和推广。"2001 年，江泽民总书记在中国科学技术协会第六次全国代表大会上指出要"依靠科技创新实现生产力跨越发展"。在 2006 年召开的全国科学技术大会上，胡锦涛总书记强调要"建设以企业为主体，市场为导向，产学研相结合的技术创新体系，使企业真正成为研究开发投入的主体、技术创新活动的主体和创新成果应用的主体，全面提升企业的自主创新能力"；温家宝总理也在会中提到："从市场出发，加强应用开发研究，提高科技成果转化率和科技进步贡献率，形成具有市场竞争力的产品和产业，促进基础研究和应用开发协调发展"。胡锦涛总书记在 2008 年两院院士大会上的讲话中指出："知识在经济社会发展中的作用日益突出，科技竞争在综合国力竞争中的地位也日益突出，科技已成为支撑和引领经济发展和人类社会文明的主要动力。"

当前，科技创新成果的产业化周期不断缩短，科学发现快速向专利和产品转化，生物技术、纳米技术等新兴技术成果已经不断形成产品并逐渐带动相关产业的发展。新科技革命不断改变传统的生产方式，已经成为现代经济增长的主要推动力量。历史事实证明，依靠科技创新创造新的经济增长点，创新产业结构，创新发展模式，是摆脱危机的根本出路。由此看来，进入 21 世纪，"科技成果转化"早已经成为党中央的重要议事日程。诺贝尔奖获得者杨振宁教授曾说："中国已经掌握了世界上最先进最复杂的技术，如卫星和火箭技术，但中国最失败的地方，是没有学会怎样把科技转化现实的经济效益。"原中国科学院院长路甬祥也指出："无论任何科技创新，如果不经过企业运作，是不可能转化成规模产品的，也不可能真正成为第一生产力，不可能从知识、技术转变为物质财富，更不可能完成从投入转变成新的知识和技术，再从知识转变成为更大的物质财富这一价值循环。"

（2）企业提倡科技创新

技术创新为企业创新活动的核心内容，可以提高生产效率，降低生产成本；制度创新可以使企业的运作更加有序，易于管理，而且还可以摆脱一些旧体制的弊端。

创新是在激烈的市场竞争中生存下来的基本法则。在市场经济的机制中，新技术的出现可能会导致市场的重新洗牌。创新可能导致市场竞争中的创新型企业脱颖而出，而且还可能带来额外利润；以创新为主体的企业才能长期处于领先地位，在市场竞争中立于不败之地。另外，企业家有能力洞察机会和把握创新，企业家是最能发现创新的潜在价值，而创新最能抓住市场的潜在机遇。除此之外，企业要立于不败之地，必须拥有知名品牌，而企业品牌经营需要长期的创新。品牌的魅力就在于不断地创新积累下来的独特的品质和能力。

越来越多的企业已经意识到了创新的重要性。全球最大的跨国公司为了成为国际市场竞争中的赢家，支持其自身强大的研发和创新团队，使企业保持较强的创新能力，每年的研发投入超过10亿美元。多年来，中国的华为、小米、海尔、联想等公司也加大了研发投入。更令人惊喜的是，为了在市场竞争中脱颖而出，中小企业也致力于技术创新。技术创新可以提高物质因素的利用率，减少投资；技术创新可以降低技术投入量，从而降低成本；技术创新可以激发员工的积极性和创造性，促进企业资源的合理配置，从而推动企业的进步。

经过多年的发展，我国大型企业在创新方面已经有所成就，但还有很大的提升空间，尤其是中小型企业更应该借鉴他人成功之路。我国企业可以从以下几点提高自身的创新能力。

1）注重企业文化。在实践中，通过创新的企业文化，培养创新能力的发展。一方面，鼓励创新，保护创新，尊重创新和劳动，优化绩效考核、薪酬激励机制，创造良好的创新氛围和环境；另一方面，推动以人为本，将创新当作企业的灵魂，吸引各类优秀的人才，使企业成为人才的聚集地。

2）培养企业家。人力资本是经济增长的引擎，在科学技术中，发明家和企业家是各种人力资本中最不可或缺的。然而，在实际的科技创新中，创业者的战略眼光影响资源的分配和效率，进而，不可避免地影响企业的经济运行质量。目前，只有消除非本国国民、民营企业的歧视性待遇，为优秀企业家脱颖而出创造有利的条件和环境，才能使人才得到最佳利用。

3）实施股权激励政策。国内外研究表明，创新激励机制的产权制度主要有三个方面：技术创新的溢出效应有效地解决了外部性问题；改变人们的价值观，使创新成为社会的时尚；改变资源的配置，加速创新资源的流动。最活跃的技术创新是信息产业，它对产权制度创新水平的影响是非常显著的。

（3）高校提倡科技创新

在世界技术转移战略的实现过程中，许多国家和地区，将高校作为后方基地。拥有技术开发和技术转让的高校能为国家的科技发展提供支持。国外大学一般会把研究的成果对外公布，并提供咨询、技术服务和培训，还会和企业进行合作开发以及技术入股等，实施技术转移。

高校是我国技术创新的重要源泉，在国家技术转移体系中也具有重要地位。当前我国的各所高校都在积极采取措施来促进高校的技术向企业、产业和地区的转移。高校本身拥有强大的研发能力，通过科技园区的发展，还提供了一个良好的环境，培育出了一批科技型企业。高校技术转移有以下几大优势：①科技成果产业化。大学科技园依托高校，已经与园区孵化企业取得联系，实现了高校科技成果的产业化。②加快技术创新。大学科技园提供的研究和开发工作，需要信息技术的不断创新，提升创新能力，把创新运用到实际。③技术转移孵化器。技术孵化器模式是一种点对线的推进式技术转移过程，以高校为点，以技术孵化的整个过程为线，通过不同的技术转移机构来实现科研成果的转移。

高校还可以通过外部机构，实现技术转移"外包"，即高校将技术转移工作委托专业的技术转移机构，通过技术转移机构使该技术顺利完成技术转移工作。这种方式一般是由高校和区域技术转移机构来完成。区域技术转移机构为区域内技术转移工作提供支持和服务，其客户不仅包括高校，还包括各种形式的企业和组织。它不属于高校的专利技术转移机构，但高校是其间的一个重要角色，如各类孵化器。

依托高校建立国家技术转移中心，有利于建立和完善以企业为主体的技术创新体系，有针对性地找到企业引入本行业和整个社会的科技成果的方式。通过提供资金、技术、人才等资源，利用融资、投资、科技和资本的手段，建立一个桥梁，促进技术资本与产业资本、金融资本的高效融合，加速技术转移。

### 11.3.2　知识产权保护得到重视

在 2006 年《中共中央　国务院关于实施科技规划纲要增强自主创新能力的决定》中明确指出："建设创新型国家是全面落实科学发展观、开创社会主义现代化建设新局面的重大战略举措。这必将有利于提升我国自主创新能力和增强国际核心竞争力，改变关键技术依赖于人、受制于人的局面，必将有利于转变发展观念、创新发展模式、提高发展质量，加快推进新型工业化的步伐；必将有利于弘扬以爱国主义为核心的民族精神和以改革创新为核心的时代精神，大大增强民族自信心和凝聚力，促进全面建设小康社会宏伟目标的实现和中华民族的伟大复兴。"在其配套政策中明确指出："要激励自主创新，建设严格的保护知识产权的法制环境，健全法制制度，依法严厉打击各种侵犯知识产权的行为，为知识产权的产生和转移提供切实有效的法律保障。重视自主知识产权的应用和保护，支持以我为主形成的重大技术标准。"《实施国家中长期科学和技术发展规划纲要（2006—2020 年）的若干配套政策》的第六部分明确指出要"创造和保护知识产权"。在其第（三十三）条中指出："国家科技部门、综合经济部门会同有关部门按照行业和领域特点共同编制并定期发布应掌握自主知识产权的关键技术和重要产品目录，国家科技计划和建设投资应当对列入目录的技术和产品的研制予以重点支持。……国家科技部门会同知识产权管理部门建立知识产权信息服务平台，支持开展知识产权信息加工和战略分析，为自主知识产权的创造和市场开拓提供知识产权信息服务。"在其第（三十五）条中明确指出："建立重大经济活动的知识产权特别审查机制。有关部门组织建立专门委员会，对涉及国家利益并具有重要自主知识产权的企业并购、技术出口等活动进行监督或调查，避免自主知识产权流失和危害国家安全。"

2011 年发布的《国家"十二五"科学和技术发展规划》也明确指出要加快实施国家科技重大专项，大力培养造就创新型科技人才，强化科技政策落实和制定，优化全社会创新环境。"十二五"是提高自主创新能力，建设创新型国家的攻坚阶段。"创新"，在这样的社会政治环境下早已深入人心。2006 年国务院发布《国家中长期科学和技术发展规划纲要（2006—2020 年）》（以下简称《科学技术规划纲要》），指出我国科学及技术发展重点领域及优先主题包括能源、水和矿产资源、环境、农业、制造业、交通运输业、信息产业及现代服务业、人口与健康、城镇化与城市发展、公共安全，前沿技术主要包括生物技术、信息技术、新材料技术、先进制造技术、先进能源技术、海洋技术、激光技术、空天技术。由此可见，在社会生活各个领域和科学技术前沿领域，国家都切实关注其发展和技术的创新，既为具有创新技术的人才施展才华提供了时代背景下的大平台，又为激励个人及企业、机构、高校、研究院所等投入科学探索并取得自主知识产权提供了必要的政策关怀。

由此可见，国家对科技创新、自主知识产权尤为重视，因而占有知识产权极有价值，知识产权的转移作为产品商业化也就不难理解了。党的十七大报告指出："要认真落实国家中长期科学和技术发展规划纲要，加大对自主创新的投入，着力突破制约经济社会发展的关键技术。加快建设国家创新体系，支持基础研究、前沿技术研究、社会公益性技术研究……引导和支持创新要素向企业集聚，促进科技成果向现实生产力转化。"科技成果"转移"、再"转化"为生产力是时代背景下的大需求，加强科技成果的转移和转化也是转变经济增长的需要。

（1）大学建设技术转移机构

进入21世纪后，"自主创新"和"建设创新型国家"成为我国科学发展的战略核心，2006年《科学技术规划纲要》颁布实施。《科学技术规划纲要》以加强自主创新能力为核心、以建设创新型国家为战略目标，明确提出"大学是我国培养高层次创新人才的重要基地，是我国基础研究和高技术领域原始创新的主力军之一，是解决国民经济重大科技问题、实现技术转移、成果转化的生力军。"2008年6月，国务院颁布实施的《国家知识产权战略纲要》，将提升我国知识产权创造、运用、保护和管理能力作为建设创新型国家、实现全面建设小康社会目标的重要制度保障。《国家知识产权战略纲要》明确提出，要通过建立以企业为主体、市场为导向、产学研相结合的自主知识产权创造体系来提升知识产权创造能力，并且强调"促进大学、科研院所的创新成果向企业转移"以鼓励知识产权转化运用，"引导支持创新要素向企业集聚，推动企业知识产权的应用和产业化"。2010年7月，国务院又发布了《国家中长期教育改革和发展规划纲要（2010—2020年）》，再次明确提出要"充分发挥大学在国家创新体系中的重要作用"。由此可见，大学作为国家创新体系中的重要部分，在技术创新和技术转移中发挥了无可替代的作用。

目前我国大学技术转移的模式呈多样化特点：创办科技型企业（大学及其工作人员在研究成果的基础上，通过创办企业的方式实现技术转移）；大学和地方合作（大学和省级或地方政府联合举办的技术转移，通过产学对接、成果展示、技术咨询等形式,向当地企业转移大学的科技成果);共同建设研发中心〔大学(院系或实验室)〕与企业共同创建研发机构,企业负责提供研究经费和部分选题,大学负责研发成果,该企业则有优先享有研究成果权);设立科学技术合作基金(大学与地方政府或企业联合建立研究基地);技术市场交易(大学将研究成果向社会发布,通过技术市场向企业转移技术)。

清华大学于 1995 年 7 月建立了非营利性组织——清华大学与企业合作委员会,其目的是通过学校和企业推动企业技术创新体系与海内外经济合作的深化,研究技术发展趋势和高科技在国民经济中的应用。其一方面为促进科技成果尽快转化为现实生产力提供了技术进步和产业升级的技术支持,另一方面为企业积极培育、输送需要的各种人才,增强了企业技术创新能力和市场竞争力。为了促进社会和经济发展、加强与国内经济发达城市的合作、促进学校横向科学技术的发展,清华大学在 2001 年提出了一种新的合作模式:与多个城市共同成立了产学研合作办公室,协同办公地点为清华大学科技开发部,主要驻扎的是负责办公室日常运营的人员,而办公室科技部和其他需要的工作人员在合作城市,办公室主要职责是整合并利用学校的资源,特别是科技资源,为合作城市提供周全的服务。

(2)社会信用体系建设的逐步规划

加快社会信用体系建设是全面落实科学发展观、构建社会主义和谐社会的重要基础,是完善社会主义市场经济体制、加强和创新社会管理的重要手段,对于增强社会成员诚信意识、营造良好的信用环境、增强国家的整体竞争力、促进社会发展和文明进步具有重要意义。

2014 年 6 月 14 日,国务院发布了《社会信用体系建设规划纲要(2014—2020 年)》(以下简称《信用体系纲要》),提出要加快社会信用体系建设的部署,建立诚实守信的经济和社会环境。《信用体系纲要》强调,社会信用体系建设要按照"政府推动,社会共建""健全法制,规范发展""统筹规划,分步实施""重点突破,强化应用"的原则有序推进。根据《信用体系纲要》,到 2020 年,要基本建立信用基础性法律法规和标准体系,基本建成覆盖全社会的征信系统资源,信用监管体系基本健全,信用服务市场体系更加完善,守信激励机制更加有效,惩戒失信机制充分发挥作用。

《信用体系纲要》明确了具体任务,涉及健康、经济、社会发展等与人民群众切身利益密切相关的 34 个领域,并提出了三个基本措施。一是加强诚信教育和诚信文化建设，通过倡导诚信文化，以及特殊处理重点行业的诚信建设进行树立信誉典型的主题活动，在全社会树立"诚信光荣，失信可耻"的良好作风；二是加快信用信息系统的建设和应用，建立法人和其他组织的统一社会信用体系代码，行业间信用信息互联互通，并通过推进信用信息区域一体化，进而在全国范围形成信用信息共享机制；三是完善经营和激励机制，侧重于社会信用体系，健全守信激励和失信惩罚机制，守信的个体将得到优先级处理，对其实施简化程序、"绿色通道"等优惠政策，建立完善的信用法律法规和标准，培育和规范信用服务市场，以加强信息安全管理。

《信用体系纲要》提出，党中央、国务院高度重视社会信用体系建设，有关地区部门和单位，在推进社会信用体系建设上取得了积极进展。国务院建立社会信用体系建设部际联席会议制度统筹推进信用体系建设，公布实施《征信业管理条例》，一批信用体系建设的规章和标准相继出台；全国集中统一的金融信用信息基础数据库建成，小微企业和农村信用体系建设积极推进；各部门推动信用信息公开，开展行业信用评价实施信用分类监管；各行业积极开展诚信宣传教育和诚信自律活动；各地区探索建立综合性信用信息共享平台，促进本地区各部门、各单位的信用信息整合应用；社会对信用服务产品的要求日益上升，信用服务市场规模不断扩大。

《信用体系纲要》提出，知识产权领域信用体系建设的目标是：到2020年，建立健全知识产权诚信管理制度，出台知识产权保护信用评价办法；重点打击侵犯知识产权和制售假冒伪劣商品行为，将知识产权侵权行为信息纳入失信记录，强化对盗版侵权等知识产权侵权失信行为的联合惩戒，提升全社会的知识产权保护意识；开展知识产权服务机构信用建设，探索建立各类知识产权服务标准化体系和诚信评价制度。

## 11.4 我国知识产权技术转移启动面临的威胁

虽然我国技术转移在几十年的发展中取得了一定的成绩，但与西方那些发达国家相比还存在一定的不足，这些不足对我国技术转移的发展构成了一定的威胁。这些威胁有来自外部的，比如：美国、英国、欧盟等发展比较早，其技术转移工作已经非常成熟，在国际竞争中我国就处于劣势地位；全球化是20世纪80年代以来在世界范围内日益凸显的新现象，是当今世界发展的最重要趋势，我国技术转移面临着科技全球化的挑战。我国内部也存在很多威胁，比如：有很多的科技成果，中小型企业都无法吸收、利用；由于我国技术比发达国家起步晚，科技成果相对来说也比较少，再加上我国转化技术有限，成果转化难度相对较高，无法满足市场的需求。这些威胁给我国的技术转移工作带来了很大的阻碍。

### 11.4.1 国际竞争激烈

在加入 WTO、TRIPS 执行、各国知识产权壁垒加强等新形势下，人们对技术转移重要性的认识迅速提高，技术转移越来越受到重视。

中国的经济发展正处于需要全面提高自主创新能力的阶段。全面提高自主创新是推动产业升级的基础和前提，还能直接影响企业的持续竞争能力。没有自主知识产权和知名品牌，企业就没有竞争力，将会在竞争中处于被动地位。

在引进大量外国投资的同时我国也失去了很多自我发展的机会，在缺乏自主知识产权和知名品牌的竞争条件下，我国的发展只能处于不利地位。因此，在大企业、大集团的发展中，必须把提升企业的竞争力和增强自主创新能力摆在更加突出的位置。

美国的技术转移始于20世纪70年代末，其主要特征是在大学毕业后所获得的专利授权可以转移到企业中继续使用，新技术和新产品研制开发是在专利授权业务的基础上进行的，并在常规或一次性使用许可合同时支付专利授权费。技术转移对企业技术进步和提高高校的科研能力都产生了非常积极的影响。今天，美国主要的研究型大学都有技术转让专门机构。我国的技术转移和研究合作始于20世纪90年代初，主要是企业和高校的科研院所共同研究和开发新产品。在21世纪中，企业所面临的是更激烈的技术竞争和人才竞争等，只基于产学研合作项目的技术转移已经不能适应新形势的发展要求。

在经纪公司中高端技术人才极度缺乏。与普通商品交易相比，技术转让的复杂性和技术经纪人的高风险性，对从业人员有更高的素质要求。一个好的技术经纪人，不仅要懂技术，还要会管理，善协调，具备技术专家、企业家、社会活动家的复合型人才的素质和能力。在美国、日本和其他一些国家，从事技术转让工作的大多是拥有硕士、博士学位等高端人才。在中国，目前从事技术转让工作主要是经验人才。

科技成果转化困难。目前阻碍科技成果转化的体制和政策障碍仍大量存在，高校和科研院所的技术成果与企业需求之间仍需要更有效的对接，我国应采取措施，促进科技成果在应用上有所创新，增加支持科技成果转化所需投资。

只有采取以上措施，才能吸收大量的新兴产业科技成果，加快其培育和聚集。

## 11.4.2　科技全球化

随着经济全球化的不断深入，个人、政府、企业等都不同程度地受到了全球化的影响，技术转移同样不能置身事外。在经济和技术相互依存度更深的国家，技术全球化已经成为无法逆转的一个重要趋势。科技全球化，是指在全球化的趋势下，各国科技共同协调与融合的发展过程。其表现为科技问题的全球化、科技活动全球化、科技体制的全球化、科技影响的全球化。它是全球化浪潮的重要组成部分，其核心是扩大规模和实力，加强科技知识的跨境流动。

国际技术转移不仅有助于全球技术进步，同时也促进了全球经济迅速增长。技术在促进经济增长中的作用越来越突出，技术开发和技术转移紧密结合，经济全球化的大背景为不平衡的经济交流提供了一个便捷通道。国际技术转移日益深化，科技全球化趋势不可逆转。

虽然技术转移已经国际化，但从以下几点不难看出，发展中国家在国际技术转移中面临很大威胁。

（1）国际技术的转移被发达国家主导。发达国家的科技水平明显高于发展中国家，发达国家的技术研发能力的提高也明显快于发展中国家。显而易见，发达国家处于国际技术转移的中心地位。除此之外，技术转移也主要在发达国家之间进行。

（2）跨国公司在国际技术转移中发挥重要作用。跨国公司凭借雄厚的资金实力，加大研发投入，不断开发新技术并对其进行垄断，从而获得并保持市场竞争优势；跨国公司不仅对外输出技术，而且通过跨国并购等方式获取国外的先进技术和专有技术；跨国公司对于先进的技术大多数是通过对外直接投资，并进行内部化的技术转移的方式，从而获取最大的技术垄断收益。

（3）发展中国家的技术转移受到遏制。发达国家通过加强知识产权保护和自身的发展促进科技创新，以遏制发展中国家的科技创新活动。

（4）高端技术转移在发展中国家受限制。发达国家不仅投入了大量的研发经费努力开发高端技术，占领先进技术制高点，同时还着眼于高科技的控制和保护，努力保持长期的技术优势。因此，一般传统技术可以较自由地进行国际转移，而尖端和高新技术的国际转移受到限制。

在全球化的趋势中，发展中国家主要是引进技术而不是输出技术。虽然我国与发达国家共享了国际技术转移利益，但是，作为技术引进国，我国获取的利益远远低于发达国家。国外技术的引进金额比技术出口金额更大，表明我国的技术水平仍处于较低水平，技术转让自然也处于较低水平。我国大中型企业引进技术的成本较大，消化吸收的成本相对较低，但我国注重引进技术，缺乏技术消化吸收再创新的能力。

### 11.4.3 企业吸收能力弱

企业吸收能力指企业评估和选择、消化外部知识并最终商业化应用的能力，包括识别外部新信息、消化信息和应用该信息于提高企业产出的能力。Mower 和 Oxley 认为吸收能力是一系列应用范围较广的技能，它主要用来处理从企业外部转移过来的新技术中的隐性知识，并使之适合于本企业应用，强调不易表述的隐性知识才是企业要吸收的主要对象。

吸收能力较弱，是我国企业尤其是中小型企业普遍存在的问题。

（1）企业研发投入量少，强度低

企业主动行为意识的研发投入还没有完全建立起来。长期以来，中国的研发发展一直立足于国家投资，许多公司认为研发是纯粹的公益事业，而外部研究活动的高风险和不确定性也在一定程度上损害了企业的主动研发活动

（2）资金短缺导致企业研发投资不足

资金短缺是中国企业的研发投入不足的根本原因。我国多数的企业效益较差，长期处于亏损状态，全国 500 强企业创造利润少于美国通用电气公司一家公司。企业不具备一定的经济实力，自然也不能提供足够的研发资金。

（3）企业拥有研发机构的比例低

我国企业研发机构数量少、规模小、创新能力弱，已成为制约企业创新能力提升的重要因素。统计显示，2011 年，我国规模以上工业企业中设立研发机构的只有 2.55 万家，只占全部规模以上企业的 7.8%；其中大中型工业企业中设立研发机构的有 1.2 万家，占全部大中型工业企业的 19.8%。

（4）科技成果管理与知识产权客体的概念混淆，界定模糊

从我国目前的法律政策规定来看，科技成果这一概念的范围和属性尚存在界定上的空白，并且在相关政策之间未就此问题形成明确的观点。由于这样的疏漏，从科技成果管理入手的知识产权管理问题就变得相对复杂和矛盾重重。人们一般认为科技成果就是通过万方数据和中国高技术产业发展促进会的科技活动获取、通过某种方式和载体客观化的物质形式，既包括有形的成果形式，也包括无形的成果形式。但是，知识产权从其法律性质来看属于典型的民事权

利，其形态毫无疑问属于无形的成果形式；另外，知识产权既可能是某种无形成果的载体形式，也可能是某种有形成果的附属内容。因此，法律政策在用语上的模糊和概念上的混乱，使得科技成果管理这一客体在法律调整的范围内出现了盲区和漏洞，从而产生了大学教师重有形"科研成果"、轻无形"专利权"的现象。根据知识产权法的基本原理，知识产权是一项特殊的民事权利；在民事权利制度体系中，知识产权的用语是与传统的财产所有权相区别而存在的。因此，知识产权客体，是指人们在科学、技术、文化等知识形态领域中所创造的知识产品。知识产品客体是与物质产品相并存的一种民事权利客体。

知识产品具体又可以分为三类：一是创造性成果，包括作品及其传播媒介、工业技术；二是经营性标记；三是经营性资信。其中，第一类产生于科学技术及文化领域，第二类和第三类产生于工商经营领域。基于上述原理，知识产权客体在一定程度上包含科技成果，而另一方面，按照现行法律政策对于科技成果登记的有关规定，可以发现科技成果中也包含知识产权形式，特别是专利权形式。究其原因，主要是我国科技体制在历史上受到苏联科技模式的影响，因此，苏联学者根据苏联的民事权利体系提出的"创作活动的成果"理论，也就影响了我国相关制度对于知识产权客体的性质认识。

苏联学者将把类似于知识产权（当时知识产权并未成为通称）的权利的客体统称为"创作活动的成果"。这种创作活动的成果分为两类：一类是科学、文学和艺术作品；另一类是发现、发明和合理化建议，包括使工业产品得到技术和美的统一的艺术新处理的工业实用新型技术。同时，由于科技成果管理与知识产权法律制度分属于不同的学科领域，从而在研究和认识上也存在差异。法学领域中对于知识产权客体的关注焦点集中在对于知识产权理论体系的构建方面，而科技成果管理则从相对实际的角度关注需要纳入科研管理范围的客体。因此，这两个不同的领域形成了相对孤立和重叠的两套话语体系。

（5）大学科技创新与知识产权转移的功能缺失、中介缺位

科技成果转化的主要特征在于科技与产业的结合，突出强调已有科技成果的首次商业化应用、产业化生产和社会化普及。因此，科技成果转化的过程可以分为相互关联的三个环节，即技术开发、后续试验、应用推广。在国家创新体系中，大学作为知识创新的重要基地，发挥着至关重要的基础性作用。无论是在基础科学研究领域的比较优势，还是在特定高技术领域的知识创新能力，我国大学无疑都具有良好的人员、物质和知识条件。但是长期以来，由于对大

学性质和功能的不同认识，使得大学的科技创新活动往往停留在进行知识创新和学术创新等科学领域，而对于技术创新则往往点到为止。

目前，大学需要在保证产学研联盟稳定有序的前提下，更多地将大学科研人员和大学科研平台进行的技术创新通过知识产权许可等形式予以转移，真正将"取之于民"的财政性科研经费成果投入市场，为国家创新体系建设和创新型国家建设提供有力的创新保障。就我国目前的相关政策来看，主要是将大学与公立科研机构等作为国家创新体系的组成部分进行了明确的定位，但在如何发挥大学的知识储备和知识创新的功能、如何实现在研究性大学中更为广泛地开展科技创新活动等具体问题上并未给予足够的政策导引。同时，目前我国大学科技创新的能力严重不均衡，通过国家宏观层面上的政策供给也确实很难解决科技创新能力和知识产权转移中的功能缺失。我国应当尽快出台促进大学科技创新的相关政策措施，其中包括加大大学科研事业费的投入与保障、完善大学国家技术转移中心的建设、建立大学科研机构管理协调机制、建立大学间科学实验平台的共享机制以及完善符合科技创新要求的科研人员评价机制；把促进大学科技创新作为知识源头开发，将知识产权创造这一重要问题置于知识产权保护和利用之前，强化大学运用公共科技平台服务社会经济发展和科技普及与进步的作用，将科技创新作为与教书育人同等重要的社会责任，把有效的财政投入转化为社会共享的知识创新和技术创新资源，为中小企业的创业发展提供公益性和非排他性的技术支持和知识产权转移。

（6）国有资产管理与知识产权利用的政策冲突和调整交叉

目前制约我国大学知识产权转移和利用的最大瓶颈就是与科技成果管理相关的国有资产管理制度。由于我国主要大学均为国家利用财政资源设立的公益性事业单位法人，根据《高等教育法》等相关规定，我国大学的主要资产属于国有资产，其所有权归国家所有。相较于万方大数据和中国高技术产业发展促进会而言，通过数十年的政企分开的经济改革进程，国有企业已经逐步实现了从国营企业向具有现代企业管理模式和法人治理结构的国有企业的过渡。国家在企业的法人结构中只是发挥着出资人和股东的既定作用，对于企业的运营和资产处置仅发挥与其企业地位相适应的必要监督，并不直接干涉企业资产的运营和利用。大学是国家特许设立的事业单位法人，国家对于其投入的资产享有所有者的权利而非出资人的权利，政府机构代理行使相应的直接管理和审批的职能。同时，由于知识产权产品和技术产品的特殊属性，对于这类资产的管理不能也不可能等同于房产设备类的有形资产，也不能等同于学校商标、信誉类的经营性无形资产。在某种意义上，这一类资产具有与学校的教学活动类似的公共品属性。

目前，我国大部分大学按照国有资产管理的相关规定将知识产权纳入学校国有资产的统一管理之中。第 38 条规定：高等学校对举办者提供的财产、国家财政性资助、受捐赠财产依法自主管理和使用。《事业单位国有资产管理暂行办法》（财政部 36 号令）第 3 条第 2 款规定：事业单位国有资产包括国家拨给事业单位的资产，事业单位按照国家规定运用国有资产组织收入形成的资产，以及接受捐赠和其他经法律确认为国家所有的资产，其表现形式为流动资产、固定资产、无形资产和对外投资等。我国大学国有资产构成中的流动资产、固定资产、无形资产等在对外投资中，往往存在着不同的管理关系：支持知识产权产品产生的项目经费属于财务部门管理，鉴定登记知识产权产品的职能属于科研管理部门，而对于知识产权产品的折价、评估和出让又属于国有资产管理部门负责。这必然使得知识产权产品的利用过程复杂、程序烦琐，且流程存在冲突。同样，在国家政策层面上，由于国有资产管理体制没有考虑到科技成果这一类无形资产的特殊价值属性，笼统按照固定资产的管理方式，使得无形资产的管理模式封闭、僵化。没有专门的政策对国有知识产权等相关无形资产的属性和管理进行规范，使得界定国有无形资产的难度大大增加。我国《科学技术进步法》等科技法律对于国家财政投资投入支持的科技计划和项目成果放权于科研机构，就是希望通过科研机构对于相关资产的利用，使其更便利地转移和扩散出去。但由于我国科研机构大多数属于国有事业法人性质，在科技部门释出权利的同时，知识产权成果必然被以国有资产的形式控制起来，一定程度上造成了我国大学科研成果大多束之高阁的现状。

就目前整理的政策文件来看，造成知识产权成果转移困难的因素很多。国有资产管理体制对于知识产权产品的物质性管理，造成成果转移的制度性障碍确实属于较关键的因素之一。换言之，国有资产管理对于知识产权利用的限制，很大程度上阻碍了借助科技成果转移机制释放出的技术扩散动力。这一典型的政策冲突和矛盾，已经对大学科技创新成果的"产出—利用—管理—收益"的技术创新链造成了破坏性的影响，需要得到相关部门的重视。

我国国有资产管理部门、财政部门、教育主管部门、科技主管部门，应针对此问题协调相关政策与法律，做好相关制度之间的衔接和配合，将知识产权产品和技术成果作为特殊的无形资产单独进行规范和调整。大学也应当相应地制定知识产权产品和技术成果登记、转移、利用的规则，将知识产权产品等资产归入经营性资产予以统一运营。这样既能保证国有资产的安全和保值，又能有效地发挥知识产权资产的真正作用，以实现知识产权（Intellectual Property）向知识资产（Intellectual Capital）的最大转化。

## 11.5 我国知识产权技术转移启动的建议

前文已经对目前我国技术转移的优势、劣势、机会、威胁进行了分析，通过这些分析，笔者认为可以参考以下方面着手来改变我国的技术转移的困难局面。

### 11.5.1 完善的知识产权保护力度和法律体系

知识产权制度一方面保护知识创造者的利益，鼓励发明创造的积极性；另一方面又平衡知识创造者和社会公众利益。它的建立需要政府和企业的共同努力。

（1）政府加强对知识产权的管理。知识产权管理是科技计划和科研管理的重要组成部分，政府应该根据计划的目标和特点制定详细的知识产权政策，政府部门还应该建立相应的管理机构和技术转移服务机构。

（2）政府应该建立知识产权托管中心。它可以通过科技管理部门的委托来管理政府科技计划项目，比如科技计划项目立项阶段专利的查询和论证，形成专利的申请，还可以资助项目的一些费用等。

（3）构建企业知识产权战略管理体系。它可以形成与战略环境相结合的自适应机制，确保知识产权战略的实施，提高企业竞争力。自主创新是知识产权战略的最终目的，而知识产权战略则为自主创新提供扎实的基础和动力，知识产权战略体系在很大程度上激励了自主创新。

（4）选择适合企业的知识产权战略。知识产权战略类型丰富，每个企业的情况也各不相同，要学会具体的情况具体对待。

### 11.5.2 建立技术转移机构

许多国家和地区高度重视技术转移服务机构的发展，将此类机构的建设看作政府推动知识和技术创新、传播、扩散、转移的重要途径，支持、鼓励其发展壮大。而那些技术转移发展好的国家都有一些具有影响力的技术转移机构。

从技术转移中介机构的设立来看，技术转移的中介机构主要分为公共技术转移中介机构和民间技术转移中介机构两种类型。如美国的国家技术转移中心、日本科学技术振兴机构以及法国的法国科技部技术转移总署，主要负责从科技、经济发展的战略高度和长远目标出发，对国家整体的技术转移相关活动进行宏观调控。在这些国家中，技术转移中介机构具有很高地位，美国、日本和法国不仅在法律上明确了中介机构应有的权利和资金来源，还直接通过增加对中介机构的财政预算来支持其发展。

目前我国无论是经济还是科技都处在发展过程中，很多中小型民营企业快速崛起。为了经济的整体发展，我国应该根据自身发展情况，大力发展为企业服务的各类科技中介服务机构，促进企业与高校和科研院所之间的知识流动及技术转移。

经过几十年的发展，我国也意识到技术转移机构的重要性。经过这些年的努力，我国也建设了一些技术转移机构，但这些机构在行业规模、功能、服务能力等方面还是不能与那些发达国家相比的。这些问题的解决需要政府以及社会各界的关注与支持，更需要技术转移服务机构自身的不断完善。加快技术转移机构的发展，可以从以下几点做起。

（1）加快国家技术转移示范机构建设

技术转移服务机构是技术转移工作的重要环节，要使我国技术转移工作快速发展，就必须培育一批服务能力强的技术转移服务机构。但目前我国的技术转移服务机构还处在发展阶段，还没达到完全市场化运作的程度。这时就要靠政府的有力支持，特别是地方各级政府要加大对技术转移机构的投入。应该选择和扶持、引导不同类型、不同发展模式的技术转移机构，提升技术转移机构的整体服务能力，创建一批国家技术转移示范机构。

（2）加强技术转移人才队伍建设

在发展技术转移机构的同时，我们不能忽视人才的重要性。毕竟最终，这些技术转移机构运营的好坏完全取决于人。技术转移本身是一项非常专业的工作，往往需要具有技术、营销、法律专长和良好产业联系的人员所构成的群体来承担。目前，我国的技术转移服务机构中缺乏既懂技术又善经营、了解政策法规且具备融资管理能力的复合型人才。因此，加强复合型人才的培养是提升技术转移队伍整体素质的关键。

（3）在大学设立技术转移机构

大学有良好的学习氛围和学习环境，可在潜移默化中增强大学生对技术转移的重视。美国和日本的中介机构多是依托大学建立的，因此技术转移中介人员多是专业的技术人员。鼓励依托大学研究机构建立的技术转移示范机构和独立运作的企业法人或其内设机构提高服务项目的广度与深度，除技术类服务外，加强投、融资服务和信息类服务等综合服务能力建设。

（4）建立技术转移机构联盟

针对不同类型的技术转移示范机构服务项目各有所长的特点，应建立不同类别技术转移机构的合作机制，重点区域可以建立技术转移机构联盟，可以解决资源和信息不能共享等问题，实现优势互补，提高技术转移服务的全面性和系统性。

（5）建设信息平台

针对部分技术市场信息类服务能力不强的特点，建议完善各类技术市场信息平台建设，建立创新驿站，以网络协调各技术转移机构的服务资源，形成全国共享的技术转移公共信息服务系统。

### 11.5.3 完善技术转移政策

行之有效的技术转移政策离不开对国际技术转移政策的比较和分析。通过对我国的技术转移与其他国家的技术转移进行对比，并立足于我国技术转移的发展特点，借鉴其他国家在技术转移方面取得的经验，我们认为，通过从发达国家技术转移，实现对其经济追赶和超越，把先进的技术变为自己的技术并进行创新，关键就是要制定适合本土化的技术转移政策机制。建立和完善国家技术转移政策体制，需要从国情出发，在积极借鉴国外发达国家成功经验的同时，坚持中国特色。应修订《促进科技成果转化法》或制定技术转移条例，健全技术转移法律环境。通过法治实现各部门技术转移政策的高度统一，打破目前技术转移部门和区域自成体系的局面。

在国家政策方面所要实施的技术转移政策如下。

（1）研发经费支持政策

政府支持技术直接通过中介的方式转移到技术机构，促进专业服务机构的发展。国家大型科研项目的资助，项目资金可以通过财政支持直接发给中介，使具体项目的技术转移活动有序顺利进行。在技术转移中，一开始应明确项目开发的任务，使它不断提升管理参与分配技术转让活动的能力，加大技术转移中介机构的管理权限。此外，还可以通过引导使政府资助的技术转移机构更专注于企业的需求，积极提供服务，促进科技资源更好地整合与利用。还可以充分利用财政补贴、税收优惠等政策，对技术转移中介服务的各个方面给予适当的优惠，鼓励发展技术转移中介组织。推动建立技术转移资金，促进各项目科技成果资源的整合。

（2）国际合作支持政策

新中国成立后，在不同时期制定并实施了一些有关国际科技合作的指导方针和政策。在这些政策的指引下，国际科技合作有效地实现了国家的总体目标，也有效地促进了技术转移过程中各种形式的国际科技合作。近年来，我国技术转移中的国际科技合作，为推动我国的自主创新能力发挥了重要的作用。国际合作不仅有助于提高创新意识和科学技术人才的能力，也为我国的科技管理提供了先进的理论和方法。

（3）知识产权政策

技术转移的核心问题是对知识产权的保护和利用。美国知识产权政策的总体原则是鼓励创新，合理的配置资源，提高产业的整体竞争力，提高社会效益。我们应该向那些知识产权保护力度强的国家学习。

（4）组建国家技术转移联盟

组建国家技术转移联盟，整合创新和技术资源。产、学、研、政府、企业和金融等形成大联盟，以促进公益事业和共性技术的发展，加强技术的集成和支持，促进国家、区域和产业联盟的协调发展。

## 11.5.4　提升技术创新力

科技能推动人类社会的进步和发展，是领导社会进步的强大力量。这种革新的力量在人类发展进步的历史中所起到的作用早已得到验证。有数据表明：20世纪初，科技进步在西方发达国家国民生产总值的贡献率只有25%左右，到了20世纪80年代以后，这一比重逐年发生着变化。在当今发达国家，科技进步对经济的贡献率已经达到60%以上。进入21世纪，随着全球经济一体化的形成，整个人类社会完全从传统的时代进化到创新性的科学经济时代。因此，全力促进现代科技的发展，是我们面临的一个重大课题。

中国的未来，很大程度上取决于中国科技的创新力。首先，对中国来说，依赖于廉价的自然资源、劳动力资源和低环境成本促进经济发展，这一切都是不可持续的。其次，中国需要新兴战略产业，为未来的经济发展找到新的增长点。中国面临着越来越严峻的资源短缺局面，需要通过科技发展，寻找新的能源。早在20世纪，党和国家领导人开始高度关注科技成果向现实生产力的转化，清醒地认识到我国技术创新成果转移比较少，科技与经济脱节的问题必须从根本上得到解决。

在 2011 年发布的《国家"十二五"科学和技术发展规划》中也明确指出："要加快实施国家科技重大专项，大力培养创新型科技人才，强化科技政策落实和制定，优化全社会创新环境。'十二五'是提高自主创新能力，建设创新型国家的攻坚阶段。""创新"，在这样的社会政治环境下不是新鲜的字眼，而是早已深入人心。在《科学技术规划纲要》中指出：我国重点领域及优先主题包括能源、水和矿产资源、环境、农业、制造业、交通运输业、信息产业及现代服务业、人口与健康、城镇化与城市发展、公共安全，对前沿技术的关注主要有生物技术、信息技术、新材料技术、先进制造技术、先进能源技术、海洋技术、激光技术、空天技术。可见，在社会生活的各个领域，在科学的前沿技术领域，国家都切实关注其发展和技术的创新，即为具有创新技术的人才施展才华提供了时代背景下的大平台，为激励个人及企业、机构、高校、研究院所等投入科学研究并取得自主知识产权提供了必要的政策关怀。

## 11.5.5　重视知识产权教育和人才培养

美国非常重视知识产权的普及教育。美国的"2061"教育创新计划把大学知识产权教育作为素质教育的一项重要内容。在大学均开设"知识产权教育"课程，要求学生了解科技进步的价值及其局限，掌握包括法律在内的社会科学常识，运用知识和科学的思维方式解决个人与社会问题等。据万方数据统计，在美国麻省理工学院等许多大学中，知识产权课程开设率为 100%，占整个学时的 5%～15%。美国知识产权专业教育以各个大学内设立的法学院为主，人才培养目标为高层次复合型的知识产权法律专业人才。日本将知识产权教育视为精英教育，在《知识产权战略大纲》中将大学知识产权教育和知识产权人才的培养列为四大核心内容之一，并将其纳入日本《知识产权法》加以贯彻实施。日本的知识产权教育体系包括针对中小学生的启蒙教育、针对大学生和研究生的知识产权普及和专业教育、针对一般国民的知识产权普及教育三个层次。发达国家知识产权战略的实施和知识产权教育的普及，增强了其国民的知识产权意识，培养了大批专业的知识产权法律人才，同时也造就了大批复合型知识产权营销和推广队伍。我国高校的技术转移工作尚处在初步阶段，科技成果转化率普遍偏低，2006 年教育部门公布的统计数字为 10%。我国高校技术转移与知识产权保护的制约因素主要有以下几个方面。

（1）我国目前还没有专门针对高校技术转移进行立法，高校内部的知识产权制度也不完善。

（2）多数高校科研工作的重点一直放在追求科研成果的学术水平和获奖等级上，忽视了科研成果的实用价值。部分科研项目在立项时，缺少对市场的研究和分析，科技研发与成果产业化之间的脱节问题没能很好解决。

（3）无论高校负责技术转移的管理人员，还是学校的教职员工，对知识产权知识了解甚少，知识产权保护意识相对也比较薄弱。

因此，我们有必要借鉴美国等发达国家在促进技术转移方面的立法经验，为我国高校技术转移提供法律保障；同时借鉴国外高校技术转移的发展模式和内部知识产权管理制度，结合我国国情和学校的自身情况，完善内部运行机制。

高校将所创造的科技成果向现实生产力的转化，已经成为当今世界高校技术转移普遍追求的目标。它不仅能拓宽学校办学经费来源的渠道，促进学校科研工作，也是提升企业特别是中小企业技术创新能力的重要手段。西方发达国家的一些高校相继制定了比较成熟的保护和利用知识产权的政策，对知识产权的保护和管理贯穿于整个技术转移的过程中，其完善的机制、丰富的经验，值得我国高校借鉴和参考。

# 第十二章　技术转移的机理和影响因素

## 12.1　技术转移机理

### 12.1.1　技术转移体系

托马斯·达文波特认为人们之所以进行技术转移，可能出于获取收益、赢得社会声誉和利他主义等动机。所谓收益，是指技术转移发出方进行技术转移所获得的回报。这种回报包括转让或出卖技术所获得的经济收益，也包括获得与技术接受方共享技术的机会。所谓社会声誉，是指通过进行技术转移所赢得的良好美誉。如很多人把自己的技术通过公共媒介展示，并非为了经济回报，而是为了提高自己的学术影响和地位。所谓利他主义，是指技术转移发出方出于对其专业的热爱、社会责任或者一定程度上的利他主义，对公众或者特定的社会人群发出或展示技术。所谓技术转移的供给能力，是指在一定的市场结构下，技术转移发出方能够提供满足需求方实际需要的技术水平。

技术的流动与传递应包括技术转移的发出方与接受方两个主要的主体，在当今市场经济体系的约束和作用下，还会有其他的参与者，如市场、中介等，还有制定技术转移交易规则、维护交易次序的管理者。因此，技术转移体系内部构成要素应包括四类行为主体：一是技术转移的发出方，二是技术转移的接受方，三是技术转移交易的其他参与者，四是交易的管理者。这四类主体在创新体系的作用下，表现出了自己特有的行为特征。

（1）技术转移的发出主体

一般来说，技术转移发出方是技术转移体系的技术供给者，其在整个体系中占据着重要的地位。因为其供给意愿及能力直接决定着交易过程中技术的数量与质量。所谓的供给意愿，是指在一定的市场结构下，技术转移发出方愿意提供技术转移的主观愿望与动机。技术转移，特别是冷门技术转移，不仅仅是一种重要的资源，同时还是一种权利，与他人分享技术转移，这就代表着削弱了自身对资源的独占和权势。人们转移分享技术，显然是出于一种意愿与动机。那么，技术转移的发出方会出于什么意愿进行技术转移呢？

技术转移体系对其技术供给能力的影响主要表现在三个方面：①整个体系的开放度影响着发出方所能供给的数量；②体系的环境容量决定了发出方所能供给的质量；③体系的制度影响着发出方的创造能力及供给意愿。首先，一个体系如果能充分利用经济全球化带来的便利，将其技术认知维度拓展到能够广泛利用全球的技术和智力资源，就会创造较多的技术供给。其次，如果一个体系拥有足够丰富的资源，包括技术转移主体、技术资源、经济要素资源等，技术供给方就有一个良好的转移条件，提升他们技术创造和供给的能力。一个丰富的资源环境不仅能为技术转移的不断创造和发展提供营养，还能为技术转移的创造和发展提供比较多的改错机会。

对技术转移而言，激发和创造技术供给是其面临的长期任务。一个健康的技术转移系统，应该有良好的激励机制、资源环境和市场环境，使得技术转移创造者把技术在系统之内展示出来，以保证技术转移系统的供给。因而建立在良好动力基础上、有效的技术转移发出主体是保证技术转移系统有效供给、正常运作的基本前提。

（2）技术转移的接受主体

技术转移接受方是技术转移交易的需求者，其需求愿望与实际的接受能力直接决定着交易过程中技术转移的有效需求。所谓技术转移的需求意愿，是指在一定的市场结构下，技术转移接受方的购买愿望与动机。综合不同学者的观点，人们购买技术转移的动机可分为以下几个方面。①为了获取自己不能完成的技术支持，来增强自己的核心能力。强生公司前任科技副总裁罗伯特·Z.高森曾经说过："技术已经变得如此精深而昂贵，以至于世界上最大的公司也无法自己承担。"②很多人购买技术是为了实现技术与资本、人才的有效结合，以此来获取利润。③获取技术创造的机理与机制。有些人购买技术，并非为此项技术本身，而是为了获取技术创造的机理与机制，以利于自身技术创造能力的增强。④为了与自有技术融合，形成系统技术和能力，提高自身实力和水平。

技术转移需求者的实际接受能力包括两方面的含义：首先是经济承受能力，即技术转移需求者的实际购买能力；其次是技术的实际接受水平。众所周知，技术的接受和使用是要建立在技术接受水平之上的。

技术转移的接受主体可以是个人，也可以是组织。由于很多个人购买技术后，他们会建立起相关的企业，所以我们将技术接受者统一认定为企业。由上面的理论可知影响企业技术发展的因素有企业的经济水平和企业的技术接受能力；而企业技术接受能力的高低，取决于企业现有员工的技术和技能水平的高低，也取决于技术与企业功能的匹配程度。

（3）技术转移交易参与主体

由于技术转移交易具有高度信息不对称等特征，特别是在技术转移交易发出方、接受方都很多的情况下，技术转移交易在其他参与者的帮助下完成。这种参与者包括作为技术转移交易平台和通道的市场等，也包括作为技术转移交易搭桥人的中介机构。对于技术中介的概念，国内外还没有统一定义。

刘勤福、董正英（2008）指出技术中介是在技术从产生到用于服务的整个过程中，为技术与经济结合提供必要的资源信息服务的组织。它主要包括科技咨询类、创业孵化类和科技成果转化类机构，涉及技术咨询、技术评估、技术经纪、技术交流、信息服务、人才培训等众多行业。

许静（2001）等认为，技术中介组织是国家创新体系的重要组成部分。笔者认为，技术中介从事的服务活动多是与技术转移相关的，因此，可以把技术中介定义成：以信息、知识、技术和经验为技术供需双方进行联系、介绍、协助开发并为其订立和履行技术合同而进行技术服务活动的组织机构。这些机构最初是由洞察到交易双方的需要而自发产生，在帮助技术转移交易完成过程中谋求自己的收益和回报。目前，这些机构已经融入到技术转移体系的组织架构中，成为技术转移体系中不可或缺的内容。

（4）技术转移交易管理者

技术转移交易管理者是技术转移交易制度与规则的制定者、技术转移交易秩序的维护者，一般也是公共技术转移交易平台的搭建者。显然，承担这一角色的机构一般是政府或者是政府委托的机构。政府在技术转移交易中发挥着不可或缺的重要作用。除了搭建公共技术转移交易平台，维护基本交易制度和秩序外，为了有效促进技术转移创造和供给，政府往往还承担提供公共的基础科学技术的使命；通过支持基础科学创新，扩大基础科学技术转移的供给，带动不同利益主体对可商品化的技术进行开发。同时，由于技术转移交易的高度信息不对称、高交易成本、高度不确定性等特征，政府往往会提供必要的政策鼓励和资源支持，对过高的交易风险予以补偿等。另外，同样出于降低信息不对称度和交易成本、提高交易成功率的考虑，政府还会对技术转移交易的相应服务机构予以支持。当然，创造尊重技术转移的环境、推动社会整体经济技术水平的提高更是政府义不容辞的责任。显然，政府工作效率的高低，直接决定着技术转移交易的成功率，也决定着技术转移体系的效率。

## 12.1.2  技术转移模式分析

根据技术本身来看，技术转移可分为以下三种模式。

（1）从技术内容的完整性上看，可以把技术转移区分为"移植型"和"嫁接型"两种模式

"移植型"技术转移，是指转移技术的全部内容。跨国公司的海外扩张多是通过这种模式实现其技术转移的。这种模式对技术吸纳主体原有技术系统依赖性极小，而成功率较高，是"追赶型"国家或地区实现技术经济跨越式发展的捷径。但转移的支付成本较高。

"嫁接型"技术转移，是指技术的部分内容，如某一单元技术或关键工艺设备等流动而实现的技术转移。它以技术需求方原有技术体系为母本，与外部先进技术嫁接融合，从而引起原有技术系统功能和效率的更新。显然，这种技术转移模式对技术受体原有技术水平的依赖性较强，要求匹配的条件较为苛刻。虽然技术转移的支付成本较低，但嫁接环节上发生风险的频率较大。一般为技术实力较为均衡的国家、地区、企业之间所采用。

（2）从技术载体的差异性上看，可以将技术转移区分为"实物型""智能型"和"人力型"三种模式

所谓"实物型"技术转移，是指由实物流转而引起的技术转移。从技术角度看，以生产手段和劳动产品形态出现的实物，都是特定技术的物化和对象化，都能从中反观到某种技术的存在。因此，当实物发生空间上的流动或转让时，某种技术就随之发生了转移，这是所谓"硬技术"转移的基本形式。

所谓"智能型"技术转移模式，是指由一定的专门的科学理论、技能、经验和方法等精神范畴的知识传播和流动所引发的技术转移。它不依赖实物的转移而进行。通常把这种技术转移称为"软技术"转移。市场上的专利技术、技术诀窍、工艺配方、信息情报等知识形态的商品交易，都是这种技术转移借以实现的基本形式。

"人力型"技术转移，是人类社会较为古老的一种技术转移模式，它是由人的流动而引起的技术转移。如随着人员的迁徙、调动、招聘、交流往来、异

地培养等各种流动形式，皆可引发技术的转移。这是因为技术无论呈现何种具体形态，都是以人为核心而存在，为人所理解、掌握和应用。所以人力资源的流动必然伴随着技术转移。"二战"期间，为躲避战乱及法西斯迫害，欧洲特别是德国大批科学家逃往美国，就曾使这些国家许多领先技术特别是核心技术转移到美国开花结果。

（3）从技术功能上看，又可把技术转移区分为工艺技术转移和产品技术转移两种基本模式

一般来说，在产业技术系统内部并存着工艺技术形态和产品技术形态两大系统，而每种技术形态又包含若干相关性极强的单元技术，它们共同构成社会生产活动的技术基础。从具体生产过程看，工艺技术是产品技术形成的技术前提和物质手段，直接决定着产品的技术性能和生产能力。而从社会生产总过程看，产品技术往往又构成工艺技术的单元技术（广义上说，工艺技术的实体本身就是特定的产品），它又影响着工艺技术的总体水平和效率。

事实上，任何产业技术就其功能而言都不是万能的，而是有其不同的侧重点。当技术侧重于影响生产流程，具有提高效率和扩大产量作用时，把这种技术的转移称为工艺技术转移；而当技术侧重于影响生产过程的结果，有助于提升产品的技术含量及功能拓展时，把这种技术的转移称为产品技术转移。一般来说，农业、采掘业领域的技术转移多属前者，而制造业、信息产业、建筑业等领域的技术转移多属后者。同时，工艺技术和产品技术在功能上又具有极强的相关性。因此，技术转移过程，又往往是通过工艺技术的转移来达到产品技术的升级，或通过产品技术的转移来实现工艺技术的改造。

根据各个参与主体的参与程度不同，技术转移的模式大致又可分为以下四种。

（1）衍生企业模式

以高校技术转移为例，这种模式是指依托于高校自身拥有的衍生企业（Spin – off Company），从而方便地进行科技成果转化，实现其商业价值。其意义不仅在于技术转移本身，还在于衍生企业体现了高校的三功能，即高校除了教育与研究之外，还有其社会责任，即"有责任将新的思想学说和技术发明推广到社会及商业上去，使之成为整个社会的财富"。

（2）技术许可模式

"技术许可"（Technology Licensing）合同实质上是有关技术相关权能（如所有权、使用权、产品销售权、专利申请权等）的契约或合同"。技术许可模

式是指技术的拥有者与技术的需求者签订具有法律效用的技术许可合同,把技术成果在一定期限内转让给技术需求者的行为。这种模式的转化速度快,效率高,适合于比较成熟的应用型技术。

（3）合作研发模式

合作研发（Cooperated Development）模式是指企业与科研机构（高校或科研院所）通过签订契约的形式共同参与技术转移的全过程。在这类模式中中介机构和风险投资机构往往也会扮演重要的角色。这种模式的特点是双方在合作刚开始就确立优势互补的合作方式。此外,用于合作研发模式的科技成果往往含金量较高,可替代性不强,但耗时更久,未来的收益更高,风险也更大。

以美国国家技术转移中心（NTTC）为例。NTTC 是经美国国会批准成立的国家级非营利性技术服务机构,全职工作人员 110 名,经费主要来自美国航空航天局、能源部和联邦小企业局等。经过多年的运作,NTTC 形成了由联邦实验室和大学研究机构、企业、专家网络、6 个地区技术转移中心组成的技术转移网络（见图 12-1）。

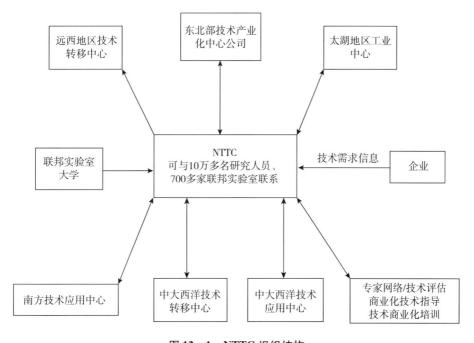

图 12-1 NTTC 组织结构

NTTC 提供技术与市场评估、技术信息服务及技术转移管理、技术转移相关主体领域培训等服务。其最主要的任务是通过自己的网络和 6 个地区技术转移中心的信息网将联邦政府资助的联邦实验室、大学等的研究成果面向全国企业推广。此外，中心还利用自己的关系，帮助企业寻找所需技术。

在运作模式（见图 12 - 2）上，实线表示 NTTC 的主要任务，即从联邦实验室和部分大学的技术机构获取信息，再通过自身的网络以及与 6 个地区技术转移中心的信息网在全国范围内寻找企业，并由 NTTC 介绍实验室和企业接触，促使企业和研究机构达成技术合作意向。在这一过程中，NTTC 的专家网络会参与技术评估的工作，同时 NTTC 会视具体情况收取一定费用。而虚线表示 NTTC 利用自己的关系，帮助企业寻找所需技术。企业把所需技术发给中心，并由 NTTC 代为寻找合适的研究机构和研究成果。一般而言，NTTC 在整个技术转移过程中是一个信息交换的场所，并充当了"介绍人"和"担保人"的角色。

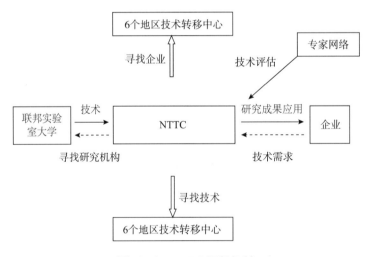

图 12 - 2 NTTC 运行机制

目前为止 NTTC 进行了 4000 种以上的技术和市场领域的全面技术评估。NTTC 还为政府分配了超过 40 000 种的技术支持包，并且为企业进行了 1582 种以上的技术查询。

作为专业的技术与市场评估组织，NTTC 最为突出的是其技术评估能力，其可提供技术扫描、技术预测、技术匹配、投资组合、市场研究、合作伙伴选择等服务。此外，作为连接联邦实验室、大学与企业的桥梁，NTTC 是提供双向，甚至多向技术信息服务的平台，这是其得以成功的重要因素。

（4）企业孵化器模式

企业孵化器（Business Incubator）模式是指一系列拥有特殊功能的机构或公司，专为一些刚刚起步的高科技中小企业提供"孵化"服务，即在它们创业初期，为它们提供资金支持、管理、财务指导、融资、法律、市场推广等各方面专业服务，帮助中小企业的高新技术成果进行技术转移，从而使企业获得利润，慢慢做大做强。

以中自孵化器为例，中自孵化器是中科院的第一家孵化器、第一家留学人员创业园和第一家经营性国有资产委托管理机构，同时还承担了中关村科技园区海淀园高新技术企业服务平台、北京市高新技术企业孵化基地的功能。中自孵化器主要承担中国科学院自动化研究所所有科研成果转化的服务工作和资产管理工作，它的特点是中介资源整合服务。

中自孵化器的基本业务包括以下内容。第一，探索经营性国有资产委托管理新机制，在确保研究所投资企业经营性国有资产保值增值的前提下，进行资本运作，部分或完全退出投资企业，从而实现"投资—回报—再投资"的良性循环。第二，专业孵化器和技术转移、项目服务工作，主要包括四个方面：搭建行业服务体系，实现专业孵化；推进所企强强联合，进行技术转移；组织、申报中科院和政府计划重大项目；实施政府管理智能延伸，纳入中关村科技园区工化体系，开辟海淀园高新技术企业服务平台。正是中自孵化器的这种综合服务能力，使得中科院自动化所的"油品在线自动优化调和技术"成功转移到中石油大庆石化分公司和中石化北京燕山石化公司。

## 12.1.3　技术转移动力机制分析

学者张玉杰分析了技术流动发生的动力和作用过程。他认为，技术流动的动力来自技术市场需求（企业）和技术市场供给（研发者）两个方面。而技术转移（流动）体系由转移主体、转移客体和转移行为三个层面的诸多要素组成。其中，技术转移主体是具有技术创新行为能力和技术使用行为能力的人或法人实体，技术转移客体是技术本身，是由人创造的劳动成果。技术生产与技术消费同时存在，技术进步推动和技术需求拉动的交互作用，促成技术转移的发生和发展。有关技术转移主体和客体的研究业已取得丰富的成果。

魏江从技术势差和能力势差的角度分析了技术转移的动因。由于某一技术在不同国家间技术位势存在"落差"，为了弥合这一"落差"，处于低技术位势的组织为了提高自身的产品技术水平和市场竞争力，实现组织技术能力的增长，就希望从高技术位势的组织引进这一先进技术，从而使技术转移有出现的可能。发展中国家和发达国家在不同技术领域内各有优势，因此发达国家向发展中国家转移具体技术的同时，发展中国家也向发达国家转移其他有优势的具体技术。但从整体来看，发达国家的技术积累、技术转移经验、技术基础设施和科技环境较发展中国家有明显的优势，使得发达国家的能力位势远高于发展中国家，两者出现能力势差，因此，处于低能力位势的发展中国家就希望借助于技术转移实现势差弥合。能力势差的存在，导致发达国家向发展中国家技术转移的绝对性。

以上海贝尔阿尔卡特公司为例：

1984 年，上海贝尔作为中国通信业的第一家合资企业宣告成立，股东架构为中国邮电工业总公司占股份60%，比利时贝尔公司占32%，比利时王国合作发展基金会占8%。后来，比利时贝尔被阿尔卡特兼并，其32%的股份也随之转移，阿尔卡特也正式成为了上海贝尔的股东。只是，由于是中方控股、中方决策，在18年间，上海贝尔一直被看作中国国有企业。

起初，上海贝尔引进的是 S12 程控交换机技术，这项固定通信网络的数字程控交换机技术在当时绝对是业内领先的，并在 2001 年时占有了中国固话交换机总容量的 1/30。

但是，经历18年发展的整个电信市场，早已不再是固网"一网吃遍天"的时代。移动网络、专网……新技术日新月异，当中国土壤中崛起的电信新贵华为、中兴公司跃马扬鞭之时，仅凭一项利润率不断下滑的固网交换机技术，上海贝尔已经显得力不从心。尽管每年都在研发上投入数亿元资金，但研发成果所带来的效益远低于预期……

而合资案的另一主角——阿尔卡特公司，此时也正在经历由于行业变化而引起的阵痛。

拥有超过百年历史的阿尔卡特公司，曾经一度大而无当，从电力、运输到造船、酿酒无所不做。但在 20 世纪90 年代经济全球化背景下，如此长的产品线很难保证各项业务都取得理想业绩。于是在新任董事长谢瑞克的推动下，阿尔卡特公司从 1996 年开始回归专业化道路，只在通信领域内进行业务的全面拓展，业务范围上至卫星，下至海底光缆，当然少不了地面上的各种网络。与诺基亚、爱立信公司等行业内的竞争对手相比，阿尔卡特公司在很多领域都居于领先地位，仍是世界第一大电信基础设施供应商。

新成立的上海贝尔阿尔卡特公司产品种类得到了极大丰富，由传统的交换设备，扩展到移动、数据、终端、传输、接入等多个品种，涉及电信领域的各个方面。但是，这并不等于新公司就拥有了自己的研发能力。对于中国研发人员的能力，阿尔卡特公司的欧美同事颇多怀疑之声，认为他们能力不行、外语不行……国内也有观点认为：引入好的产品，通过好的网络销售出去，新公司就已经有了足够的威慑力。但如果没有研发，上海贝尔阿尔卡特公司岂不又一次成为跨国企业的生产基地和加工厂。

负责企业发展战略与研发工作的徐智群，对自己团队的能力、才华和情商都有高度自信："中国人的能力并不低，接受技术、掌握技术绝对没问题。所以美国硅谷对于 IC 有一个解释：India，China。"

而中国在研发上的成本优势更为明显。徐智群介绍："把整个项目计算进去，人均研发成本相当于欧洲的 1/4、美国的 1/6～1/5。这是直接成本优势，还有很多间接成本优势：我们的人比较吃苦耐劳，老外到了休假时间天塌下来也要去休假，我们的人在市场紧急时可以通宵工作，春节不休假都是经常有的事。并不是强迫他们这样做，而是在市场竞争激烈的情况下，更有灵活度和弹性。"这也是很多跨国公司逐步把研发转移到中国和印度的主要原因。

狄加曾先后担任阿尔卡特公司欧洲和南方区执行副总裁，他除了把阿尔卡特公司相关的流程，如供应商流程、研发流程移植到上海以外，也注意根据中国人的特点进行一些"特色管理"。例如，在上海贝尔阿尔卡特公司厂房内的看板上，就有"大家应该有勇气指出错误"一类的口号，而这在欧洲是没有的。"在欧洲，如果一旦出现什么问题的话会马上将问题往上报。但发现在中国碰到这样的情况，无论同事的问题也好，自己的问题也好，一般来说都不会往上报，而是在同级之间隐瞒，这不是一个很好的现象。如果问题出现了，而你不解决这个问题，问题可能变得更大。所以，为了做好这方面的工作，极力推动大家加强横向沟通，沟通好才能有效地解决。"狄加还表示：在横向沟通中更多强调从正面去引导，及早把问题解决。如果越拖越严重，而给用户带来严重的影响，甚至给公司带来巨大的损失，那么隐瞒不报的人就应该承担相关的后果。

但是做研发也不是一件简单的事。股改前的上海贝尔在研发上面的投入也不少，但是与市场需求的联系却并不紧密。股改后，袁欣一再强调技术研发"市场回报"的重要性。

上海贝尔阿尔卡特公司将研发方向确定为"两个驱动"——市场驱动和

技术驱动。所谓市场驱动，是指做出来的产品要符合市场需求。上海贝尔阿尔卡特公司的主要客户是电信运营商，而现在国内主要运营商都已经是上市公司，它们在进行技术投入时更为谨慎，更多考虑股东的要求，关心的是所做的投入是否带来经济效益，而不能为新技术而新技术。徐智群表示：在这样的情况下，研发团队必须要投客户所好，要去了解客户以解决客户关心的问题，而不是自己认为客户关心的问题。

而技术驱动是指以全新的技术来满足客户需求，在激烈竞争中占有一席之地。现在随着用户基数扩大，低端用户不断增加，人均电信消费不断下降，而要想在低端用户增加的情况下维持人均电信消费不下降，甚至还有上升，就需要拿出创新的东西。

与股改前上海贝尔只专注于中国市场的定位不同，新公司的研发立足于中国和亚太市场，将中国市场的需求带到整个阿尔卡特体系中去，推动全球通信技术的发展。徐智群表示："在新技术的引用、最终用户在网络上享受新技术方面，中国的用户丝毫不亚于欧美用户，很多新技术，如 IPTV，不是落后于西方国家，而是跑在它们前面。"所以，在市场驱动上，在确定一个项目的时候，上海贝尔阿尔卡特公司的战略部门会对今后一段时间内市场上会发生的情况、用户担心的事情作出自己的判断，去影响或参与总部的决策把中国市场和亚太市场未来发展的需要变成产品的策略，与总部同事们一起确定下一步目标和策略，再转换成产品开发。

## 12.1.4　技术转移的动态体系

技术转移的成效主要取决于三方面的条件，即技术引进方、技术输出方和技术本身。对此，可以用一个三维的数学函数表达式 $V = (X, Y, Z)$ 来表示，即技术转移的最终效果取决于不同发展状态的技术（$X$）、引进方的能力（$Y$）和输出方的战略（$Z$）所限定的范围。

（1）不同发展状态的技术

从技术转移过程来看，影响其最终效果的因素，首先要看技术本身。处于不同发展时期的技术，进行转移后有可能带来不同的效果。一般来说，一种技术的发展周期可划分为未产业化时期、前期产业化时期（或导入期）、产业化发展时期、产业化成熟时期及产业化衰退期。而产业技术的发展周期还可能有多个起伏，即可以只有一个发展周期，也可能有多个发展周期。多数主要技术的发展，都会有多个发展周期。不同产业和行业的生产技术，其发展周期也会有较大差别。对此，首先分析未产业化状态的技术，这类技术的社会需求是不确定的，产业化问题没有解决，因而技术的实用价值不确定。这意味着，将此类技术转移后，失败的可能性很大，其成功与否取决于该技术的未来市场的支持环境，以及引进方对该技术的市场、产业化的把握能力。这类技术的产业化过程要有较大的投入，同时要求引进方具有较高的产业基础性技术水平和学习能力。通常将此类技术称作以较高风险取得较大竞争实力的技术。其次，分析前期产业化状态的技术。该类技术已表现为一定的社会需求，但需求水平不稳定。虽然产业化问题已得到部分解决，却相对不经济、不可靠，存在较大的生产技术上的缺口。这种技术转移后，失败的可能性已大大降低，但根据不同的当地市场情况，也存在一定的市场风险。该状态下的技术不单表现为图文载体的技术转移，也表现为产业化的专利技术转移和有一定的操作性的专有技术的技术转移。通常将这类技术的引进称作以较低的风险取得较大竞争实力的技术。如日本企业在引进传统产业的技术时，一般都引进未产业化技术，而在相对复杂、包含较多新技术、新技术转移的领域，则较多引进前期产业化技术。值得注意的是，未产业化和前期产业化的技术的未来发展，很重要的影响因素是周边技术的发展状况。如果支持性技术没有得到足够的发展，则所引进的主导技术就要滞后相当长的时间。现代工业技术发展史已表明，某些技术完善过程相当长，某些则相对较短，其中主要是源于周边技术的发展和支持程度。再次，分析产业化发展时期的技术。此阶段的技术正处于稳定发展时期，社会需求稳定增长，产业化趋于完善，创新活动处于提高质量、降低成本的小革新、小改造时期。由于市场旺盛，因此引进风险很小，投入少，市场回报丰厚。但是，这一时期的技术却多被所有者垄断，即使存在交易，其费用也极高。所以，技术发展周期的这一阶段中的技术转移，往往难以实现。这种现象最典型的表现就是主导型技术转移活动。当然，这时的所谓成熟期的技术，有的也可能具有衰退期技术的性质。最后，分析产业衰退期的技术。该时期的技术已充分固化，市场风险和操作风险都很低，意味着引进方在较低的学习水平和基础技术能力上就可以直接使用该技术。发展中国家多引进此类技术。这个时期的技术优势在于引进方可以很快进入相关市场并有回报，其不足是这种所谓的优势因其衰退型的技术特性而具有短暂性，尤其是不利于市场竞争实力的提高，而且，这种技术的充分固化使引进方自主创新的余地很小。

（2）技术引进方的能力

在技术转移活动中，接受技术的一方自身的技术水平和学习能力是技术转移效果的根本保证。这里结合技术转让活动的主要内容来分析技术引进方的技术与学习能力。技术转让活动主要包括专利技术的转让和专有技术的转让。单纯的专利技术转让类似于未产业化技术的转让，需要引进方高投入和高学习能力的支持。而专有技术转让则对应于成熟期或衰退期的技术转让，需要较低的技术投入及基本的学习能力。对于发展中国家来说，技术转让的内容首先应定位在专有技术的转让上，包括四部分内容：一是加工制造方面的技术诀窍或专有技术的转让，二是操作人员及管理人员的技术培训，三是加工处理原材料及设备维护的技术和经验，四是技术输出方工业上的改进与发展。针对这类技术转让，引进方的技术和学习能力大致需要包含以下四个层次的内容，处在不同的能力层次，所能利用的外方技术的水平也不同。其一，操作能力层次（表现为生产技术基础），处于技术转移活动的基本层次，它代表着引进方对引进技术的正常驾驭能力，要求有常规生产经验和技术，拥有具备相应能力的技术人员和操作者及相应的设备、管理环境的支持。如果该层次的能力欠缺，则技术转移会很困难，甚至最终失败。其二，仿造能力层次（表现为小规模的创新水平），它要求企业技术人员和管理人员有一定的革新意识和相应的革新活动的实践经验，能适时进行小规模改造。这既与实际操作人员的技术能力有关，也与企业的革新文化有关。其三，改造能力层次（表现为技术上的自我支持），在前两个层次基础上，该层次上的能力涉及操作人员的技术能力、研究性创新活动水平和企业设备、资金的支持力度等方面。其四，创新能力层次（表现为领先的设计），包含企业研究开发能力、工程技术人才的水平、企业家精神等内容。对于只具有前两个层次能力的引进方来说，通常只能应用以专有技术为主的技术，主要表现为设备类的固化技术，资金投入上追求外延式的规模扩大。如果引进方企业具有改造层和创新层的能力，企业便能在引进专有技术的基础上，引进单纯的专利技术，通过企业自身的创新活动，走出一条自我更新、自我发展的产品设计和制造的道路。

（3）技术输出方的战略选择

技术输出方所拥有的技术，其产生以来的目的并非为了转移出去，而是为了获得市场的垄断利润。但技术的发展又使技术输出企业必须在两种战略选择中求生存、求发展：一是垄断性战略，即严格控制技术转移；二是交换性战略，即为了获取其他非技术垄断方面的经济利益而输出技术。实际上，技术输出往往构成介于商品输出和资本输出之间的一个国际经营活动中的组成环节。在技术拥有者可以完全依靠商品输出取得当地市场利润时，技术完全是处于垄断状态。当技术拥有者在当地市场遭遇进入壁垒，却可以通过直接投资来获取生产利润时，技术也完全是处于垄断状态。只有处于两者中间的状态，技术转移才会因成为市场竞争的重要砝码而得以实现。

由于技术转移在技术进步中的关键作用及其突出的经济意义，技术转移理论受到技术进步学者的普遍关注。国外文献一般认为，技术转移过程的基本元素是被转移的技术、潜在使用者人数及其决策过程、技术信息的传输渠道。但不同的技术转移模型对这些要素的说明方式是不同的。其中有代表性的一种理论模型就是"传染模型"。该理论认为，技术转移速度如同传染病传播一样。对此，它首先给出一个导数方程：

$$\frac{\mathrm{d}x(t)}{\mathrm{d}t} = \beta x(t)\left[1 - x(t)\right] \tag{1}$$

以此描述技术转移过程，其中 $x(t)$ 为潜在的引进者比例，$\frac{\mathrm{d}x(t)}{\mathrm{d}t}$ 为转移速度，$\beta$ 为转移常数。把上式微分，得到：

$$x(t) = \frac{1}{\left[1 + \exp(-\alpha - \beta t)\right]} \tag{2}$$

（这里：$\alpha$ 为转移曲线的速度上升点，$\beta$ 为曲线上升斜率）

这是一个逻辑推移曲线方程，它表现为一条 S 形曲线。转移速度随时间的推移先迅速增加，跟随者比例急剧上升，到达拐点后迅速下降，最后趋于饱和。这一点正好与前面所提到的技术转移体系中的技术层次特点相吻合，即技术生命周期中的前期技术转移快，而后期的成熟技术转移慢。

运用该理论模型进行大量实证研究的经济学家有曼斯菲尔德、格里利切斯、诺里斯和维奇尼等。他们的研究表明，这个模型方法简单，并且与经验数据有着相当好的拟合度。

传染模型虽然较为成功，但却存在重要缺陷，如传染模型假定采用者的环境是静态的，潜在引进者的人数和要转移的技术在转移的期初与期末都不变，只考虑了技术转移过程中的引进者或需求方面，未注意其供给因素等。这些与事实不符的假设受到批评。对此，一些学者提出了传染模型的替代模型。戴维的模型假定每个企业都有一个接受新技术的临界水平，只有新技术的刺激超过了这一临界水平，新技术才能被引进。所以，新技术的引进就决定于新技术的刺激和接受新技术的临界水平的高低。而临界水平被认为是由企业规模决定的。于是，技术的演变、某个企业的增长率、企业规模的分布就决定了技术转移过程的时间轨迹。戴维斯的模型也充分考虑了企业差别这一因素。戴维模型中的临界水平在戴维斯模型中被称为最大可接受偿还期 Rit。企业之间另一个重要差别是它们对引进新技术的期望偿还期 ERit 估计不同。如果期望偿还期小于最大可接受偿还期，即 ERit < Rit，就可能引进并采用技术。ERit 和 Rit 不仅在给定的时间里在各企业间有所不同，而且随着技术知识在特定领域的积累，它们的数值也会随时间而变化。同时，戴维斯还假定引进采用概率与企业规模成正比。在供给方面，戴维斯把技术分为两类：A 类的特点是技术简单，转移成本低，学习过程短，此类技术在转移初期就相当稳定；B 类的特点是技术复杂，引进成本高，学习过程长，引进范围大，此类技术在转移初期较慢，后期加速。所以技术类型不同会有不同的技术转移曲线。

许多技术转移模型是针对传染模型忽略供给因素的缺陷提出来的。梅特卡夫模型是以熊彼特的新技术出现的概念为基础的。模型的各个独立方程是对增长率、供应和市场需求推导的。新技术的出现形成了一个调整断层，这一断层被理解为均衡市场需求 $n(p_n, a)$ 与技术转移过程中一特定时间的实际需求 $x_n(t)$ 之差。技术需求增长率 $g_a(t)$ 与这一调整断层成比例：

$$g_a(t) = {}''b_n[n(p_n, a) - x_n(t)]  \tag{3}$$

其中 $p_n$ 为新技术价格，$a$ 为新技术对原有技术的优势。新技术所导致的 $p_n$ 下降和 $a$ 上升都可以增加均衡市场需求。

技术供给增长率 $g_s(t)$ 与技术转移的利润率成比例。技术价格上升，其利润率就增加；技术成本上升，其利润率就降低。其公式表示为：

$$g_s(t) = \frac{[p_n(t) - h_0 - h_1 x_n(t)]}{k}  \tag{4}$$

其中，$P_n(t)$ 为新技术价格，$h_0$、$h_1$ 和 $k$ 为常数，$k$ 表示资本金和投资的必要供给。很明显，新技术价格对供求双方的影响是相反的。

假定新技术的供求增长率相等，即 $g_a(t) = g_s(t)$，则有：

$$g(t) = B_n[C_n - X_n(t)]  \tag{5}$$

这里，$g(t)$ 为技术转移速度；$B_n$、$C_n$ 为技术转移速度常数和饱和常数；$X_n(t)$ 为时间 $t$ 时的需求；参数 $B_n$、$C_n$ 由供给和需求的动态共同决定，这两个参数受新技术产生的影响，在技术转移中可能发生变化。

上述技术转移模型的意义在于，它们把影响技术转移的几个微观因素结合了起来，把技术转移的研究推进了重要一步。富有实际指导意义的如其中的诱导机制的可能性、企业规模的效果、影响企业行为的决策规则、技术推动和需求拉力等因素的相互作用等。

此外，有关技术转移的时间模型分析日益重要，它对于我们提高技术转移速度、克服各种时滞障碍有很好的指导意义。其方法论的特点是采用主因素分析法，注重对技术转移有较大影响的关键因素，忽略影响较小的因素。技术转移时间模型是用技术转移的时间－引进采用量（或采用率）曲线来表示的，转移速度由转移曲线的斜率或陡度来表示。这里以艾森伍德（1988）的非均匀影响模型的分析确立技术转移的时间模型，即：

$$ST + 1 = {''}a \cdot (M - NT) + b \cdot (NT)\delta \cdot (M - NT) \tag{6}$$

这里，$ST$ 为 $t$ 时段的采用数，$NT$ 为 $t$ 时段的采用积累数，$a$ 为创新因素（反映自发采用创新的概率），$b$ 为模仿因子（反映已采用者的经验及评价意见对未采用者的影响，即模仿程度），$\delta$ 为非一致性因子（由 $a$、$b$ 共同决定），$M$ 为潜在用户总量。这里主要以 $b$ 和 $\delta$ 来描述技术转移时间模型的形状，以此决定技术转移速度。

在当今技术转移的影响因素日益扩展的情况下，单纯作上述的模型建构还存在不足，要有效说明技术转移的发展规律，还要参考巴兰森的函数模型关系。也就是说，技术转移的成功取决于下述模型表现的五种因素所构成的关系结构，即技术转移的成功水平 $= F (S, T, R, G, M)$。其中，$S$ 为技术供应商因素，$T$ 为被转移的技术因素，$R$ 为技术的接受方因素，$G$ 为技术输出方与引进方之间的技术差距，$M$ 为转移的形式。

## 12.2 技术转移的影响因素

技术转移始于人类社会的形成之初，并随着社会的进步不断地变化发展。近代社会的技术转移主要表现为有组织有目的的贸易交流，现代社会的技术转移主要是以大规模的跨国公司以及外国直接投资为载体的技术转移，同时技术转移的内容也在不断地丰富发展。现在外部竞争日趋激烈，技术进步成为企业竞争优势的主要来源。技术的累积及创新需要长时间在人力及资本等方面进行投入，而且承担着相当大的风险，因此，技术转移由于能够降低开发成本、缩短技术取得时间、加速产品开发以及降低研究开发不确定性风险已经成为众多技术后进企业实现技术追赶的方式。技术转移是技术受让方向技术转让方学习的动态互动过程，是技术转让方的人员、信息、设备和组织等技术要素或由技术要素组成的技术知识系统在技术受让方重建、整合和提升的过程。在技术转移过程中，这种过程是极其复杂的，要受到多种影响因素的制约。资料表明，跨国公司占据着世界上 80% 的先进技术，也是世界科技创新的先导者和主要源泉。另外，在技术转移的主要渠道中，跨国公司的对外直接投资占据了主要部分，只有少数跨国公司集中在政府或者其他非政府组织。因此，为了更好地研究技术转移的效应问题，本书选择着重研究外国直接投资中跨国公司对我国的技术转移，这也是当今技术转移的主要流向（发达国家向发展中国家，尤其是新兴市场转移技术）。跨国公司对华技术转移将技术转让方定位到了跨国公司上，技术受让方即中国本土企业和组织，而渠道则为跨国公司对外直接投资。若将整个过程视为一个系统，系统最终的产出是本国的技术水平提升，这最终需要的不仅仅是硬技术的转移，而关键在于软技术和知识是否得到转移，并被技术受让方真正吸收。

## 12.2.1 影响技术转移的基础因素

（1）技术本体

技术本身的复杂性导致了自身转移过程的复杂性，迫使人们不得不回避这种复杂性而只能从技术本体的状态入手，来考察它对转移过程的制约关系。在单纯的技术转移交易过程中，技术转移供给者可以是个人，也可以是组织。就个人技术转移供给者而言，影响其技术转移供给能力的个体因素主要是个人的经历、能力和特质等，诸如个人的受教育程度、目前积累的技术水平、个人兴趣、价值观念、人格特质、经济支撑等因素。如著名企业家张瑞敏认为，坚定的信念、优良的品德、坚韧的精神、必胜的信心、巨大的魄力、充沛的精力、渊博的技术、丰富的经验、优异的才能等是影响个体技术创新能力的重要因素。就技术转移供给组织而言，影响其技术供给能力即技术创造能力的组织因素是自身的组织变量，包括组织结构、组织文化、组织战略、组织成员、组织惯例、组织投入等。当然，不论是作为个体的技术转移供给者，还是作为组织的技术转移供给者，其自身能力都必然受到环境因素的影响，也就是受到自身所在的技术创新体系的影响。

1）技术发育状态对技术转移的影响

不同发育状态的技术是技术内容成熟程度不同的表征，它会给技术转移过程带来不同的影响。一般而言，技术的发育周期可划分为孕育期、产业化期、成熟期和衰退期。处于孕育期的技术，其形态不定型，产业化问题没有解决，因此使用价值不确定。这意味着它的转移风险较大。但如果未来市场支持环境看好，也可能获得巨大成功。由于引进这类技术虽然交易成本不高，但引进后投入较大，所以它要求技术受体必须具备较强的经济和技术实力。这是以高风险换取较大竞争实力的技术转移过程。处于产业化期的技术，其形态已定型并日趋完善，实用价值较高而风险较低，因此，社会需求看涨。同时它又具有较大的生产技术缺口，改进的空间较大，技术受体同样需要继续耗费较大的使用成本。成熟期的技术，产业化问题基本解决并相对完善，技术支持环境较好，市场需求旺盛。此类技术转移基本上不存在风险。但此类技术特别是其中的主导型技术往往为技术供体所垄断，而非主导型技术转移过程已显露出衰退期技术转移的踪迹。衰退期的技术，社会需求逐渐降低，技术即期风险全无，操作相对容易，即使技术实力和学习能力较低的产业主体，也能够胜任这种技术要求。但由于技术充分固化，技术转移主要以设备形式的转移来实现，因此，交易价值仍然较高。同时，由于技术会在一定范围内走向衰亡，因此，使用这类技术所获得的技术优势和竞争能力相对短暂，不利于技术受体技术实力的积累与发展。

2）技术匹配状态

技术匹配状态是制约其发生转移的又一重要因素。它是指各种相干技术要素之间的依存关系，其中包括技术系统自身的匹配、与其他技术系统之间的匹配，以及与技术受体原有技术系统的匹配三重依存关系。技术系统自身的匹配状态，是表现技术发展程度与成熟程度的重要指标。现实中绝无孤零零的"单元技术"能够发挥作用，任何技术形态都是若干单元技术的有机聚集，所以现实技术似乎都是天然匹配好的，只是匹配的程度不同而已。显然，技术的实用价值大小与发生转移的难易程度直接取决于技术系统内部各单元技术之间的依存关系。同时，一种技术体系的确立，除了内部诸单元技术之间相匹配之外，还必须与外部相关的支持性技术系统相匹配。倘若缺乏这种匹配，该技术至少在即期是没有前途的。如渗灌技术尽管市场前景广阔，但因防堵技术不匹配而无法推广。相反，蒸汽机技术改变交通运输面貌，是在机械加工、铁路、造船等技术系统匹配下才得以实现的。而且更重要的是，即使成熟的技术，当与技术受体原有技术系统不匹配、欠匹配或一时无法匹配时也很难达到转移的预期结果，甚至招致惨重失败。

3）技术环境

技术环境是技术转移活动所面临的、由技术发展各种态势所构成的技术背景。它们都以不同方式在全局上制约着技术的横向转移。一般而言，某一时代科技发展的速度越快，水平越高，在原有技术体系之间"制造"出的技术势位落差越大，从而促使技术转移的频率就越高。同时，随着科技发展速度和水平的提高，新生技术资源会越来越富集，致使特定技术形态在效率梯度排列中的位置，不断由先进向落后加速蜕变，生命周期日渐缩短，淘汰趋势迅速加快，从而为技术转移提供越来越大的选择余地和越来越多的市场机会。此外，科技发展水平在不同产业领域的不平衡态势，也会给不同产业领域在技术源头上造成"先天"的不平等，使其技术转移的难易程度有别而带上行业性的特点。

4）所处行业

发展中国家往往是以粗放型经济为主，即以传统工业为主，主要是资本密集型行业，依靠廉价的劳动力和原材料来发展经济。而现在，随着经济的逐渐发展，发展中国家渐渐意识到发展经济需要依靠质的提高，即新兴产业、高新技术产业才是朝阳产业，才能成为经济发展的强大动力。因此我国政府提出，要将经济增长方式从以依赖资本投入为基础的粗放型方式转变到以技术进步为基础的集约型方式上来。在我国，从总体上看，外商投资主要集中在低附加值的制造加工业，而存在于产品内分工的资本和技术密集型工序或区段较少，在这一类外资吸引项目中，技术转移的水平相当低下，又由于我国的技术水平低，这本身制约我国产业往无高附加值工业转变。但随着我国自身的研发投入不断增加，外商投资也存在可观的技术溢出效应，我国技术水平在相对提高。按照动态的比较优势理论，中国和其他发展中国家，首先应按照要素禀赋，从事劳动密集型工序或区段的生产，然后，通过积累资本和技术等要素，提高自己的要素禀赋，逐步地向高附加值的分工区段转移，从而最终完成产品内分工的产业升级。

（2）转移双方关系

1）互惠程度

技术转移总体而言是一种相互的过程，技术转移必须建立在双方互惠的基础上。在某一时期，拥有者向需求者传授有价值的技术知识，必然伴随在另一时间，先前的需求者从先前的拥有者获得同等价值的知识，给予与技术知识价值相抵的其他报酬，拥有者传授给需求者有价值的技术知识，同时也从需求者那里获得相应的报酬，这会促使拥有者传授给需求者更多的技术知识，导致技术知识共享的自我强化循环。技术知识共享必须建立在共享双方互惠的基础上，才能调动技术原体的积极性和主动性，知识拥有者和知识需求者的互惠程度同技术知识转化效果正相关。

2）信任程度

企业技术知识的共享和交流不仅受技术拥有者传授能力和技术获取者学习能力的影响，还取决于技术拥有者和技术获取者之间的信任程度，尤其是在需要反复交流、模仿和反馈才得以共享和交流知识的情景下，技术拥有者和技术获取者之间的信任对技术知识的传递效率起决定性作用。社会学家科尔曼认为："许多社会交换不是在相互竞争的市场结构中进行的，而是在各种信任结构和权威结构中进行的。"如果信任能成为转移双方相互交往的基础，那么技术转移双方就能建立起一种技术知识传递的良性循环；否则，就会进入一种技术知识保密的恶性循环。当转移双方建立起信任关系后，技术转移双方都愿意为获得共同目标而传递技术知识。因此，技术转移双方的信任程度越高，技术知识转化的效率就越高。

3）知识情景相似性

实践表明，企业文化和组织结构对技术知识流动、转化与创新有巨大的影响。企业文化对技术知识转化的作用，是通过影响企业管理者和员工的价值观、思维方式和行为方式来发挥作用的。企业中非正式的社会关系和社交默契刺激了生产资源的交流和综合，由此促进了技术知识的共享。事实上，企业内的技术知识共享与知识创新本质上是一种受文化驱动的行为。企业的文化类型决定了企业成员对技术知识转移的信念、行为和态度，不同文化类型对于企业内部技术知识转化的影响是不同的。一般认为，不同程度组织刚性的组织结构在知识流动中的作用是不同的。传统的金字塔式的组织体制，企业中层次过多，缺乏适应性和灵活性，使企业内部的沟通存在难以逾越的鸿沟，阻碍员工面对面地互动式交流。企业组织结构扁平化、柔性化、网络化，可缩短上下级之间的距离，解决信息流通不畅、员工学习的积极性和创造力受限制等问题。不同的企业文化和组织结构影响着组织中人员对技术知识具有不同的理解，企业文化和组织结构的相似性越大，技术知识的共享越容易，反之则越困难。

（3）技术受体

技术受体指技术转移的接受主体，即技术的吸纳者和引进方。一般而言，技术受体对外部技术吸纳能力的强弱直接制约着技术转移的渠道、方式和其所能达到的实效。技术吸纳能力，作为从事技术转移活动的本领，是以技术预测能力为起点，包括学习、理解、消化、吸收、模仿、改良、创新等多种能力在内并梯次演进的复杂能力形态。每一种能力都是在前种能力基础上发展而来并包前者于其中，成为衡量技术受体技术实力强弱的基本尺度并最终设定着技术转移所能获得的实际成效。

从实体与属性的关系上看，技术吸纳能力是技术受体内部各种基础性实体要素的技术表现力。技术吸纳能力对技术转移的制约作用，本质上是这些实体要素的集成作用。主要有以下实体要素。

1）技术存量

从实物形态上看，技术存量包括人与物两种要素形态。一般情况下，二者是相互适应的，可以从人的素质与物的效能及二者在量的规模、结构、变动比、老化率等对其进行客观描述和综合评价。技术存量是动态的，如果没有技术增量的介入，技术受体的技术存量会因人们的知识老化、设备性能相对落后、图书资料陈旧等原因而自行衰减。技术存量是技术引进中能够自主动用并借以投入的技术资源，从静态上规定着技术受体引进或承载外部先进技术的内容、规模和形式。

从动态上看，技术存量的调整与更新会给技术转移拓展新的领域和渠道，提供新的市场机会和条件。

2）组织形态

把技术受体内部各种结构性要素之间的有机传导和制约机制称为组织形态。其中产权组织形态的合理化能激发技术受体的创新动机，有助于发挥制度创新的多重功能，对技术转移过程施加积极影响。资产运营形态反映着生产要素的分布及其重组或替代关系，在动态上它能够引起资本结构、产业结构及产品结构的演变和调整，影响技术转移的"波及效应"和规避技术转移风险的能力。职能结构形态是决策、开发、生产、营销等主要部门的设置及其权利划分与制约关系。它的不断优化既可使参与技术活动的部门与个体的技术协作能力形成有效聚集，以实现技术转移的预期目标，又可通过提高生产过程各个环节上的协调运作效率来降低技术转移成本。

3）财力总量

财力总量是技术受体经济实力的重要指标，通常以货币形态存在。在市场经济条件下，技术资源的获取是非馈赠性的，因此，财力总量就成为影响技术受体吸纳外部先进技术的首要经济前提，直接制约着外部技术资源进入技术受体内部的流量大小及其实际作用发挥的成效。需要指出的是，在现实的技术转移过程中，它直接关系到财力总量在支持技术转移中是否达到所期望的有效力度。显而易见，向技术进步倾斜的财力配置结构及其支持的有效规模和力度，是技术转移得以实现并顺利达到预期目标的基本保证。

4）激励机制

随着知识更新的加快，知识创新过程的长期性和知识使用寿命的短期性，使得知识拥有者为规避风险、回收投资，自然会对拥有的知识有意"垄断"。企业希望员工能心甘情愿地将自己的知识贡献出来，让大家共享，从而实现知识的效益，最终达到提高企业竞争力的目的。在此状况下，为解决上述矛盾，必须设计一套管理技术知识的激励机制，使员工勇于创新知识，乐于共享知识和应用知识，实现企业对技术知识的有效管理。激励机制分为传统的物质激励和精神激励机制，两者都是组织存在与发展必备的制度。物质激励是以薪酬激励作为重要手段的。精神激励包括环境激励、目标激励和情感激励等。环境激励指创造优良的环境，激发员工的工作热情，尽量为其提供知识共享、创新所需的包括资金和物质在内的资源；情感激励和目标激励通过建立平等互敬的良好的人际关系，制定既与企业发展目标一致又切合成员实际需要的奋斗目标，激发员工的使命感，进而形成激励进取的内在动力。激励要与相应的绩效考核制度结合才能发挥作用，通过对员工的知识贡献进行考核，确定业绩和效果，并给予相应奖励，形成一个良性循环。

综上所述，可以得出这样的基本结论：技术转移过程是技术本体、技术供体和技术受体这三维变量相互制约、协调互动的过程。在技术本体给定的条件下，能否实现技术转移，主要取决于技术供体的意愿，而技术转移的成效，主要取决于技术受体的经济实力和技术素质。技术供体的知识保护性越强，越难以实现技术知识的转化，技术供体的知识管理能力和知识转移能力越强，越能帮助技术受体发现技术知识与显性知识之间的联系，利于技术知识转化；技术供体的知识存量越大，激励机制越健全，知识吸收能力和知识管理能力越高，越有利于促进员工对技术知识的全面掌握和理解，从而有利于技术知识转化；技术转移双方的关系直接影响着技术知识在两个不同团体之间的流动，双方的互惠程度、信任程度和知识情境相似性越高，技术知识在双方之间的流动越顺畅，技术知识的转化越容易；而技术知识本身的特点也影响着技术知识转化的效果，技术知识的缄默度和结构复杂性程度越高，越难以挖掘技术知识与其他知识的关联性，技术知识越难以理解和消化，技术知识转化的效果越差。而且，在这些影响因素中，技术知识本身的缄默度和结构复杂性对技术知识转化的影响最大，这个客观因素的效果只能通过技术供体和技术受体各自能力的提高来抵消。❶

---

❶ 于翔瑜. 技术转移中隐性知识转化的影响因素研究［D］. 大连：大连理工大学，2007.

### 12.2.2 影响技术转移的政策因素

（1）政策环境

良好的政策环境是跨国技术转移得以有效实施的重要保证，这包括国际政策环境和国内政策环境，而国内政策环境则需要结合考虑跨国公司所在国的技术政策和本国的技术政策。但由于技术转让国和受让国利益出发点不同，跨国公司自然倾向于选择一种它们能够对技术有足够控制权的技术转移方式，而本国则倾向于一种尽可能促进当地技术水平提升的深层次技术转移方式。为了达到一种互惠的局面，本国必须以政策激励跨国公司积极参与到它们的技术水平提升的过程中来，创造条件通过各种渠道来促进跨国公司对当地进行有效的技术转移。而为了协助发展中国家得到更好发展，一些国际组织，比如亚太经合组织、WTO 在技术转移国际条约上为发展中国家争取了非常多的利益。

1）国家政策环境

许多发展中国家出于对本土工业的保护而限制国际贸易和外资的引进，如日本、韩国这些发达国家都曾经经历过这个阶段，在技术转移政策上非常谨慎，偏向于设备的引进和技术许可的购买这些非外国直接投资渠道。但是研究证明，在开放经济（贸易）下，技术转移中知识扩散的效应是非常显著的，通过外国直接投资渠道产生的技术转移效应要优于技术许可，通过强制政策要求跨国公司转让技术使用权，很有可能导致跨国公司降低转让技术的质量，甚至出于技术控制的目的，跨国公司会对投资持观望态度，强制政策下则减弱外国直接投资的流入。因此近年来，外国直接投资政策在发展中国家开始逐渐得到改进，政策更倾向于吸引外国直接投资，以期从中最大限度地转移技术到本国来鼓励和支持本土企业的技术发展。所以，对于技术受让国而言，它们的政策主在集中在如何改善投资环境吸引外国直接投资上，刺激跨国公司积极投资。对于投资者而言，完备的基础设施、政府的稳定性和政策透明、合理有利的投资政策是决定的关键，当然还有一点就是本国需要具备吸引高级人才流入的环境政策，因为他们才是技术转移、知识转移的真正载体。本书一直强调技术转移效果很大程度依赖于技术受让方的技术吸收能力和技术创新能力，这一点在前文阐述技术受让方对技术转移的影响时已经得到具体阐述。因此在讨论技术受让国所应采取的政策时，除了强调要制定吸引优质外资的政策以外，也同时需要再次强调外资带来的先进技术能够被转移的可能性，这意味着国家要制定政策来鼓励吸收先进技术，提升本国企业和组织技术能力。

2）国际政策环境

早在 20 世纪 70 年代，世界贸易组织就开始启动关于国际技术转移协议的制定，从起初鼓励国际市场中的技术贸易，到近几年，越来越多的研究表明，技术贸易由于其本身的矛盾发展滞缓，技术转移更多流向外国直接投资这样的渠道。而在这样的渠道下，本国对技术的吸收能力逐渐成为问题的关键，因此这一类关于促进发达国家企业向发展中国家转移技术的政策意见在许多国际性多边协议（Multilateral Environmental Agreements，MEAs）中得到了体现。这些协议认为发达国家应该尽可能采取可行的措施来促进先进技术（Environmentally Sound Technologies，ESTs）和知识转移到发展中国家，甚至提供经济上的帮助来实现这一过程，以协助发展中国家提升它们的技术能力。需要特别强调的是，由于历史原因，发展中国家普遍严重缺乏知识产权意识，而且在技术转移过程中，为了尽可能最大限度地获得技术，许多发展中国家在起初并没有在这方面作出很大的努力。这直接导致了技术转让方对技术外泄的极大顾虑，对技术转移产生了负效应。另外据实证研究表明，外国的专利申请与本国的生产率增长（Productivity Growth）显著相关，且专利引用对于知识扩散有极大的促进作用，尤其是在高新科技领域。尤其值得关注的是，近期研究一致表明专利与外国直接投资流入存在正相关，即专利的增加促进外国直接投资的流入，不过这一发现只存在于中等收入的发展中大国。因此近几年在一些国际组织的敦促和帮助下，发展中国家对知识产权的重要性有了新的认识。多年来，在全社会的共同努力下，中国保护知识产权取得重大进展，各类关于知识产权保护的法律法规体系日益完善。另外，在知识产权保护实践中，我国形成了行政保护和司法保护"两条途径、并行运作"的知识产权保护模式，这种执法机制的形成，大大加大了知识产权执法力度。尤其是在 2001 年我国加入 WTO 之后，我国更是从各方面认识到，国家知识产权制度的改进从根本上说是支持科技创新，保护科技创新，激励科技创新，起到了促使新技术商品化和市场化的作用。❶

（2）技术转移的发展趋势

根据《科学技术规划纲要》精神，我国正大力推进科技进步和自主创新，进一步深化科技体制改革，努力发挥市场在优化配置科技资源中的基础性作用，加速科技成果转化，增强自主创新能力，加快调整产业结构，转变

---

❶ 苏静. 跨国公司对华技术转移效应影响因素分析［D］. 上海：同济大学，2008.

经济增长方式，提升产业整体技术水平，技术交易市场也必将得到较大发展。

1）加快技术市场法规和政策环境建设，加强政府宏观引导。在继续深入贯彻《科学技术进步法》《促进科技成果转化法》《合同法》《专利法》等法律的基础上，加快研究制定有关促进技术市场发展、规范技术交易行为、保护技术交易者权益的法律法规和相关配套实施细则。各地区应根据本地区实际情况继续完善地方性技术市场法规、政策，形成健全的技术市场法律法规体系，推动全国技术市场尽快走上法制化轨道。

2）积极探索并逐步建立技术市场的社会信用体系和有关科技中介服务机构的信誉评价体系，健全技术市场准入制度，通过建立技术市场各类相关主体的信用档案和记录以及开展信誉机构认证等工作，推进技术市场信用管理基础工作建设。

3）进行技术转移标准化，建立较为完善的技术转移标准化体系。我国虽然有了技术转移交易市场，但大量的技术成果并未得到有效转化。这里的关键在于技术成果的"二次开发"，通过技术转移标准化，允许科研院所、高校以及其他国有企事业单位对已有的技术成果进行"土地式"的丈量、划分和界定，其价值的确认应以政府指导为辅，市场机制为主。

4）在深化企业制度改革、使企业成为研究开发和技术转移的主体的基础上，建立各种鼓励政策，创造技术的供给和需求，建立企业技术转移的风险补偿机制。充分发挥技术创新主体研究开发新技术和使用新技术的积极性，以提高技术进步的速度以及技术向现实生产力转化的比率。给予技术的输出方以优惠的税收政策、充足的资金投入、可控的资金管理、技术的专利和许可证所有制度；给予技术的输入方正确的市场引导、良好的科技管理制度，鼓励技术再革新等。严格规范技术发明、技术创新；提高技术的商品化程度，明确技术的边界，提高其可识别度；提高技术的高、新程度，鼓励高新技术的发明创新，提高技术转移的动力。

5）建立畅通的技术交易通道，加强区域、专业技术市场发展和服务体系建设。整合技术市场中介服务资源，提升技术市场服务水平，加强技术市场专业人才培养，提高技术市场管理经营队伍素质，加强技术市场基础设施建设，提高技术市场公共服务能力。大力培育和发展各类科技中介服务机构，引导科技中介服务机构向专业化、规模化和规范化方向发展。发展多种形式、面向社会开展技术中介、咨询、经纪、信息、技术评估、科技风险投资、技术转移交易等服务活动的中介机构，促进企业之间、企业与高校和科研院所之间的知识流动和技术转移。鼓励民营企业及民营资本参股和进入技术市场中介服务机构，引导技术市场中介服务机构通过兼并重组、优化整合做优做强，实现组织网络化、手段现代化、功能综合化、服务社会化的发展目标。健全科技中介服务体系，为各类企业的创新活动提供社会化、市场化服务。整合科技中介服务资源，根据创新成果转化和商业化的全程服务链条，创建和发展以常设技术市场、技术交易机构、技术转移交易机构、技术转移中心、科技开发中心、科技成果转化中心、生产力促进中心、科技评估机构等为主的技术市场协作服务机制。支持和培育一批国家级技术市场中介服务机构，为自主创新的全过程提供综合配套服务，开展科技计划项目的招投标、计划项目成果的技术转移、推广等试点，使其发挥技术市场主导和示范带动作用，具备参与国际竞争的综合实力。进行技术转移交易的广泛合作。本着"互信互利、自愿平等"的原则，就信息发布、项目推介、人员培训、成果鉴定等方面的合作达成共识，多方发挥各自优势，通力协作，将会取得互利共赢，共同发展。完善和发展网上交易市场。网上技术交易市场是传统有形技术交易市场和网络信息技术系统的结合与创新。通过互联网连接全国各级技术转移交易市场和其他各相关网点，具备信息平台、交流平台、交易平台、服务平台和管理平台各项功能之优势，形成覆盖全国技术交易市场的中介系统。其优势表现在：可以消除信息的不对称，提高技术交易的效率，降低技术交易的成本，提高科技信息传播的交互性和同步性。

6）进行技术转移交易制度的创新实践。通过不断发现和解决技术转移交易中发生和存在的问题，为技术转移交易市场的发展建立创造良好的政策环境，建立一整套行之有效的市场竞争和保护机制，建立统一的市场法规、行业标准、规则、规范，研究建立技术转移交易全国信息共享平台，鼓励多种交易方式的市场并存，减少对技术转移交易的束缚，加强行业自律和监管，推动技术转移交易市场的逐步完善和可持续发展。

目前全国性的技术转移交易市场工作正处于从起步走向发展阶段，各项技术转移交易业务逐步发展。作为资本市场的新生力量，技术转移交易市场的完善和发展任重而道远，摆在我们面前的是更多的机遇与更大的挑战。展望未来，技术转移交易市场开始进入政府意志主导为主、市场机制为辅的发展时期，技术转移交易机构承担着大量的技术转移化的推广工作。提高自主创新能力，建设创新型国家，这是国家发展战略的核心，是提高综合国力的关键。目前，我国企业和产业面临新技术和知识产权的严峻挑战，只有把先进的技术与资源和劳动力优势结合起来，不断创新，才能真正形成长期竞争优势。为提高国家竞争力的高度，应通过对技术转移交易规律的市场探索和实践，全面推进技术转移交易市场的建设与发展。技术转移交易必将面临一个战略转型期，可以预期，技术转移交易市场有着光明的前途和未来。

# 第四部分　实务篇

# 第十三章 技术资产价值评估

在找到一个合适的技术交易目标企业后，或者有购买意向的买家主动找上门来后，技术供给方可不急于谈判，而是先为自己的技术成果，也就是技术资产定价。从情感上来说，自有技术好比生养的孩子，可以说是无价的，但是从理性上来处理如何定价的问题，则要考虑市场对该技术的需求以及认可度，需要参考公允的第三方评估机构作出的价值评估结果。在技术交易中，价格问题经常成为阻碍技术成果转化的瓶颈之一，因此对技术资产进行合理的价值评估是比较重要的工作。

## 13.1 技术资产评估的内容

技术资产评估就是对技术资产在某一时点的价值的估算，它是指有一定资格的评估主体，根据特定的评估目的，选择公允的评估标准，按照一定的评估程序，运用科学的、适当的和公认的评估方法，对评估对象在某一时点上进行确认、评价和报告，为资产业务当事人提供价值尺度的一种社会经济活动。它是企业投资决策、资产经营和资产交易、技术贸易的必要前提。

### 13.1.1 技术资产价值特点

技术资产作为一种特殊商品，具有一般商品的共同属性，是使用价值和价值的统一体。但由于技术资产是以智力劳动为主的劳动产物，这种智力劳动具有高增值性的特征，因此同一般商品相比，其使用价值有其自身的显著特点。❶

（1）技术资产的知识性。由于创造技术资产的劳动以智力劳动为主，因此技术资产是智力劳动的结晶。虽然技术资产也有物质形态，但物质形态往往

---

❶ 张永榜. 技术资产价值评估方法研究［D］. 长沙：中南大学，2004.

是知识内容的载体，对技术资产来说更重要的是其物质形态中所包含的知识内容。有些技术资产是新发明的或含有创新成果的设备、产品，这些设备同其他同类设备、产品的根本区别也在于它们包含着独创的、先进的技术成果，因而具有优于其他同类商品的性能。

（2）技术资产的独创性。新技术开发是突破原有技术的创造性劳动，其成果能够极大地提高工作效率，或者能够提高工作质量和产品质量，或者能够节省资源，保护环境，能够为拥有者带来超额利益。这些成果的取得往往要耗费研究者大量的时间和精力，甚至屡经挫折才能取得成功。因此技术成果不可能大量开发出来，也不存在许多单位同时创造出同一技术成果的情况，从而，技术资产具有独创性的特点。

（3）技术资产的时间性。随着社会科技进步加快，各种技术的更新换代越来越快，这就要求新的技术应当及时转化为成果，尽早为其拥有者带来更多的利益，以免过时贬值。

（4）技术资产的风险性。技术成果自其产生到实际应用，中间一般要经过研制、技术交易、将新技术应用于新产品开发，以及市场拓展等过程，这一过程中的每一个环节都有着巨大的风险性。技术资产的风险性也是其重要特征。

## 13.1.2　技术资产成本构成

技术研发成本是开发该技术资产的整个过程中发生的一系列劳动消耗的货币表现。不同的科研单位研发不同的技术资产，因其开发方式的不同其具体开发成本会有很大差异。一般来说，技术资产的具体成本构成包括可以直接归属到具体资产项目上的直接成本和需要按合理标准分配计入具体资产项目上的间接成本两大类。❶

常见的直接成本有以下内容：

① 材料费：是为完成技术资产开发而消耗的各种材料、能源、动力、试剂以及辅助材料等支出；

② 专用设备费：指用于为完成该项技术资产开发而购买并一次性计入成本的研究设备，如仪器、仪表、计量装置以及专用辅助工具等项费用；

③ 资料费：指为开发该项技术资产而购买或发生的图书资料、技术资料、参考文献、复印资料等项费用支出；

---

❶ 张永榜. 技术资产价值评估方法研究［D］. 长沙：中南大学，2004.

④ 外协费：指在开发过程中因委托、聘请其他科研服务机构从事某些研究或提供服务而发生的各项费用，如外加工费、制图和数据处理费、分享技术转包费等；

⑤ 咨询费：指为解决某些问题而发生的技术咨询、信息咨询、技术鉴定等方面的费用支出；

⑥ 差旅费：指有关人员因工作需要而发生的公务出差费用；

⑦ 其他费用：指与该项技术资产开发直接有关的其他各项支出，如贷款利息支出、保险费、劳动保护、物件运输、存储以及专利申请手续费和竞标开支等；

⑧ 科研人员工资：指在一定时期内参与该项技术资产开发的研究工作人员、辅助人员的工资及必要的津贴费等。在我国，这一成本还应包括按比例提成的科研人员的福利费。

间接成本主要包括以下内容：

① 管理费：因组织、管理、协调工作而发生的一切开支，如科研管理人员办公费、差旅费以及管理人员工资性开支等；

② 折旧费：指为开发某项技术项目的机器、通用设备、试验建筑等固定资产的折旧费用；

③ 摊派费：指某些公共费用必须按一定比例分摊到该项开发项目的科研工具等不构成固定资产的购买费用以及供科研用水、电等项支出。

## 13.1.3 技术资产评估方法

正如前面所提及的，技术资产的创造性、生产的一次性、获利能力的不确定性、成本费用的模糊性、自身形态的不确定性、价值创造与补偿的特殊性，导致对其进行价值评估较为困难。

国际上资产评估传统常用方法有重置成本法、收益现值法、现行市价法（分别简称成本法、收益法、市价法）三种。

（1）成本法

成本法，是指在评估资产时，按被评估资产的现时完全重置成本减去应扣除的损耗或贬值，来确定被评估资产价格的一种方法。具体说就是根据重新构建与被评估资产相同或类似的全新资产，并在此基础上扣除被评估资产因其使用、存放和社会进步、社会经济环境变化而对资产价值的影响，而得到资产按现行市价以其新旧程度为基准的评估价值。

成本法的基本计算公式：

资产评估值 = 重置成本 - 实体性贬值 - 功能性贬值 - 经济性贬值

其中，实体性贬值又称有形磨损贬值，指资产在使用或存放过程中因磨损、变形、老化等自然力作用引起的价值损耗。实体性贬值是其累计折旧额的重要组成部分，对技术资产评估来说通常不包括该项内容。

功能性贬值是指由于技术进步，出现性能更优越的新资产，从而使原有资产部分或全部失去使用价值而造成的贬值，经常表现为投资成本或运营成本的相对增加。

经济性贬值指因外部经济环境变化而导致技术资产应用受到限制、收益下降等造成的资产价值的无形贬损。

成本法是目前国际上公认的评估资产现值的三大基本方法之一，也是我国早在 1991 年以国务院令的形式确认的基本评估方法之一。特别是在市场经济发达、知识产权交易频繁的西方国家，应用该方法比较普遍，经过它们多年的实践经验，证明该方法是一种十分科学和可行的方法。但是，成本法也有它的局限性。比如，成本资料缺乏完整性。由于发明权、专利权、工业设计等知识产权等一般都是多年开发和研究的成果，每年都有大量的人力、物力、财力投入其中，如没有设立单独的账户核算，在评估时就无从查找和计算。另外，原始成本的不确定性和无据可查也使这种方法的客观性大打折扣。❶

（2）收益现值法

传统价值评估法中公认最合理、有效的方法是收益法。收益法是以从被评估的资产中确定的未来收益现金流为基础来确定技术的价格。收益法的计算公式是：

$$V = \sum_{t=1}^{n} \frac{F_t}{(1 + D)^t}$$

其中，$V$ 表示技术的净现价值，$F$ 表示未来现金收益流，$D$ 为折现率，$t$ 表示折现的期限。

折现率按下列公式确定：

折现率 = 无风险利率 + 通货膨胀率 + 风险报酬率

收益法的优点主要体现在以下几个方面：①将技术资产的获利能力量化为预期收益，并将其作为被评估对象评估作价的基础，反映了资产经营目的和优

---

❶ 王清丽. 知识产权评估及其变现［D］. 北京：对外经济贸易大学，2002.

质优价的市场价格形成机制的特点；②在技术资产获利能力真实、预测科学的情况下，能较准确、合理地评估出技术资产的价值，有利于维护产权主体的正当权益；③充分考虑了投资者贴现的预期收益和风险，能与其投资决策相结合，体现了产权交易的公平合理性。

（3）市价法

市价法又称市场法或销售比价法，指按现行市场价格作为价格标准，借用参照物的现行市价，经适当调整后，据以确定资产价格的一种评估方法。市价法就是在资产评估项目的产权主体变动的假设下，被评估资产的交易或模拟交易如果符合公开市场条件的情况下，按照公开市场的价格形成机制和现行市价标准，借助可供比较的参照物，针对影响资产价值的各项因素，将被评估资产分别与参照物逐个进行比较调整，再综合分析各项调整结果，确定被评估资产在评估基准时点上的现行公允价值。

市价法一般适用于整体资产评估和预测未来收益的单项资产的评估，特别适用于技术资产等无形资产的评估，但需要具备被评估资产是可以用货币衡量其未来收益的单项资产或整体资产、社会基准收益率或行业收益率和折现率可以确定、资产所有者或经营者承担的风险等因素可以用货币来衡量等条件。

使用市价法时，必须满足两个最基本的前提条件：其一是需要一个活跃的公开市场；其二是公开市场上要有可比的资产及其交易活动作为参照物，参照物及其与被评估资产可比较的指标、技术参数等资料是可以收集到的。

市价法的使用也存在两个障碍。其一，技术型无形资产市场交易活动有限，市场狭窄，信息匮乏，交易案例很难找到。即使有参照物，由于技术市场还处于初级阶段，其交易价格具有很大的偶然性，不能反映资产客观价值。其二，技术型无形资产的非标准性，使评估师很难确定技术型无形资产的差异。

成本法、市价法和收益法在技术型无形资产评估中无优劣之分，有各自的适用条件，应根据具体情况合理选用。由于成本法和市价法的选用受到无形资产成本弱对应性和非标准性等条件的限制，在目前环境下，收益法是技术型无形资产评估普遍选用的方法。❶

除了上述三种常用方法，1977 年斯图尔特·迈尔斯（Stewart Myers）首先

---

❶ 赵永莉. 技术型无形资产评估方法选择研究［J］. 经济研究导刊，2016（16）：144 – 146.

提出"实物期权"的概念，借助于大量的金融期权定价技术，使得不同情景下的定价技术获得了重大的进展。目前也有不少学者开始将实物期权与其他方法相结合，试图以更加全面的方式研究新技术价值。❶ 实物期权的价值计算可分四步：第一，将技术资产看作一项期权，了解其实物期权特性；第二，分辨出技术资产实物期权模型中所使用的参数；第三，计算技术资产实物期权模型中所使用的参数；第四，运用实物期权定价公式计算出实物期权的价值。

实物期权法考虑了不确定性因素，其重要功能在于发现和计算技术资产隐含的选择权的价值，结合传统的技术资产价值评估方法，得到技术资产的评估价值，对于实践有重要参考价值和现实意义。但实物期权法不是对传统技术资产价值评估方法的取代，而是对传统资产价值评估方法的有益补充，也是一种新方法和新思路。❷

## 13.1.4  技术资产价值影响因素

影响技术资产价格形成的因素很多，既包括政策法规、宏观经济形势、科学技术发展的总趋势、技术市场供求变化等宏观经济因素，也包括技术评估的目的，技术自身的特征、经济寿命和法律状态，技术应用带来的市场效益，社会效益以及替代技术的发展，还有各种投资性和收益性风险的影响因素等。在技术资产评估中，通常主要考虑到以下对技术资产价值产生影响的因素。

（1）技术资产自身的状况，包括以下内容：①本项技术的权属期等法律保护状况。②技术资产的开发成本，含直接成本和间接成本，通常作为技术资产评估价值的下限。③技术的成熟程度。它决定了该技术能否被引进方短期内消化、吸收并为其创造价值。④技术的更新周期。技术的寿命对其价值有着相当大的影响。技术寿命长，更新周期长，替代技术的出现较晚：对许可方来说，可以在较长的时间内选择适宜的对象，有的可进行多次转让，从而有效提高研发者的收益；对于引进方来说，则可以在较长的时间内获得该技术资产带来的经济效益，使技术资产的投资利润率提高。⑤技术所属行业的利润状况。不同的行业、不同的技术领域，其平均利润率不同，反映在技术资产评估上就有差异。通常技术产品市场前景广阔、应用范围广的技术资产其产业平均利润率就要高些，其评估价值也就大些，其技术的利润分成或技术的销售收入分成相应就占有较高的比例。⑥技术的使用情况。使用技术所需要具备的经济、政

❶ 娄岩，张虹，黄鲁成. 新技术价值评估研究综述［J］. 科技管理研究，2010（17）：24－27.
❷ 周盟农，黄校徽. 基于实物期权的无形资产价值评估［J］. 中国资产评估，2016（1）：42－46.

治、设备、工艺、原材料、环境等方面的前提及基础条件，技术启用时间、使用范围、使用者数量、使用权转让情况等都会影响其评估价值。⑦专利权或专有技术成本费用和历史收益情况，包括专利权申请或购买、持有、延续等支出，专利使用、授权使用及转让所带来的历史收益等。⑧专利或专有技术的具体内容，如技术名称、类别、具体内容、适用领域等。⑨技术资产的收益期和预期收益额的有关情况等。

（2）技术资产主体的环境。技术资产评估是在特定的政治、经济和法律环境中实施的，宏观的社会环境包括国家法律环境和政策环境如产业政策、进出口关税政策、税收法律、市场环境等，都对技术资产的价值评估产生一定的影响。

## 13.2　技术资产评估的价值体现

在国际资产评估准则中，资产评估的价值类型分为两大类：市场价值类型和非市场价值类型。凡是能够满足市场价值定义的价值类型均称之为市场价值，否则，则称之为非市场价值。采用市场价值类型的评估结果必然反映的是资产在交易市场上的公允价值，而采用非市场价值类型评估的结果反映的不一定就是不被市场共同认知的价值。

技术资产交易时因具体交易方式和交易条件的差异，其价值表现形式会有所差异。在交易过程中，技术资产价值表现形式通常包括以下三个方面。

（1）专利或专有技术的转让费或许可费。指技术受让方支付给转让方因受让方对专利或专有技术的使用而发生的费用。在技术市场和技术贸易中，这种货币形式的报酬通常也称作价格或使用费。专利或专有技术的转让费或许可费，是转让方从事专利或专有技术研究和开发费用的分摊或回报，也是对转让方因转让专利技术而在特定范围内失去其技术产品市场利润的补偿。这项费用包括专利或专有技术的基本设计、生产流程、质量控制程序、产品检测方法等方面的研制开发费用和专利的申请、实施和转让的费用，是专利或专有技术收益中的主要部分。在国内、国际技术贸易中，这项费用通常占到整个专利或专有技术价值的2/3，也是转让方获取利润的主要部分。

（2）专利或专有技术资料费。指转让方为实施专利或专有技术转让而向受让方提供的项目设计资料、专利或专有技术说明书、安装图纸、维修操作手册等方面的费用。一般情况下，这项费用只占专利权或专有技术的价值的

10%左右。

（3）专利或专有技术服务费。包括转让方派员到现场提供安装调试、技术指导等项服务的费用，同时也包括培训及通信、联络费用等。该项费用约占专利或专有技术价值的1/4。

了解以上内容之后，我们就可以开始寻找一家权威的评估机构来开展评估工作。

## 13.3 技术资产价值评估流程

（1）前期准备阶段

1）签订资产评估委托协议书

资产评估委托协议书是指受托方与委托方共同签订的，据以确定资产评估业务的委托与受托关系，明确资产评估工作双方的责任与义务等事项的书面合约。资产评估委托协议书具有法定约束力。委托方与受托方就约定事项达成一致意见后，经双方签字盖章，资产评估委托协议书方可生效。资产评估委托书签订后，任何一方对资产评估委托协议书提出补充修改，应以书面形式获得对方确认。

2）提供所需数据与资料

委托方需向专利评估服务机构提供如下资料。

① 委托方基础资料：工商企业法人营业执照、税务登记证、组织机构代码证、生产许可证等；企业基本情况简介、公司章程、法定代表人简介、组织结构图；企业营销网络分布情况；新闻媒体、消费者对产品质量、服务的相关报道及评价等信息；其他。

② 专利技术资料：专利研制人简介；专利证书、专利权利要求书、专利说明书及其附图；最后一次的专利缴费凭证；专利技术的研发过程、技术实验报告，专利技术所属技术领域的发展状况、技术水平、技术成熟度、同类技术竞争状况、技术更新速度等有关信息、资料；专利资产目前实施状况及实施经营条件；专利技术检测报告、科学技术成果鉴定证书、专利技术检索资料、行业知名专家对技术的评审等；专利产品的适用范围、市场需求、市场前景及市场寿命、相关行业政策发展状况、同类产品的竞争状况、专利产品的获利能力等相关资料；专利产品项目建议书、合资合作意向书、可行性研究报告或技术改造方案；专利权相关受理、转让、许可、变更（合同）等法律文书及价款

支付凭证；专利技术基本情况调查表。

③ 财务资料：专利实施企业近 3 年资产负债表、损益表或与专利产品相关财务收益统计；专利产品开发研制资金投入及费用统计；专利产品的型号、规格、销售单价及定价依据详细介绍；委托方（专利实施企业）未来 5 年发展规划；委托方（专利实施企业）对该专利产品未来 3～5 年的收益预测及说明。

④ 其他资料：专利产品获奖证书、高新技术企业认定证书；专利维持年费按期缴纳承诺书；委托方承诺书。

⑤ 评估小组现场考察，填制所需资料。

（2）评价估算阶段

评估方在完成第一阶段时将会开展交流座谈，同时会收集相关数据，进行相应的调查，并核实委托方所提供的资产验证资料，这些将有助于确定评估方法、编写评估报告、确定评估价值，最终完成评估报告审核。具体步骤如下：

① 整理工作底稿和归集有关资料；

② 评估明细表的数字汇总；

③ 评估初步数据的分析和讨论；

④ 编写评估报告书；

⑤ 资产评估报告书的签发与送交。

编写评估报告书又可分两步。

第一步：在完成资产评估初步数据的分析和讨论，对有关部分的数据进行调整后，由具体参加评估各组负责人员草拟出各自负责评估部分资产的评估说明，同时提交全面负责、熟悉本项目评估具体情况的人员草拟出资产评估报告书。

第二步：就评估基本情况和评估报告书初稿的初步结论与委托方交换意见，听取委托方的反馈意见后，在坚持独立、客观、公正的前提下，认真分析委托方提出的问题和建议，考虑是否应该修改评估报告书，对评估报告中存在的疏忽、遗漏和错误之处进行修正，待修改完毕即可撰写出正式资产评估报告书。

（3）出具报告阶段

在出具报告阶段可细分为六步：

① 出具报告草稿；

② 就评估值交换意见；

③ 出具正式报告；

④ 收取评估费；

⑤ 提交报告；

⑥ 资料存档备案。

资产评估报告书是建立评估档案、归集评估档案资料的重要信息来源。因此，评估机构撰写出正式资产评估报告书后，经审核无误，按以下程序进行签名盖章：先由负责该项目的注册评估师签章（两名或两名以上），再送复核人审核签章，最后送评估机构负责人审定、签章并加盖机构公章。

# 第十四章 交易操作

技术转让方对拟转让的技术资产进行了价值评估，有了初步的定价方案之后，就可以进入实际交易环节了。

这一环节我们将关注如何拟订谈判计划以及怎样进行有效的谈判。

## 14.1 谈判计划拟订

在研究草拟谈判计划时，我们首先要考虑的几个问题是：①我们到底要什么？②我们需要付出什么才能得到我们想要的？③是不是真的值得进行这一交易？

我们知道，一个产品从创意产生到成功进入市场，中间需要经过很多步骤，如设计、测试、生产、物流、融资、营销、分销以及售后等。很多情况下，这些环节不太可能由一个企业单独完成，价值链中的某些步骤需由其他企业承担。因此，如何确保所有参与者都从交易中获得最大效用是需要受到重视的问题。

另外，我们还要思考是只做一次性买卖，还是将对方作为一个管道，让我们的一系列技术不断通过这个管道进入市场？如果是后者，就需要与对方建立长期的合作关系。对于不同的关系预期，在实际交易时会采用不同的操作模式，聚焦点也会有些不同。

在对以上问题进行充分考虑之后，我们接下来需要将拟转让的技术资产包明确下来。

在有合作意向或是进行接触洽谈时，应审查对方是否符合基本要求，是否具备相应的主体资格，这是审查的重点。例如，合作对方是企业，应核实营业执照的真伪、其经营状况是否良好、近几年的诉讼争议情况、社会及行业中的信誉评价是否良好等。并且，保留合作对方的有关资料也必不可少，这样有利于在产生纠纷提起诉讼时己方有利证据的提供。

合同谈判、签订之前，要求参与合同谈判、签订的有关人员事先掌握基本的法律知识，对我国《合同法》的相关条款具有相当的了解，树立起与签订技术合同有关的法律意识，以保证合同签订的程序及合同内容合理合法，避免因违反国家相关法律而带来的风险。在细节方面，一方面要对核心技术保密，防止对方以签订合同的名义，窃取关键技术，造成己方不必要的损失。或者在进行洽谈前签订保密协议，一旦违反，将承担相应的法律后果；另一方面要对技术合同中涉及的技术方案、技术指标等进行可行性分析，以避免合同规定的相关技术要求不能实现而造成的风险。❶

## 14.2　谈判过程管理

要想使谈判收效最大化，应对谈判过程进行设计和管理，建议做到以下几方面。

（1）提前搭建良好关系。进入实质性谈判阶段最为重要的是双方建立信任关系。而提前做好人脉关系的搭建工作将非常有助于交易的顺利完成。比如，在探索性的基础研发阶段，与相关技术专家和研究伙伴建立友好关系；在应用研究和发展阶段，与最终用户、潜在投资者、平台供应商等建立联系；在设计和生产工程阶段，与顾客、销售商或潜在技术转移目标企业建立良好关系。

（2）选择合适的谈判地点。最理想的情况应该是在自己一方所在地召开这种面对面的会议。当然，如果对方实力很强大，在市场中的话语权远超过己方，或者对方有合理的理由在对方的场所面谈，也是应该欣然接受的。

（3）向对方精心而有效地介绍技术资产。谈判中一个首要的重点内容就是向对方阐述：为什么己方的技术可以为对方赚钱，为什么己方的技术比别人好，为什么己方的技术在本领域是最好的。

（4）力争达成框架式协议。层层推进谈判的深度，记录讨论内容，达成共识并形成文件。

（5）确定最终合同文本，并共同履行。

在技术转移协商谈判中，"损人利己"或过分苛求己方的利益，一则可能

---

❶ 雷舒雅，舒涛. 技术合同风险防范策略研究［J］. 成都大学学报（社会科学版），2013（4）：11–14.

使谈判失败，二则给今后的合作蒙上阴影，使双方都受到损失，会从根本上偏离技术合作的初衷。因此"双赢"（Win – Win）这一现代谈判观念已逐渐被广大决策者接受。谈判过程是争夺与让步的博弈，当双方的经济利益达到某种平衡，即双方都比较满意时，谈判才能成功，合作得以形成。实际上，由于技术合作带来的经济利益的互补，双方对冲突目标的偏好存在不同程度的互补，因此客观上存在达成互惠互利协议的可能。双方实际上获利多少取决于合作的结果，当协议能最大限度地调动双方的积极性，使其在长期合作中都努力扩展"蛋糕"，产生更多的总体利益，则谈判结果对双方都有利，实现双赢。

## 14.3　谈判内容管理

谈判一般包括以下基本内容。

（1）技术类别、名称和规格。即技术的标的。技术贸易谈判的最基本内容是磋商具有技术的供给方能提供哪些技术，引进技术的接受方想买进哪些技术。

（2）技术经济要求。因为技术贸易转让的技术或研究成果有些是无形的，难以保留样品以作为今后的验收标准，所以，谈判双方应对其技术经济参数采取慎重和负责的态度。技术转让方应如实地介绍情况，技术受让方应认真地调查核实。然后，把各种技术经济要求和指标详细地写在合同条款上。

（3）技术的转让期限。虽然科技协作的完成期限事先往往很难准确地预见，但规定一个较宽的期限还是很有必要的；否则，容易发生扯皮现象。

（4）技术商品交换的形式。这是双方权利和义务的重要内容，也是谈判不可避免的问题。技术商品交换的形式有两种：一种是所有权的转移，受让方付清技术商品的全部价值并可转卖，转让方无权再出售或使用此技术。这种形式较少使用。另一种是不发生所有权的转移，受让方只获得技术商品的使用权。

（5）技术贸易的计价、支付方式。技术商品的价格是技术贸易谈判中的关键问题。转让方为了更多地获取利润，报价总是偏高。受让方不会轻易地接受报价，往往通过反复谈判，进行价格对比分析，找出报价中的不合理成分，将报价压下来。价格对比一般是比较参加竞争的厂商在同等条件下的价格水平或相近技术商品的价格水平。价格水平的比较主要看两个方面，即商务条件和技术条件。商务条件主要是对技术贸易的计价方式、支付条件、使用货币和索赔等项进行比较。技术条件主要是对技术商品供货范围的大小、技术水平高低、技术服务的多少等项进行比较。

（6）责任和义务。技术贸易谈判技术转让方的主要义务是：按照合同规定的时间和进度，进行科学研究或试制工作，在限期内完成科研成果或样品，并将经过鉴定合格的科研成果报告、试制的样品及全部技术资料、鉴定证明等全部交付受让方验收。积极协助和指导技术受让方掌握技术成果，达到协议规定的技术经济指标，以收到预期的经济效益。

## 14.4 合同签署及履行

### 14.4.1 合同管理的意义

技术合同是当事人就技术开发、转让、咨询或者服务订立的确定相互之间权利和义务的合同。技术合同与普通经济合同相比有共同之处，但也具有一系列的特点：一是合同主体的宽泛性，二是合同内容的复杂性。为了保证技术交易的顺利进行，技术交易双方必须重视技术合同，认真地研究、起草和签订技术合同，作为日后指导和约束双方交易行为的基本依据。由于技术合同是知识形态的商品通过市场进行交换的法律形式，同时，技术合同是以技术为标的的合同，因此，加强企业技术合同管理有利于科学技术的进步，加速科学技术成果的转化、应用和推广。

### 14.4.2 技术合同的类别

根据《合同法》，技术合同按内容可分为技术开发合同、技术转让合同、技术咨询合同、技术服务合同。

（1）技术开发合同

技术开发合同是指当事人之间就新技术、新产品、新工艺和新材料及其系统的研究开发所订立的合同。技术开发合同包括委托开发合同和合作开发合同。在技术开发合同中转让方一般要注意以下几点。

1）在共同研究某一项目时，可以主张专利申请权、专利权双方共有，共同享有权利，分担义务，并共同分享利益。当然，也可以根据具体情况约定一个比例，但是切忌把知识产权拱手让与他方。

2）这种开发是否用到了原来所持有的专利技术或者非专利技术，无论是使用哪种，都需要清楚这种技术与共同开发技术是有区别的，使用一方已有技术是要支付一定费用的，也就是说要界定清楚已有技术与共同开发技术的知识产权权属问题。

3）应约定好后续改进知识产权的归属问题。

（2）技术转让合同

技术转让合同是指当事人就专利权转让、专利申请权转让、技术秘密转让所订立的合同。技术转让合同的标的是现有的、特定的、成熟的技术成果。在技术转让合同中，经常会涉及专利权转让和专利申请权转让两种形式。

技术转让合同涉及技术所有权的变更，因此要根据不同种类的技术转让提出不同的要求，但是一般要注意以下几点。

1）应当明确转让技术的名称、内容和期限。专利权转让、专利申请权转让、技术秘密转让都涉及技术项目的具体内容，在合同中要详细说明。期限是指专利权或技术的有效期限。如果超过了专利保护期限，则成了公开信息，受让人就没有必要去购买该专利。这是受让方需要考虑的问题。

2）技术情报、资料及其他相关文件的提交期限、地点和方式要约定清楚，是全部转让还是有条件的转让等要写在合同中列明。

3）转让费用及其支付方式。可以约定分期支付，也可以约定一次性支付。

4）技术指导和协助。有些技术需要专业技术人员指导实施的，合同中应当有要求。但是应当约定有偿还是无偿，无偿的话有没有次数限制。

5）技术转让合同在履行过程中有一个技术后续改进从而产生新的技术成果权属的问题。所谓后续改进，是指在技术转让合同有效期内，合同一方或者合同双方当事人对作为合同标的的专利技术或者非专利技术所作的革新和改良。如果合同中没有约定，那么法律上就推定专利申请权归改进方。

（3）技术许可合同

技术许可合同是技术实施许可合同，就是技术许可方把自己的技术或者专利许可被许可方使用，被许可方支付使用费用的合同。合同中应把允许被许可方使用的期限、地域范围、技术范围等写清楚，还要明确支付费用的方式以及支付额度。

技术实施许可共分为以下三种：

第一种是独占性实施许可，即在许可方享有技术的所有权，但是许可被许可方独家使用的权利。在这种情况下，许可方不仅自己不能使用该技术，也不能把该技术再许可其他人使用。

第二种是排他性实施许可。这种许可方式下，许可方享有技术所有权，在一定的期限和地域范围内允许合同对方来使用该技术，许可方自己也可以使用这项技术，但是许可方不能再许可其他人去使用这项技术。

第三种是普通实施许可。这种许可方式下，许可方保留了技术的所有权，可以自主地把技术许可给多地域的多个企业或者个人使用。

（4）技术咨询合同

依据我国《合同法》规定，技术咨询合同是指就特定技术项目提供可行性论证、技术预测、专题技术调查、分析评价报告等形式的合同。履行技术咨询合同的目的在于：受托方为委托方进行科学研究、技术开发、成果推广、技术改造、工程建设、科技管理等项目提出建议、意见和方案，供委托方在决策时参考，从而使科学技术的决策和选择真正建立在民主化和科学化的基础之上。因此，技术咨询合同的履行结果并不是某些立竿见影的科技成果，而是供委托方选择的咨询报告。技术咨询合同有其特殊的风险责任承担原则，即因实施咨询报告而造成的风险损失，除合同另有约定外，受托人可免于承担责任。这一特殊的风险责任承担原则是技术开发合同、技术转让合同、技术服务合同中所不具有的。

（5）技术服务合同

技术服务合同，是指当事人一方以技术知识为另一方解决特定技术问题所订立的合同。这类合同的被委托方一般是拥有技术的一方，委托方出资并且享有最终的成果；当然根据当事人双方的意思表示一致，也可以约定技术服务合同的技术成果由双方共享。

## 14.4.3 合同签署中的注意事项

《合同法》第2条第1款规定："本法所称合同是平等主体的自然人、法人，其他组织之间设立、变更、终止民事权利义务关系的协议。"第8条第2款规定："依法成立的合同，受法律保护。"第322条规定："技术合同是当事人就技术开发、转让、咨询、服务订立的确立相互之间权利和义务的合同。"因此，完善的技术合同是合同所确立的项目得以顺利实施和当事人权利与义务得以实现的法律保障。技术合同的签订是技术交易项目能否确立、实施，合同双方权益能否实现的重要初始环节，合同双方都必须认真对待，慎重行事。为了减少和避免合同纠纷，减少和避免因合同条文的疏漏造成的不必要损失，签订技术合同时，必须注意以下几个问题。

（1）合法合规

首先，签订技术合同必须符合《合同法》的一般原则，即不得有《合同法》规定的无效合同的情形，合同当事人的法律地位必须是平等的，合同的签订是自愿的，合同条款经双方协商一致并符合公平、诚信和公序良俗等原则。其次，签订技术合同，必须符合《合同法》对技术合同的要求。《合同法》第323条规定："订立技术合同，应当有利于科学技术的进步，加速科学技术成果的转化、应用和推广。"为了保证这一原则的实现，《合同法》第329条还规定："非法垄断技术、妨碍技术进步或者侵害他人技术成果的技术合同无效。"最后，签订技术合同，还必须符合其他相关的法律和法规要求。凡是国家相关法律和法规禁止生产、经营的产品和项目，其技术合同也是无效合同。

（2）文本完善

通常各省市的科技主管部门都制定了技术合同的示范文本，有的甚至强制要求使用示范文本。虽然示范文本对于没有法律常识的合同当事人而言非常重要，但是示范文本通常过于简单，而其提示性的条款有时也没有受到合同当事人的重视。因此，因使用示范文本而引起的合同纠纷也越来越多，而这些纠纷很多是因为合同没有约定或者约定不明造成的。同样，本书也只是一般性地介绍，并不能适用于每一个个案。签订技术合同最好还是聘请专业律师参与合同谈判，制作合同文本。一般情况下，一份完整的技术合同应当包括两个部分：一部分是合同条款，约定双方当事人之间的权利义务关系；另一部分是工作说明书，详细说明技术合同所涉及的技术项目的范围及实施方法、实施过程、进度以及验收方法等。在工作说明书中应当将项目实施过程拆分成若干阶段，详细描述每一阶段的目标、合同双方的责任、完成本阶段工作的标准以及本阶段应当提交的文件。

技术合同条款一般包括以下内容：

1）名词和术语的解释。很多人不重视这一条款，以为这只是律师们多此一举。事实上，技术合同中往往会涉及很多专有名词和技术术语要加以说明。另外还会涉及一些通用名词需要界定；若不界定，就容易引起歧义。

2）项目名称、内容、范围和要求。此条似乎比较简单，其实不然。尤其是对技术功能及相关具体要求的描述必须精确、详细、具体，没有歧义。

3）履行的计划、进度、期限、地点、地域和方式。对于技术风险较小的项目应当明确项目完成的总进度和每一阶段完成的进度，并直接与违约责任相联系。对于技术风险较大的项目也应当有相应的时间要求，在约定的时间里若不能完成相应的技术开发工作，双方可以重新评估合同是否继续履行或者合同如何变更履行。

4）双方的权利义务。除约定双方的权利义务外，还应当约定双方如何相互配合、如何对待对方的工作等。通常应当指定项目代表，行使权利，履行义务。

5）技术情报和资料的保密。保密条款是技术合同中非常重要的条款，保密义务也应当是双方的，而不是单方的。保密条款应当对技术秘密和商业秘密等进行定义，应当约定保密义务的范围、方法、保密处理程序、保密期限以及失密救济等内容。

6）风险责任的承担。这是技术开发合同必备条款，应当区分技术能力和技术风险，明确约定风险责任的承担以及控制风险的措施。

7）技术成果的归属和收益的分成办法，价款、报酬或者使用费及其支付方式。这是直接关系到受托方利益的条款，需要谨慎约定。一般应约定：委托开发完成的发明创造，申请专利的权利属于研究开发人；研究开发人取得专利权的，委托人可以免费实施该专利；研究开发人转让专利申请权的，委托人享有以同等条件优先受让的权利。对于委托开发或者合作开发完成的技术秘密成果的使用权、转让权以及利益的分配办法，也要明确约定。对于技术合同价款、报酬或者使用费的支付方式，可以采取一次总算、一次总付，或者一次总算、分期支付，也可以采取提成支付或者提成支付附加预付入门费的方式。约定提成支付的，可以按照产品价格、实施专利和使用技术秘密后新增的产值、利润或者产品销售额的一定比例提成，也可以按照约定的其他方式计算。提成支付的比例可以采取固定比例、逐年递增比例或者逐年递减比例。约定提成支付的，应当在合同中约定查阅有关会计账目的办法。

8）验收标准和方法。一般应根据技术特点约定分阶段验收、试运行（生产）以及相应的技术服务。

9）违约金或者损失赔偿额的计算方法。违约责任应当具体明确，不要只是简单约定承担违约责任或者赔偿经济损失。通常应当约定延迟支付、延迟交付、不能交付等的违约责任的承担方式，违约金或损失赔偿额的计算方法一定要有可操作性。

10）解决争议的方法。除协商、调解外，有仲裁和诉讼两种方式可供选择，各有利弊。如果选择仲裁就要注明具体仲裁机构名称，否则法律上将认定无效，等于没有约定仲裁。再者注意不要既约定仲裁又约定诉讼，这样的约定也是无效的。

其他需注意的是，首先，应避免"根据或者按照对方要求"类似模糊语句，如对于保密期限、保密范围、保密责任等条款，这种约定相当模糊而且不确定，会让合同审查者一头雾水，根本无从知道对方到底什么要求，以及这种要求是否合理合法。因此，这种条款一定不要写。其次，尽量不用"双方协商"或者"双方另行协商"的约定。因为合同本来就是需要协商确定的结果，如果合同的每个条款都另行协商的话，合同就丧失了意义。时间紧张不能作为签订合同草率的借口，"另行协商"让双方无法预测协商的结果到底是什么，尤其是风险责任的承担等条款，协商结果对己方有利还是不利？所以这样的条款多了，相关部门很难放心地签字盖章。最后，如果是国际技术合作与转移方面的合同，切忌只有英文文本且为唯一具有法律效力文本，尤其是在法律适用方面我们对于国外的法律了解还不够，所以应当争取适用我国的法律。

除了上述必备条款外，与履行合同有关的技术背景资料、可行性论证和技术评价报告、项目任务书和计划书、技术标准、技术规范、原始设计和工艺文件，以及其他技术文档，应当列为合同附件，作为合同的组成部分，以备合同履行或者解决争议时参考。

另外，技术合同专业名称多，涉及内容广，专业性很强。技术合同的标的物是技术成果，为避免当事人对相关名词和术语理解不当，可以聘请法律顾问或其他法律工作从事者对相关内容进行清楚、完整的解释和阐述。建议聘请法律顾问对合同进行细致的审查，规范合同的文本和文字，完善合同的条款，增强合同的完整性、规范性和准确性，从而防范技术合同法律风险的发生。

### 14.4.4 合同履行与维权

（1）技术合同履行特点

技术合同本质上虽然属于民事合同，然而，它又是区别于其他民事合同的一种特殊合同。技术合同的特殊性表现在其具有以下法律特征。

1）履行标的的技术性

技术合同的履行是技术成果的交付，无论技术开发、技术转让，还是技术咨询、服务，其履行都是围绕是否完成了技术开发、技术成果是否成功转化为工业生产、提供的技术服务和咨询是否符合约定和相关标准等。技术合同的标的与技术相关，其履行一般要涉及与技术有关的其他权利的归属问题，如发明

权、专利权、非专利技术使用权和转让权以及其他技术权益等，因此还要受知识产权及其他保护技术成果的法律制度调整。❶

2）履行过程的复杂性

技术成果的交付是无形资产的转让。有形标的物的交付简单而便捷，技术成果的交付则并非易事。技术成果的交付体现在完成某个项目的开发，设计、制造一条包含技术成果的生产线，或是完成一项技术咨询和服务，技术成果的交付不是一蹴而就的。技术成果是知识性、经验性很强的商品，技术成果交付的步骤众多且环环相扣，从勘验、设计、制造，到安装、调试等，各个环节缺一不可。技术在交付的过程中会进行不断的试错和验证，即使是非常成熟的技术进行转让，受客观条件的细微变化，也要进行不断的调整和完善。技术成果的复杂性决定了履行的复杂性。技术提供者在交付技术成果的时候需要付出大量的智力劳动，进行多次的探索和尝试。技术合同当事人往往会在合同中约定技术交付的计划、进度，并确定较长的履行期限，以确保履行的可行性。❷

3）履行结果的不确定性

技术合同的履行结果充满未知数，比如，技术开发是一项探索性的活动，受科技水平和认知能力的制约，技术开发不能保证百分之百地成功，也无法确保开发的成果完全符合合同预期。《合同法》基于技术开发的不确定性，而特别规定了开发失败时的风险责任承担。此外，技术开发是针对新技术、新产品、新工艺或者新材料及其系统的研究开发，相同的研发项目或许在其他同行业者中也已开展，研究开发人员很难保证其开发保持领先并率先出现成果。一旦技术开发合同的标的技术已经由他人公开，他人已掌握该技术并获得知识产权，技术开发合同的履行便没有了意义。在这种情况下，《合同法》规定当事人可以解除合同，因此，技术合同先天充满着风险性。

4）履行违约及责任承担方式的特殊性

由于技术合同是一种特殊的合同，因此在合同的履行过程中所发生的违约行为的表现形式及违约责任的承担方式具有特殊性。第一，技术合同的标的是无形资产，承担技术合同的违约责任时，赔偿损失的方式不可能是赔偿实物产品，只能是赔偿无形资产损失的价值，以货币支付。第二，支付违约金的形式在技术合同履行过程中适用，与非技术合同相同，即以货币支付。第三，由于技术成果具有不确定性、技术开发存在风险性，技术合同的履行较为特殊，如

---

❶ 何薇. 技术合同违约责任探析［J］. 中国科技信息，2010（10）：177–179.
❷ 姜安安. 技术合同的履行判断［J］. 法制与经济，2014（397）：130–132.

在技术开发合同中，若开发难度极大，超出了研究开发方的实际能力和水平，实际履行已不可能，强制履行也是不可能的，因而《合同法》的"实际履行"原则可能难以适用，故发生技术合同违约时，继续履行的责任只能以支付违约金或赔偿金的形式来承担，也只能以货币支付。第四，当非技术合同违约的事实发生后，为防止损失继续扩大，应采取四种措施以弥补或挽回对方的损失，但由于技术合同的特殊性，不可能以四种措施中的修残补缺、重新制作、更换产品三种方式来弥补或挽回对方的损失，只能采取支付违约金并降低价格的方式，同样只能采取货币支付的方式。❶

（2）技术合同履约维权

我国技术合同近年来虽然签约数量增长迅速，技术的交易数量和交易金额都不断上升，但实践中合同的履行情况却不令人乐观。❷ 存在诸多因素制约着合同的履行效率和履行质量。

建议企业建立完善的档案管理制度，在合同履行中，详细记载合同实施的进度等情况，对已经签订的合同进行整理归类，最好对档案实行网络化管理，以提高管理水平，确保档案管理的安全性和科学性。在严格按照合同规定履行己方责任和义务的同时，随时掌握对方执行合同的具体情况。一旦发现对方未能按照合同规定履行义务时，应该及时收集对方违反合同的证据，并与对方沟通解决，以避免问题积少成多，造成不必要的纠纷。当发现对方有欺诈行为时，应及时向警方报案，以维护己方的正当权益。❸

## 14.5 交易风险管理

技术转移风险是指在技术转移和交易的过程中，由于受到各种不确定因素影响，技术转移或交易后未能实现预期目标，以及由此产生损失的可能性。技术作为一种商品，具有无形性、使用价值不灭性等显著区别于一般商品的特殊性，从而决定了技术转移和技术交易是一个复杂的过程，风险贯穿于这一过程的各个环节。技术转移风险的大小取决于实施者对于信息掌握的完备程度和对

---

❶ 何薇. 技术合同违约责任探析［J］. 中国科技信息，2010（10）：177－179.

❷ 梁剑，宋一帆，陈雨柯. 技术合同履约的机制及困境分析［J］. 科学管理研究，2011，29（2）：66－71.

❸ 雷舒雅，舒涛. 技术合同风险防范策略研究［J］. 成都大学学报（社会科学版），2013（4）：11－14.

所掌握信息的运用。从理论上说，这种信息的不完备情况能够通过人们的努力而降低，但是却无法消除。❶

技术转移是一个复杂动态的过程，需要经过若干环节，而每个环节几乎都存在一定的风险。由于风险识别是一种对尚未发生的、不确定事件的预测，任何进行技术转移的组织都不可能将风险百分之百识别出来。赵广凤等（2013）❷ 构建了关于技术、吸收能力、技术供需双方关系、技术竞争情报、外部宏观环境变化与技术转移风险相关性研究的理论框架，针对江苏省 13 个城市高新科技企业的技术转移状况实施调研，得到如下结论和启示：技术需求方的吸收能力、技术竞争情报和外部宏观环境均是技术转移过程中面临风险的重要影响因素；技术的可转移价值、技术供需双方关系的关系信任程度、资源差异性与技术转移风险正相关。

技术供给方承担的风险主要包括：①技术研发风险，即技术研发失败的可能性，也是技术供给方最重要的风险；②科技成果不能及时转让或自行产业化，使得技术供给方的知识产权和技术资产无法通过转让或许可回收前期的研发投入而形成的投入风险；③技术需求方自行研发相同技术或出现竞争性替代技术的风险；④技术需求方支付的技术转让费或许可费，通常是以"入门费加提成"的方式支付，技术供给方的部分收益与技术需求方的收益相关，从而承担部分生产风险与市场风险。

技术需求方面临的风险主要包括：①购买的技术无法达到预期的技术指标而造成的生产风险；②技术转移后，市场上出现相同或竞争性技术的风险；③技术转移后，因市场快速发生变化而导致产品无法满足市场需求造成的风险；④技术转移后，专利侵权或仿冒造成经济损失的风险。

❶ 张友轩，于爱丽，刘冬，等. 技术转移与交易的风险分析 [J]. 天津科技，2014（11）：56 – 58.
❷ 赵广凤，刘秋生，李守伟. 技术转移风险因素分析 [J]. 科技管理研究，2013（3）：197 – 203.

# 第十五章  结  论

## 15.1  技术转移政策日趋成熟

改革开放以来，技术转移政策演变的趋势和特点如下。[1]

（1）政策重心由中央下移地方，政策主体呈多元化、协同化趋势

第一阶段（1978～1984年）与第二阶段（1985～1994年）政策的主要颁发者是中共中央、国务院及全国人大常委会。第三阶段（1995～2005年）与第四阶段（2006年至今）政策发布机构是国务院部委、地方政府或人大，国家发改委、科技部、教育部、财政部、国家税务总局是政策制定的核心部门。南京"科技九条"、武汉"黄金十条"及北京"京校十条"等地方性法规和政策不断涌现并对技术转移活动产生重要影响。

政策主体呈现多元化、协同化趋势。从第一阶段相对单一的政策颁发者扩展到由国家发改委、科技部、教育部、人力资源和社会保障部、财政部、中国人民银行、国家税务总局、国家工商行政管理总局、国家知识产权局、工业和信息化部、农业部等十几个部门独立或联合颁布技术转移政策，地方政府、党委及人大在制定和执行技术转移政策上日益活跃。政策协同性不断增强，为有效执行《促进科技成果转化法》，原国家科委与原国家工商行政管理局发布《关于以高新技术成果出资入股若干问题的规定》，科技部等7个部门联合制定了《关于促进科技成果转化的若干规定》。1999年颁发的《中共中央、国务院关于加强技术创新、发展高科技、实现产业化的决定》，对相关财政政策、税收政策、人事政策、专项政策作了安排，较好地体现了政策之间的统筹、协调及互动。

---

[1]  肖国芳，李建强. 改革开放以来中国技术转移政策演变趋势、问题与启示［J］. 科技进步与对策，2015，32（6）：115－119.

（2）政策核心由引进跟踪转向自主创新，由政府主导转向市场驱动

政策的核心目标从引进跟踪转向自主创新。第一阶段和第二阶段基本是市场换技术的战略和思维，认为对外开放、放开国内市场可以引进大批技术。在激烈的国际竞争中，核心技术难以引进与购买，应更加注重提高自主知识产权和高新技术成果的商品化率和产业化率。

改革开放以来，中国技术转移的第一、第二、第三阶段都十分依赖政府的主导作用。第四阶段更加注重激发技术转移主体的活力，充分发挥市场驱动作用，探索出台了许多有效政策，如武汉把科技成果转让收益的70%奖励给成果完成人及其团队。党的十八届三中全会提出，市场在资源配置中起决定性作用，市场驱动在技术转移中的作用更加明显，并强调打破行政主导，由市场决定技术创新项目、经费分配及成果评价，从而促进科技成果资本化、产业化。

## 15.2 技术转移市场日益繁荣

根据科技部创新发展司、中国技术市场管理促进中心《2015年全国技术市场统计年度报告》[❶]，2014年，全国技术市场深入贯彻落实党的十八届三中全会关于"发展技术市场，健全技术转移机制，促进科技成果产业化、资本化"的精神，全面落实《国务院关于加快科技服务业发展的若干意见》，进一步健全技术转移机制、完善科技服务体系、搭建技术转移平台，加快推进全国技术转移一体化建设，发挥市场配置资源的决定性作用，全国技术交易得到快速发展，技术合同成交额首次突破8000亿元，达到8577.18亿元，增长15.84%（见图15-1）。

企业法人已经是技术交易的最大输出方和吸纳方。企业法人输出技术191 654项，成交额7516.29亿元，占全国输出技术合同成交额的87.63%；吸纳技术209 049项，成交额6609.56亿元，占全国吸纳技术合同成交额的77.06%（见图15-2）。

---

❶ 科学技术部创新发展司，中国技术市场管理促进中心.2015年全国技术市场统计年度报告［R/OL］.（2015-08-04）.http：//www.innofund.gov.cn/jssc/tjnb/201508/933936c53a524c4ea2bca7e54b32b7f1/files/fb2ce68365c64ed58a51996de2744119.pdf.

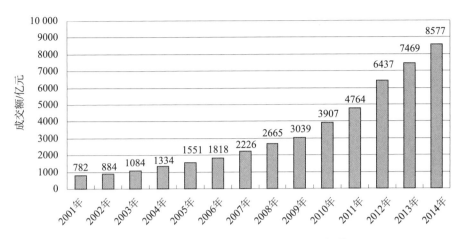

**图 15 - 1 2001~2014 年全国技术合同成交额情况**

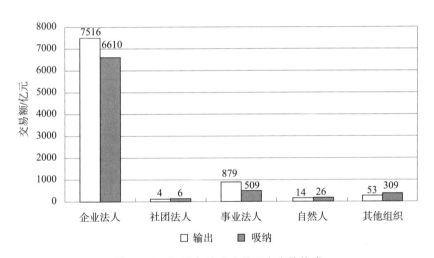

**图 15 - 2 2014 年技术交易双方主体构成**

　　技术交易支撑科技服务业发展的作用增强。2014 年,《国务院关于加快科技服务业发展的若干意见》发布,各地方陆续出台了促进科技服务业发展的政策和措施,带动了以技术中介服务、技术培训服务、技术咨询等为主要方式的科技服务业迅猛发展。技术要素进一步向战略性新兴产业领域集聚。在经济发展转方式、调结构、促升级的背景下,电子信息、先进制造等战略性新兴产业蓬勃发展,技术交易活力持续迸发。电子信息、先进制造、新能源、节能环保、新材料和生物医药等战略性新兴产业领域技术合同成交额达 5899.55 亿元,比 2013 年增长 30.83%,占全国的 68.78%。随着互联网快速发展,电子信息领域技术交易遥遥领先于其他各类技术领域，合同成交额为2182.63亿元，占25.45%。先进制造领域技术合同成交额同比增长显著，增幅30.61%，达到1242.55亿元，居各技术领域合同第二位。

企业技术创新能力持续增强，活力不断高涨，创新主体地位和技术转移转化的核心地位继续强化。一批企业既是技术输出方，也是技术购买方，输出和吸纳技术交易额同步快速增长，为技术交易注入了新的活力。这部分企业在原始创新的同时，通过购买技术进行二次开发、集成和商业化推广，以获得高附加值的经济效益，技术创新的溢出效应不断增强，已成为技术交易的重要力量。在全国技术转移一体化建设的推进下，国家技术转移集聚区，国家技术转移南方中心、中部中心和东部中心陆续获批，国家技术转移西部中心和东北中心正在筹建，扁平链接技术转移服务机构、平台、联盟与网络的全国技术转移一体化新格局正在形成，带动了区域技术转移体系逐步完善，加速了技术要素的自由流动和有效配置。

## 15.3 技术转移服务发展良好

仍以2014年为例，根据科技部创新发展司、中国技术市场管理促进中心《2015年全国技术市场统计年度报告》，覆盖大学、科研院所、企业、科技中介机构、政府部门的国家技术转移示范机构已达453家，以企业需求为导向、大学和科研院所为源头、技术转移服务为纽带、产学研相结合的新型技术转移体系逐步形成。按法人类型划分，296家示范机构具有独立法人资格，其中，企业法人154家，事业法人125家，社团法人4家，民办非企业法人13家。法人内设机构157家，大部分依托大学和科研院所的研发条件与创新能力，开展专业化技术转移服务。

各类法人机构中，依托大学设立的技术转移中心（公司）、成果转化中心、研究院、技术中心等机构134家，其中：列入国家"211工程"的大学66家，包括清华大学、北京大学、南京大学、复旦大学、同济大学、天津大学、浙江大学、华中科技大学、西安交通大学等；依托中国科学院设立的技术转移机构46家，如中国科学院青岛产业技术创新与育成中心、中国科学院北京国家技术转移中心等；以中国技术交易所、上海联合产权交易所为代表，开展技术（产权）交易、专利拍卖、股权代办、招投标与科技金融等业务的示范机构22家。

国家技术转移示范机构已在全国 30 个省、自治区、直辖市（除西藏）和新疆生产建设兵团全面布局。其中，创新资源最为丰富、技术转移最为活跃的北京、江苏、上海的示范机构数量居全国前茅，分别为 58 家、45 家和 26 家。从地域分布看，东部地区示范机构 275 家，中部地区 81 家，西部地区 97 家。东部地区因其大学、科研机构数量多，研发能力强，技术交易活跃等优势，示范机构的数量明显多于中西部地区。

国家技术转移示范机构共有从业人员 40 045 人，其中获得技术经纪人资格的 3124 人，占机构总人数的 7.80%；大学本科及以上人员 30 473 人，占机构总人数的 76.10%；中级职称及以上人员 21 263 人，占机构总人数的 53.10%。数据显示，国家技术转移示范机构从业人员数量快速增长，结构合理、素质优良，带动了技术转移活动的深入开展和技术交易的进一步活跃，已成为促进科技服务业发展的重要力量。

2014 年度，国家技术转移示范机构共促成技术转移项目 114 282 项，成交金额 1838.85 亿元。其中，促成国家公共财政投入项目的转移转化 19 271 项，成交金额 283.28 亿元，占总金额的 15.41%；促成战略性新兴产业技术项目 51 710 项，成交金额 897.53 亿元，占总金额的 48.81%；促成 1000 万元以上的重大项目 1573 项，成交金额 534.30 亿元，占总金额的 29.06%；促成国际技术转移项目 3005 项，成交金额 47.35 亿元；组织技术推广和交易活动 13 893 项次；组织技术转移培训 393 316 人次；服务企业 336 012 家，解决企业需求 207 653 项；机构当年获得发明专利 26 979 项，实用新型专利 14 515 项，外观设计专利 2085 项，版权（软件著作权）5457 项，商标权 503 项。

# 附录 技术合同范本

## 附录1 技术开发委托合同[1]

项目名称：_____

委 托 方：_____（甲方）

研究开发方：_____（乙方）

签订地点：_____省_____市（县）_____

签订日期：_____年_____月_____日

有效期限：_____年_____月_____日至_____年_____月_____日

依据《中华人民共和国合同法》的规定，合同双方就_____
项目的技术开发（该项目属计划_____），经协商一致，
签订本合同。

一、标的技术的内容、形式和要求：_____。

二、应达到的技术指标和参数：_____。

三、研究开发计划：_____。

四、研究开发经费、报酬及其支付或结算方式：

（一）研究开发经费是指完成本项研究开发工作所需的成本；报酬是指本
项目开发成果的使用费和研究开发人员的科研补贴。

本项目研究开发经费及报酬：_____元。其中：甲方提供_____元，
乙方提供_____元。

如开发成本实报实销，双方约定如下：_____。

（二）经费和报酬支付方式及时限（采用以下第_____种方式）：

① 一次总付：_____元，时间：_____。

---

❶ 技术开发委托合同范本来自 http：//www. law‐lib. com/htfb/htfb_view. asp？id＝42343。

② 分期支付：_____元，时间：_____。

③ 按利润_____%提成，期限：_____。

④ 按销售额_____%提成，期限：_____。

⑤ 其他方式：_____。

五、利用研究开发经费购置的设备、器材、资料的财产权属：_____

_____。

六、履行的期限、地点和方式：

本合同自 _____年 _____月 _____日至 _____年 _____月

_____日在_____（地点）履行。本合同的履行方式：____

_____。

七、技术情报和资料的保密：_____。

八、技术协作和技术指导的内容：_____。

九、风险责任的承担：_____。

在履行本合同的过程中，确因在现有水平和条件下难以克服的技术困难，导致研究开发部分或全部失败所造成的损失，风险责任由_____（1. 乙方；2. 双方；3. 双方另行商定）承担。经约定，风险责任甲方承担_____%；乙方承担_____%。

本项目风险责任确认的方式为：_____。

十、技术成果的归属和分享：

（一）专利申请权：_____。

（二）非专利技术成果的使用权、转让权：_____。

十一、验收的标准和方式：

研究开发所完成的成果，达到了本合同第二条所列技术指标，按_____标准，采用_____方式验收，由_____方出具技术项目验收证明。

十二、违约金或者损失赔偿额的计算方法：

违反本合同约定，违约方应当按《中华人民共和国合同法》规定承担违约责任。

（一）违反本合同第_____条约定，_____方应当承担违约责任，承担方式和违约金额如下：

_____。

（二）违反本合同第_____条约定，_____方应当承担违约责任，承担方式和违约金额如下：

_____。

十三、争议的解决方法：

在本合同履行过程发生争议，双方应当协商解决，也可以请求进行调解。

双方不愿协商、调解解决或者协商、调解不成的，双方商定，采用以下第_____种方式解决：

1. 提交_____仲裁委员会仲裁；

2. 向_____人民法院起诉。

十四、名词和术语的解释：

_____

_____

_____

十五、本合同有效期限：_____年_____月_____日至_____年_____月_____日。


甲　　方：_____（盖章）

授权代表：_____（签字）

签署日期：_____年_____月_____日


乙　　方：_____（盖章）

授权代表：_____（签字）

签署日期：_____年_____月_____日

# 附录2　技术开发（合作）合同

　　本合同合作各方就共同参与研究开发＿＿＿＿＿＿＿＿＿＿＿＿＿项目事项，经过平等协商，在真实、充分地表达各自意愿的基础上，根据《中华人民共和国合同法》的规定，达成如下协议，并由合作各方共同恪守。

　　**第一条**　本合同合作研究开发项目的要求如下：

　　1. 技术目标：＿＿＿＿＿＿＿＿＿＿＿＿＿＿＿＿＿＿＿＿＿＿＿＿＿＿＿。

　　2. 技术内容：＿＿＿＿＿＿＿＿＿＿＿＿＿＿＿＿＿＿＿＿＿＿＿＿＿＿＿。

　　3. 技术方法和路线：＿＿＿＿＿＿＿＿＿＿＿＿＿＿＿＿＿＿＿＿＿＿＿。

　　**第二条**　本合同合作各方在研究开发项目中，分工承担如下工作：

　　甲方：

　　1. 研究开发内容：＿＿＿＿＿＿＿＿＿＿＿＿＿＿＿＿＿＿＿＿＿＿＿＿＿。

　　2. 工作进度：＿＿＿＿＿＿＿＿＿＿＿＿＿＿＿＿＿＿＿＿＿＿＿＿＿＿＿。

　　3. 研究开发期限：＿＿＿＿＿＿＿＿＿＿＿＿＿＿＿＿＿＿＿＿＿＿＿＿＿。

　　4. 研究开发地点：＿＿＿＿＿＿＿＿＿＿＿＿＿＿＿＿＿＿＿＿＿＿＿＿＿。

　　乙方：

　　1. 研究开发内容：＿＿＿＿＿＿＿＿＿＿＿＿＿＿＿＿＿＿＿＿＿＿＿＿＿。

　　2. 工作进度：＿＿＿＿＿＿＿＿＿＿＿＿＿＿＿＿＿＿＿＿＿＿＿＿＿＿＿。

　　3. 研究开发期限：＿＿＿＿＿＿＿＿＿＿＿＿＿＿＿＿＿＿＿＿＿＿＿＿＿。

　　4. 研究开发地点：＿＿＿＿＿＿＿＿＿＿＿＿＿＿＿＿＿＿＿＿＿＿＿＿＿。

　　丙方：

　　1. 研究开发内容：＿＿＿＿＿＿＿＿＿＿＿＿＿＿＿＿＿＿＿＿＿＿＿＿＿。

　　2. 工作进度：＿＿＿＿＿＿＿＿＿＿＿＿＿＿＿＿＿＿＿＿＿＿＿＿＿＿＿。

　　3. 研究开发期限：＿＿＿＿＿＿＿＿＿＿＿＿＿＿＿＿＿＿＿＿＿＿＿＿＿。

　　4. 研究开发地点：＿＿＿＿＿＿＿＿＿＿＿＿＿＿＿＿＿＿＿＿＿＿＿＿＿。

　　**第三条**　为确保本合同的全面履行，合作各方确定，采取以下方式对研究开发工作进行组织管理和协调：＿＿＿＿＿＿＿＿＿＿＿＿＿＿＿＿＿＿＿＿＿。

　　**第四条**　合作各方确定，各自为本合同项目的研究开发工作提供以下技术资料和条件：

　　甲方：＿＿＿＿＿＿＿＿＿＿＿＿＿＿＿＿＿＿＿＿＿＿＿＿＿＿＿＿＿＿＿。

　　乙方：＿＿＿＿＿＿＿＿＿＿＿＿＿＿＿＿＿＿＿＿＿＿＿＿＿＿＿＿＿＿＿。

丙方：_____。

本合同履行完毕后，上述技术资料和条件按以下方式处理：_____。

**第五条** 合作各方确定，按如下方式提供或支付本合同项目的研究开发经费及其他投资：

甲方：

1. 提供或支付方式：_____。

2. 支付或折算为技术投资的金额：_____。

3. 使用方式：_____。

乙方：

1. 提供或支付方式：_____。

2. 支付或折算为技术投资的金额：_____。

3. 使用方式：_____。

丙方：

1. 提供或支付方式：_____。

2. 支付或折算为技术投资的金额：_____。

3. 使用方式：_____。

**第六条** 以提供技术为投资的合作方应保证其所提供技术不侵犯任何第三人的合法权益。如发生第三人指控合作一方或多方因实施该项技术而侵权的，提供技术方应当_____。

**第七条** 本合同的变更必须由合作各方协商一致，并以书面形式确定。但有下列情形之一的，合作一方或多方可以向其他合作方提出变更合同权利与义务的请求，其他合作方应当在_____日内予以答复；逾期未予答复的，视为同意：

1. _____；

2. _____；

3. _____；

4. _____。

**第八条** 未经其他合作方同意，合作一方或多方不得将本合同项目部分或全部研究开发工作转让给第三人承担。但有下列情况之一的，合作一方或多方可以不经其他合作方同意，将本合同项目部分或全部研究开发工作转让给第三人承担：

1. _____；

2. _____ ;

3. _____ 。

合作一方或多方可以转让的具体内容包括：_____

_____ 。

**第九条** 在本合同履行中，因出现在现有技术水平和条件下难以克服的技术困难，导致研究开发失败或部分失败，并造成合作一方或多方损失的，合作各方约定按以下方式承担风险损失：

1. _____ ;

2. _____ ;

3. _____ 。

合作各方确定，本合同项目的技术风险按_____方式认定。认定技术风险的基本内容应当包括技术风险的存在、范围、程度及损失大小等。认定技术风险的基本条件是：

1. 本合同项目在现有技术水平条件下具有足够的难度；

2. 乙方在主观上无过错且经认定研究开发失败为合理的失败。

一方发现技术风险存在并有可能致使研究开发失败或部分失败的情形时，应在_____日内通知其他合作方并采取适当措施减少损失。逾期未通知并未采取适当措施而致使损失扩大的，应当就扩大的损失承担赔偿责任。

**第十条** 在本合同履行过程中，因作为研究开发标的的技术已经由他人公开（包括以专利权方式公开），合作一方或多方应在_____日内通知其他合作方解除合同。逾期未通知并致使其他合作方产生损失的，其他合作方有权要求予以赔偿。

**第十一条** 合作各方确定因履行本合同应遵守的保密义务如下：

甲方：

1. 保密内容（包括技术信息和经营信息）：_____ 。

2. 涉密人员范围：_____ 。

3. 保密期限：_____ 。

4. 泄密责任：_____ 。

乙方：

1. 保密内容（包括技术信息和经营信息）：_____ 。

2. 涉密人员范围：_____ 。

3. 保密期限：_____ 。

4. 泄密责任：_____。

丙方：

1. 保密内容（包括技术信息和经营信息）：_____。

2. 涉密人员范围：_____。

3. 保密期限：_____。

4. 泄密责任：_____。

**第十二条** 合作各方确定按以下方式交付研究开发成果：

甲方：

1. 研究开发成果交付的形式及数量：_____。

2. 研究开发成果交付的时间及地点：_____。

乙方：

1. 研究开发成果交付的形式及数量：_____。

2. 研究开发成果交付的时间及地点：_____。

丙方：

1. 研究开发成果交付的形式及数量：_____。

2. 研究开发成果交付的时间及地点：_____。

**第十三条** 合作各方确定，按以下标准及方法对合作一方完成的研究开发工作成果进行验收：

甲方：_____。

乙方：_____。

丙方：_____。

**第十四条** 合作各方确定，按以下标准及方法对本合同最终完成的研究开发工作成果进行验收：_____。

**第十五条** 合作各方确定，因履行本合同所产生、并由合作各方分别独立完成的阶段性技术成果及其相关知识产权权利归属，按第_____种方式处理：

1.（完成方、合作各方）方享有申请专利的权利。

专利权取得后的使用和有关利益分配方式如下：_____

_____。

2. 按技术秘密方式处理。有关使用和转让的权利归属及由此产生的利益按以下约定处理：

（1）技术秘密的使用权：_____；

（2）技术秘密的转让权：_____；

（3）技术秘密的分配办法：_____。

合作各方对因履行本合同所产生、并由合作各方分别独立完成的阶段性成果及其相关知识产权权利归属，特别约定如下：_____

_____。

**第十六条**　合作各方确定，因履行本合同所产生的最终研究开发技术成果及其相关知识产权权利归属，按第_____种方式处理：

1._____方享有申请专利的权利。

专利权取得后的使用和有关利益分配方式如下：_____。

2. 按技术秘密方式处理。有关使用和转让的权利归属及由此产生的利益按以下约定处理：

（1）技术秘密的使用权：_____；

（2）技术秘密的转让权：_____；

（3）相关利益的分配办法：_____。

合作各方对因履行本合同所产生的最终研究开发技术成果及其相关知识产权权利归属，特别约定如下：_____。

**第十七条**　合作各方分别独立完成并与履行本合同有关的阶段性技术成果的研究开发人员，享有在有关此阶段性技术成果文件上写明技术成果完成者的权利和取得有关荣誉证书、奖励的权利。

合作各方应以协商方式确定最终研究成果的完成人员名单。此完成人员享有在有关最终技术成果文件上写明技术成果完成者的权利和取得有关荣誉证书、奖励的权利。

**第十八条**　合作一方或多方利用共同投资的研究开发经费所购置与研究开发工作有关的设备、器材、资料等财产，归_____方所有。

**第十九条**　合作各方确定：任何一方或多方违反本合同约定义务，造成其他合作方研究开发工作停滞、延误或失败的，应当按以下约定承担违约责任：

甲方：

1. 违反本合同第_____条约定，应当_____（支付违约金或损失赔偿额的计算方法）。

2. 违反本合同第_____条约定，应当_____（支付违约金或损失赔偿额的计算方法）。

3. 违反本合同第_____条约定，应当_____（支付违约金或损失赔偿额的计算方法）。

乙方：

1. 违反本合同第_____条约定，应当_____（支付违约金或损失赔偿额的计算方法）。

2. 违反本合同第_____条约定，应当_____（支付违约金或损失赔偿额的计算方法）。

3. 违反本合同第_____条约定，应当_____（支付违约金或损失赔偿额的计算方法）。

丙方：

1. 违反本合同第_____条约定，应当_____（支付违约金或损失赔偿额的计算方法）。

2. 违反本合同第_____条约定，应当_____（支付违约金或损失赔偿额的计算方法）。

3. 违反本合同第_____条约定，应当_____（支付违约金或损失赔偿额的计算方法）。

**第二十条** 合作各方确定，任何一方有权利用本合同项目研究开发所完成的技术成果，进行后续改进。由此产生的具有实质性或创造性技术进步特征的新的技术成果，归(完成方、合作各方)_____方所有。具体相关利益的分配办法如下：_____。

**第二十一条** 为有效履行本合同，合作各方确定，在本合同有效期内，甲方指定_____为甲方项目联系人，乙方指定_____为乙方项目联系人，丙方指定_____为丙方项目联系人。项目联系人承担以下责任：

1. _____；
2. _____；
3. _____。

一方变更项目联系人的，应当及时以书面形式通知其他各方。未及时通知并影响本合同履行或造成损失的，应承担相应的责任。

**第二十二条** 合作各方确定，出现下列情形，致使本合同的履行成为不必要或不可能的，可以解除本合同：

1. 因发生不可抗力和技术风险；

2. _____；

3. _____。

**第二十三条** 合作各方因履行本合同而发生的争议，应协商、调解解决。协商、调解不成的，确定按以下第_____种方式处理：

1. 提交_____仲裁委员会仲裁；

2. 依法向_____人民法院起诉。

**第二十四条** 合作各方确定：本合同及相关附件中所涉及的有关名词和技术术语，其定义和解释如下：

1. _____；

2. _____；

3. _____；

4. _____；

5. _____。

**第二十五条** 与履行本合同有关的下列技术文件，经合作各方以方式确认后，为本合同的组成部分：

1. 技术背景资料：_____；

2. 可行性论证报告：_____；

3. 技术评价报告：_____；

4. 技术标准和规范：_____；

5. 原始设计和工艺文件：_____；

6. 其他：_____。

**第二十六条** 合作各方约定本合同其他相关事项为：_____。

**第二十七条** 本合同一式_____份，具有同等法律效力。

**第二十八条** 本合同经合作各方签字盖章后生效。


甲方：_____（盖章）

法定代表人/委托代理人：_____（签名）

签署日期：_____年_____月_____日


乙方：_____（盖章）

法定代表人/委托代理人：_____（签名）

签署日期：_____年_____月_____日


丙方：_____（盖章）

法定代表人/委托代理人：_____（签名）

签署日期：_____年_____月_____日

项目负责人：_____（签字）

# 附录3 技术转让合同（专利权）●

合同编号：_____

项目名称：_____

签订时间：_____

签订地点：_____

有效期限：_____

本合同乙方将其_____的专利权转让甲方，甲方受让并支付相应的转让价款。双方经过平等协商，在真实、充分地表达各自意愿的基础上，根据《中华人民共和国合同法》的规定，达成如下协议，并由双方共同恪守。

**第一条** 本合同转让的专利权：_____。

1. 为_____（发明、实用新型、外观设计）专利。

2. 发明人/设计人为：_____。

3. 专利权人：_____。

4. 专利授权日：_____。

5. 专利号：_____。

6. 专利有效期限：_____。

7. 专利年费已交至_____。

**第二条** 乙方在本合同签署前实施或许可本项专利权的状况如下：

1. 乙方实施本项专利权的状况（时间、地点、方式和规模）：

_____

2. 乙方许可他人使用本项专利权的状况（时间、地点、方式和规模）：

_____

3. 本合同生效后，乙方有义务在_____日内将本项专利权转让的状况告知被许可使用本发明创造的当事人。

**第三条** 甲方应在本合同生效后，保证原专利实施许可合同的履行。

乙方在原专利实施许可合同中享有的权利和义务，自本合同生效之日起，由甲方承受。乙方应当在_____日内通知并协助原专利实施许可合同的让与

---

● 技术转让合同（专利权）范本参见 http：//hetong. 110. com/hetong。

人与甲方办理合同变更事项。

**第四条** 本合同生效后乙方继续实施本项专利的，按以下约定办理：

_____

**第五条** 为保证甲方有效拥有本项专利权，乙方应向甲方提交以下技术资料：

1. _____
2. _____
3. _____
4. _____

**第六条** 乙方向甲方提交技术资料的时间、地点、方式如下：

1. 提交时间：_____
2. 提交地点：_____
3. 提交方式；_____

**第七条** 本合同签署后，由_____方负责在_____日内办理专利权转让登记事宜。

**第八条** 为保证甲方有效拥有本项专利，乙方向甲方转让与实施本项专利权有关的技术秘密：

1. 技术秘密的内容：_____
2. 技术秘密的实施要求：_____
3. 技术秘密的保密范围和期限：_____

**第九条** 乙方应当保证其专利权转让不侵犯任何第三人的合法权益。如发生第三人指控甲方侵权的，乙方应当_____。

**第十条** 乙方对本合同生效后专利权被宣告无效，不承担法律责任。

**第十一条** 甲方向乙方支付该项专利权转让的价款及支付方式如下：

1. 专利权的转让价款总额为：_____。

其中，技术秘密转让价款为：_____。

2. 专利权的转让价款由甲方_____（一次、分期或提成）支付乙方。

具体支付方式和时间如下：

(1) _____；
(2) _____；
(3) _____。

乙方开户银行名称、地址和账号为：

开户银行：_____

　　地址：_____

　　账号：_____

　　3. 双方确定，甲方以实施研究开发成果所产生的利润提成支付乙方的研究开发经费和报酬的，乙方有权以_____方式查阅甲方有关的会计账目。

　　**第十二条**　双方确定，在本合同履行中，任何一方不得以下列方式限制另一方的技术竞争和技术发展：

　　1. _____；

　　2. _____；

　　3. _____。

　　**第十三条**　双方确定：

　　1. 甲方有权利用乙方转让专利权涉及的发明创造进行后续改进。由此产生的具有实质性或创造性技术进步特征的新的技术成果，归_____（甲方、双方）方所有。具体相关利益的分配办法如下：_____。

　　2. 乙方有权在已交付甲方该项专利权后，对该项专利权涉及的发明创造进行后续改进。由此产生的具有实质性或创造性技术进步特征的新的技术成果，归_____（乙方、双方）方所有。具体相关利益的分配办法如下_____。

　　**第十四条**　双方确定，按以下约定承担各自的违约责任：

　　1. _____方违反本合同第_____条约定，应当_____（支付违约金或损失赔偿额的计算方法）。

　　2. _____方违反本合同第_____条约定，应当_____（支付违约金或损失赔偿额的计算方法）。

　　3. _____方违反本合同第_____条约定，应当_____（支付违约金或损失赔偿额的计算方法）。

　　4. _____方违反本合同第_____条约定，应当_____（支付违约金或损失赔偿额的计算方法）。

　　**第十五条**　双方确定，在本合同有效期内，甲方指定_____为甲方项目联系人，乙方指定_____为乙方项目联系人。项目联系人承担以下责任：

　　1. _____；

　　2. _____；

　　3. _____。

一方变更项目联系人的，应当及时以书面形式通知另一方。未及时通知并影响本合同履行或造成损失的，应承担相应的责任。

**第十六条** 双方确定，出现下列情形，致使本合同的履行成为不必要或不可能的，可以解除本合同：

1. 因发生不可抗力；

2. _____；

3. _____。

**第十七条** 双方因履行本合同而发生的争议，应协商、调解解决。协商、调解不成的，确定按以下第_____种方式处理：

1. 提交_____仲裁委员会仲裁；

2. 依法向_____人民法院起诉。

**第十八条** 双方确定：本合同及相关附件中所涉及的有关名词和技术术语，其定义和解释如下：

1. _____；

2. _____；

3. _____；

4. _____；

5. _____。

**第十九条** 与履行本合同有关的下列技术文件，经双方以_____方式确认后，为本合同的组成部分：

1. 技术背景资料：_____；

2. 可行性论证报告：_____；

3. 技术评价报告：_____；

4. 技术标准和规范：_____；

5. 原始设计和工艺文件：_____；

6. 其他：_____。

**第二十条** 双方约定本合同其他相关事项为：_____。

**第二十一条** 本合同一式_____份，具有同等法律效力。

**第二十二条** 本合同自国务院专利行政部门登记之日起生效。

甲方：_____（盖章）

法定代表人/委托代理人：_____（签名）

签署日期：_____年_____月_____日

乙方：_____（盖章）

法定代表人/委托代理人：_____（签名）

签署日期：_____年_____月_____日

# 附录4　技术许可合同❶

鉴于许可方是_____技术的专利持有者；

鉴于许可方有权，并且也同意将_____专利技术的使用权、制造权和产品的销售权授权被许可方；

鉴于被许可方希望利用许可方的专利技术制造和销售产品；

双方授权代表通过友好协商，同意就以下条款签订本合同。

**第一条　定义**

1. 专有技术：是指本合同生效前尚不为公众或被许可方所知晓，由许可方开发、所有或合法取得、占有并由许可方披露给被许可方的关于设计、制造、安装、合同产品的检验等方面的任何有价值的技术知识、资料、数值、图纸、设计和其他技术信息，许可方已采取了适当措施使专有技术处于保密状态。

2. 合同产品：指被许可方使用本合同提供的被许可技术制造的产品，其产品名称为：_____。

3. 技术服务：指许可方为被许可方实施合同提供的技术所进行的服务，包括传授技术与培训人员。

4. 销售额：指被许可方销售合同产品的总金额。

5. 净销售额：指销售额减去包装费、运输费、税金、广告费、商业折扣。

6. 合同工厂：是指被许可方使用了许可方提供的技术资料生产合同产品的场所，即_____省_____市_____工厂。

7. 商业性生产：是指工作现场生产_____（数量）合格产品后的正常运行和生产。

8. 目的地机场：是指中华人民共和国的_____机场。

9. 改进：是指在合同有效期内由合同的任何一方以新设计、规则、处方、成分、数值、参数、计算或任何其他指标的形式对本专利技术进行的新发明或修改。

10. 合同生效日：是指本合同双方有关当局的最后一方的批准日期。

**第二条　合同范围**

---

❶ 技术许可合同范本参见 http：//china. findlaw. cn/hetongfa/hetongfanben。

1. 被许可方同意从许可方取得，许可方同意向被许可方授予合同产品的设计、制造和销售的权利。合同产品的名称、型号、规格和技术参数详见合同附件。

2. 许可方授予被许可方在中国设计制造合同产品，使用、销售和出口合同产品的许可权，这种权利是非独占性的，是不可转让的权利。

3. 许可方负责向被许可方提供合同产品的专利资料，包括专利的名称、内容、申请情况和专利编号等。

4. 在合同的执行中，如果被许可方需要许可方提供技术服务或一部分生产所需的零部件或原材料时，许可方有义务以最优惠的价格向被许可方提供，届时双方另行协商签订合同。

5. 许可方同意被许可方使用其商标的权利，在合同产品上可以采用双方的联合商标或者标明根据许可方的许可制造的字样。

**第三条** 合同价格

（一）适用于一次总支付

1. 考虑到许可方全面且适当履行其合同义务，被许可方同意向许可方支付合同总价_____（币种）_____（大写：_____），该款项以电汇方式通过被许可方银行转至许可方银行。具体分项如下：

（1）许可费：_____（大写：_____）；

（2）设计费：_____（大写：_____）；

（3）技术资料费：_____（大写：_____）；

（4）技术服务费：_____（大写：_____）；

（5）技术培训费：_____（大写：_____）。

2. 上述合同总价为固定价格，包括与技术资料的交付、技术服务和技术培训的提供等所有支出与费用，其技术资料价格为 DDU 目的地机场交付价。

3. 上述各项所规定的合同价格将由被许可方依照下列方式和比例支付给许可方：

（1）该款的_____%，即_____（大写：_____）在被许可方收到许可方提交的下列单据并经审核无误后_____天内支付给许可方：

a. 许可方国家有关当局出具的有效出口许可证或不需出口许可证的证明文件，正本一份，副本二份；

b. 许可方银行出具的金额为_____元（大写：_____）以许可方为受益人的对预付款的不可撤销保函正本一份，副本一份，保函格式见合同附件；

　　c. 金额为合同总价的形式发票一式五份；

　　d. 签发的标明支付金额的商业发票一式五份；

　　e. 即期汇票一式二份。

　　（2）该款的_____%，即_____（大写：_____）在被许可方收到许可方提交的下列单据并经审核无误后_____天内支付给许可方：

　　a. 标明"运费已付"的技术资料空运提单或交付技术资料的空运挂号收据，正本一份，副本三份；

　　b. 签发的标明支付金额的商业发票一式五份；

　　c. 即期汇票一式二份。

　　（3）该款的_____%，即_____（大写：_____）在被许可方收到许可方提交的下列单据并经审核无误后_____天内支付给许可方：

　　a. 双方授权代表签署的验收证书一份；

　　b. 签发的标明支付金额的商业发票一式五份；

　　c. 即期汇票一式二份。

　　（4）该款的_____%，即_____（大写：_____）在被许可方收到许可方提交的下列单据并经审核无误后_____天内支付给许可方：

　　a. 双方授权代表签署的保证到期的证书一份；

　　b. 签发的标明支付金额的商业发票一式五份；

　　c. 即期汇票一式二份。

　　4. 技术服务费在许可方的第一批技术人员到达工作现场后每_____月且被许可方收到许可方提交的下列单据并审核无误后_____天内，由被许可方按照实际应付款支付给许可方：

　　a. 双方授权代表签署的"工时卡"一份

　　b. 签发的标明支付金额的商业发票一式五份；

　　c. 即期汇票一式二份。

　　5. 如果依据合同许可方应支付预提税、违约金或赔偿金，被许可方有权从应支付给许可方的款项中扣除。

　　6. 所有在被许可方银行发生的费用均由被许可方承担，所有在被许可方银行外发生的银行费用由许可方承担。

　　（二）适用于入门费加提成支付

　　1. 考虑到许可方全面且适当履行其合同义务，被许可方同意向许可方支付由一笔固定的入门费和连续的提成费组成的合同价，该款项以_____（币种）以电汇方式通过被许可方银行转至许可方银行。

2. 被许可方支付给许可方固定的入门费为_____（大写：_____），按下列方式和比例支付：

（1）该款的_____%，即_____（大写：_____）在被许可方收到许可方提交的下列单据并经审核无误后_____天内支付给许可方：

a. 许可方国家有关当局出具的有效出口许可证或不需出口许可证的证明文件，正本一份，副本二份；

b. 许可方银行出具的金额为_____元（大写：_____）以被许可方为受益人的对预付款的不可撤销保函正本一份，副本一份，保函格式见合同附件_____；

c. 金额为入门费总价的形式发票一式五份；

d. 签发的标明支付金额的商业发票一式五份；

e. 即期汇票一式二份。

（2）该款的_____%，即_____（大写：_____）在被许可方收到许可方提交的下列单据并经审核无误后_____天内支付给许可方：

a. 标明"运费已付"的技术资料空运提单或交付技术资料的空运挂号收据，正本一份，副本三份；b. 签发的标明支付金额的商业发票一式五份；c. 即期汇票一式二份。

（3）该款的_____%，即_____（大写：_____）在被许可方收到许可方提交的下列单据并经审核无误后_____天内支付给许可方：

a. 双方授权代表签署的验收证书一份；

b. 签发的标明支付金额的商业发票一式五份；

c. 即期汇票一式二份。

3. 在提成期间，被许可方以_____%的比例支付连续的提成费，计算基础是已售合同产品的净销售价。连续的提成费每六个月结算一次（以下简称"结算期"）。

（1）每一结算期到期限 15 天内，被许可方向许可方传真一份销售数量、净销售价和该结算期的提成费方面的书面报告，许可方成收到该报告后向被许可方发出一份确认传真。

（2）被许可方在收到许可方提交的下列单据并审核无误后_____天内向许可方支付提成费：

a. 许可方对到期支付的提成费的确认传真；

b. 签发的标明要支付费用的商业发票一式五份；

c. 即期汇票一式二份。

4. 如果依据合同许可方应支付预提税、违约金或赔偿金，被许可方有权从应支付给许可方的款项中扣除。

5. 被许可方应开设合同产品销售的独立账户，许可方可经被许可方同意自费聘请中国注册会计师审计与合同产品销售有直接关系的账目。

6. 所有在被许可方银行发生的费用均由被许可方承担，所有在被许可方银行外发生的银行费用由许可方承担。

**第四条　技术资料的交付**

1. 许可方向被许可方提供的技术资料须用_____文制定，并在本合同生效之日起_____天内以 DDU 目的地机场价格条件交付技术资料的内容、份数和交付时间表等。

2. 在技术文件发运后 48 小时内，乙方应将合同号、空运提单号、项号、件数、重量、班机号和预计抵达日期用电报或电传通知甲方，同时将空运提单和技术文件详细清单一式两份航寄给甲方。

3. 如技术文件在空运中丢失损坏，许可方应在收到被许可方书面通知后不超过_____天内，补寄给被许可方有关文件。

4. 许可方提供的技术资料应具有适合于多次搬运、长途运输、防潮、防雨的包装。

5. 每件技术资料的包装封面上，应以英文标明下述内容：

a. 合同号；

b. 收货人；

c. 目的地机场；

d. 标记；

e. 以公斤计算的毛重；

f. 箱号或件号。

6. 许可方应在每件包装箱内附技术资料的详细清单一式二份，并注明技术资料的序号、文件代号、名称和页数。

7. 如果技术资料可以由许可方当面直接交给被许可方的，许可方应提前将其意图和预计交付的时间用传真的方式通知被许可方，当面交付的具体签收形式和其他细节应由双方协商一致。

**第五条　技术改进**

1. 如果许可方提供的技术文件，不适用于被许可方实际的生产条件（如设计标准、材料、设备的生产条件及其他条件等），许可方将协助被许可方对技术文件进行改编，以适应被许可方的生产条件，并由许可方以书面形式予以确认。但这种改编必须从技术的角度是可以接受的，且不降低合同产品的质量。

2. 在合同有效期内，双方在合同规定范围内的任何改进和发展，在两个月内相互免费将改进和发展的技术文件提供给对方。另一方有免费使用这种改进和发展了的资料的权利。

3. 合同产品的改进和发展的技术所有权属于改进和发展这种技术的一方，对方如要求申请专利或转让给第三方，应征得所有权方的同意。

**第六条　技术服务和技术培训**

1. 许可方应按照合同规定派遣身体健康、技术熟练、称职的技术人员到工作现场提供技术服务。

2. 被许可方应为许可方的技术服务人员申请签证、工作许可和提供技术服务所需的其他必要手续提供协助。

3. 如果许可方所派遣技术人员被认为不称职，许可方应自费并且毫不迟延地予以替换。

4. 被许可方有权按照合同规定派遣技术人员到许可方的有关工厂进行培训，许可方有义务按照合同规定提供技术培训并尽自己最大努力使被许可方的技术人员掌握本合同项下的技术。

5. 被许可方接受培训人员在许可方国家期间应遵守许可方国家的法律和许可方工厂的规章制度。

**第七条　验收考核**

1. 为了验证专有技术的正确性和可靠性，许可方应派遣其技术人员到工作现场在被许可方技术人员的协助下进行验收考核，考核应在技术资料交付后_____天内根据合同规定的程序进行。

2. 如果经考核各项验收标准符合规定，双方授权代表应在验收考核通过之日五个工作日内签署验收考核合格证书一式四份，双方各持二份。

3. 如果经考核任何一项验收标准不符合规定，许可方应在第一次考核失败之日起_____天内或双方协商的任何时间自费组织进一步考核，但考核次数最多不得超过_____次。

4. 如果在如下的考核中仍不能达到验收标准，除非合同另有规定，许可方应按照合同附件一的规定赔偿被许可方违约金，被许可方应在收到违约金后签署验收证书，但许可方的保证义务并没有免除。

**第八条** 保证与索赔

1. 许可方保证是本合同项下技术的合法所有者或持有者，并且有权许可被许可方使用。

2. 许可方保证本合同项下技术是最新的现代化用的，能依照合同的规定予以开发。

3. 许可方保证合同规定的合格的合同产品能在工作现场采用本合同项下技术制造出来。

4. 许可方保证所提供的技术资料是完整的、正确的、清晰的，并保证能按时交付。

5. 许可方保证按时派遣合格的技术人员提供正确和充分的技术服务和技术培训。

6. 本合同项下技术在工作现场的保证期为验收通过之日后的_____个月。保证期满，被许可方的授权代表应签署一份保证期满证书给许可方。

7. 许可方保证不会发生被许可方被指控有关合同产品上的侵权责任。

8. 如果许可方不能履行上述任何一项保证义务，除非合同另有规定，被许可方有权要求许可方承担违约责任或索赔损失，或要求许可方赔偿损失和因此发生的一切费用支出。如果许可方在收到许可方的上述书面通知后十四天内不予答复，视为其已接受被许可方的要求。

**第九条** 保密

1. 被许可方同意在合同有效期内对许可方提供给被许可方的专有技术和技术资料进行保密，如果上述专有技术和技术资料中的一部分或者全部被许可方或第三方公布，被许可方对公开部分则不再承担保密义务。

2. 许可方应对被许可方提供的合同工厂的水文、地质、生产等情况保密，其保密时间应按被许可方的要求执行。

3. 保密义务不适用于下列信息：

（1）现在或以后进入公共领域；

（2）可以证明该技术在泄露时自己就拥有，并不是以前从对方直接或间接获得的；

（3）任何一方从第三方处合法获得的。

**第十条 税费**

1. 中华人民共和国政府根据其现行税法对被许可方征收的与执行本合同有关的一切税费由被许可方负担。

2. 中华人民共和国政府根据其现行税法对许可方征收的与执行本合同有关的一切税费由许可方负担，并根据《中华人民共和国企业所得税法》第五章的规定办理。

3. 在中华人民共和国境外征收的与本合同有关的一切税费由许可方负担。

**第十一条 不可抗力**

1. 合同双方中的任何一方，由于战争或严重的水灾、火灾，台风和地震等自然灾害，以及双方同意的可作为不可抗力的其他事故而影响合同执行时，则延长履行合同的期限，延长的期限应相当于事故所影响的时间。

2. 受不可抗力影响的一方应尽快将发生不可抗力的情况以电传或电报的方式通知对方。并于_____天内以航空挂号信件将有关当局出具的证明文件提交给另一方进行确认。

3. 如果不可抗力的影响延续到_____天以上时，合同双方应通过友好协商解决合同的执行问题。

**第十二条 争议的解决**

1. 在执行本合同中所发生的与本合同有关的一切争议，双方应通过友好协商解决。如通过协商不能达成协议时，则提交仲裁解决。

2. 仲裁地点在_____，由中国国际经济贸易仲裁委员会按该会的仲裁程序规则进行仲裁。

3. 仲裁裁决是终局裁决，对双方均有约束力。

4. 仲裁费用由败诉方负担，或者按仲裁的裁决执行。

5. 在仲裁过程中除了正在仲裁的部分外，合同的其他部分应继续执行。

6. 仲裁中的适用法为_____法律。

**第十三条 合同生效及其他**

1. 本合同由双方授权代表于_____年_____月_____日在_____签字。各方应分别向其有关当局申请批准，以最后一方的批准日期为本合同的生效日期。双方应尽最大努力争取在九十天内获得合同的批准，然后用传真通知对方，并用信件确认。

2. 本合同的有效期从合同生效日算起共_____年，有效期满后本合同自动失效。

3. 本合同期满时，合同项下的任何未了的债权债务不受合同期满的影响。

4. 未经另一方事先的书面同意，任何一方无权将其合同项下的权利和责任转让给第三方。

5. 本合同的附件为本合同不可分割的组成部分，与合同正文具有同等法律效力。如合同正文与附件有矛盾之处，合同正文内容优先。

6. 所有对本合同的修订、补充、删减或变更等均以书面完成并经双方授权代表签字后生效。生效的修订、补充、删减或变更构成本合同不可分割的组成部分，与合同正文具有同等法律效力。

7. 双方之间的联系应以书面形式进行，涉及重要事项的传真应随后立即以挂号信件或特快专递确认。

8. 本合同用中英文两种文字写成，两种文字具有同等效力。本合同正本一式四份，双方各二份。

许可方：_____（盖章）

授权代表：_____（签字）

签署日期：_____年_____月_____日

签署地点：_____

被许可方：_____（盖章）

授权代表：_____（签字）

签署日期：_____年_____月_____日

签署地点：_____

# 附录5　技术咨询合同[●]

_____（以下简称"委托方"）为一方，_____（以下简称"咨询方"）为另一方，双方就_____的技术咨询服务，授权双方代表按下列条款签订本合同。

**第一条**　合同内容

1. 委托方希望获得咨询方就_____提供的技术咨询服务，而咨询方愿意提供此项服务。

2. 技术咨询服务范围如下：_____。

3. 技术咨询服务的进度安排：_____。

4. 技术咨询服务的人员安排：_____。

5. 技术咨询服务自合同生效之日起_____个月内完成，将在_____个月内提交最终技术咨询报告，包括图纸、设计资料、各类规范和图片等。咨询方应免费通报委托方类似工程的最近发展和任何进展，以便委托方能改进该工程的设计。

**第二条**　双方的责任和义务

1. 委托方应向咨询方提供有关的资料、技术咨询报告、图纸和可能得到的信息并给予咨询方开展工作提供力所能及的协助，特别是委托方应在适当时候指定一名总代表以便能随时予以联系。

2. 委托方应协助咨询方向有关机构取得护照签证、工作许可和咨询方要求的其他文件以使咨询方能进入委托方国家和本工程的现场，但费用由咨询方负担。

3. 除了合同第一条所列的技术人员外，咨询方还应提供足够数量的称职的技术人员来履行本合同规定的义务。咨询方应对其所雇的履行合同的技术人员负完全责任并使委托方免受其技术人员因执行合同任务所引起的一切损害。

4. 咨询方应根据咨询服务的内容和进度安排，按时提交咨询技术咨询报告及有关图纸资料。

5. 咨询方应协助委托方的技术人员获得进入咨询方国家的签证并负责安排食宿，食宿费用由委托方负担。咨询方应为委托方的技术人员提供办公室、

---

[●]　技术咨询合同参见 http://www.law-lib.com。

必要的设施和交通便利。

6. 咨询方对因执行其提供的咨询服务而给委托方和委托方工作人员造成的人身损害和财产损失承担责任并予以赔偿，但这种损害或损失应是由于咨询方人员在履行本合同的活动中的疏忽所造成的。咨询方仅对本合同项下的工作负责。

7. 咨询方对本合同的任何和所有责任都限定在咨询方因付出专业服务而收到的合同总价之内，并将在本合同第七条第 3 项规定的保证期满后解除。

**第三条　价格与支付**

1. 本合同总价为＿＿＿＿＿＿（币种）＿＿＿＿＿＿（大写：＿＿＿＿＿＿＿＿＿＿＿）。

各分项的价格如下：

分项一的合同价为＿＿＿＿＿＿（币种）＿＿＿＿＿＿（大写：＿＿＿＿＿＿＿＿＿＿＿）；

分项二的合同价为＿＿＿＿＿＿（币种）＿＿＿＿＿＿（大写：＿＿＿＿＿＿＿＿＿＿＿）；

分项三的合同价为＿＿＿＿＿＿（币种）＿＿＿＿＿＿（大写：＿＿＿＿＿＿＿＿＿＿＿）；

分项四的合同价为＿＿＿＿＿＿（币种）＿＿＿＿＿＿（大写：＿＿＿＿＿＿＿＿＿＿＿）。

2. 本合同总价包括咨询方所提供的所有服务和技术费用，为固定不变价格，且不随通货膨胀的影响而波动。合同总价包括咨询方在其本国和委托方国家因履行本合同义务所发生的一切费用和支出和以各种方式寄送技术资料到委托方办公室所发生的费用。如发生本合同规定的不可抗力，合同总价可经双方友好协商予以调整。如果委托方所要求的服务超出了本合同附件一规定的范围，双方应协商修改本合同总价，任何修改均需双方书面签署，并构成本合同不可分割的部分。

3. 委托方向咨询方的所有付款均通过委托方所在地的＿＿＿＿＿＿＿银行以电汇方式支付到＿＿＿＿＿＿＿银行咨询方的账户上。

4. 对咨询方提供的服务，委托方将以下列方式或比例予以付款：

（1）合同总价的＿＿＿＿＿＿＿%，即＿＿＿＿＿＿＿（大写：＿＿＿＿＿＿＿＿＿＿＿），在委托方收到咨询方提交的下列单据并经审核无误后＿＿＿＿＿＿＿天内支付给咨询方：

a. 咨询方国家有关当局出具的批准证书或不需批准的证明文件，正本一份，副本二份；

b. 咨询方银行出具的金额为＿＿＿＿＿＿＿元（大写：＿＿＿＿＿＿＿＿＿＿＿），以委托方为受益人的对预付款的不可撤销保函正本一份，副本一份，保函格式见合同附件；

c. 金额为合同总价的形式发票一式五份；

d. 签发的标明支付金额的商业发票一式五份；

e. 即期汇票一式二份。

上述单据应在本合同生效之日起不迟于＿＿＿＿天内交付。

（2）分项一合同价＿＿＿＿%，即＿＿＿＿（大写：＿＿＿＿＿＿），在委托方收到咨询方提交的下列单据并经审核无误后＿＿＿＿天内支付给咨询方：

a. 分项一的技术咨询报告一式十份；

b. 签发的标明支付金额的商业发票一式五份；

c. 即期汇票一式二份。

（3）分项二合同价的＿＿＿＿%，即＿＿＿＿（大写：＿＿＿＿＿＿），在委托方收到咨询方提交的下列单据并经审核无误后＿＿＿＿天内支付给委托方：

a. 分项二的技术咨询报告一式十份；

b. 签发的标明支付金额的商业发票一式五份；

c. 即期汇票一式二份。

（4）分项三合同价＿＿＿＿%，即＿＿＿＿（大写：＿＿＿＿＿＿），在委托方收到咨询方提交的下列单据并经审核无误后＿＿＿＿天内支付给咨询方：

a. 分项三的技术咨询报告一式十份；

b. 签发的标明支付金额的商业发票一式五份；

c. 即期汇票一式二份。

（5）分项四合同价＿＿＿＿%，即＿＿＿＿（大写：＿＿＿＿＿＿），在委托方收到咨询方提交的下列单据并经审核无误后＿＿＿＿天内支付给咨询方：

a. 分项四的技术咨询报告一式十份；

b. 签发的标明支付金额的商业发票一式五份；

c. 即期汇票一式二份。

（6）分项四合同价＿＿＿＿%，即＿＿＿＿（大写：＿＿＿＿），在委托方收到咨询方提交的下列单据并经审核无误后＿＿＿＿天内支付给咨询方：

a. 签发的标明支付金额的商业发票一式五份；

b. 即期汇票一式二份。

5. 如果依据合同规定咨询方应支付预提税和应向委托方支付违约金，委托方有权从上述款项中扣除。

6. 为执行合同在中国境内发生的银行费用由委托方承担，中国之外的发生的费用由咨询方承担。

**第四条　交付**

1. 前述技术咨询报告以_____价格条件交付的最后期限为：

a. 分项一的技术咨询报告：合同生效后_____个月内；

b. 分项二的技术咨询报告：合同生效后_____个月内；

c. 分项三的技术咨询报告：合同生效后_____个月内；

d. 分项四的技术咨询报告：合同生效后_____个月内。

2. 咨询方在航空邮寄上述资料时应以传真方式将邮寄日期和航空提单号等通知委托方。委托方收到上述技术咨询报告后应及时通知咨询方。

3. 如果在邮寄过程中上述资料发生丢失、损坏，咨询方应在接到通知后两周内免费予以替换。

**第五条　保密**

1. 由委托方收集的、开发的、整理的、复制的、研究的和准备的与本合同项下工作有关的所有资料在提供给咨询方时，均被视为保密的，不得泄露给除委托方或其指定的代表之外的任何人、企业或其他组织，不管本合同因何种原因终止，本条款一直约束咨询方。

2. 合同有效期内，双方应采取适当措施对本合同项下的任何资料或信息予以严格保密。未经一方的书面同意，另一方不得泄露给任何第三方。

3. 一方和其技术人员在履行合同过程中所获得或接触到的任何保密信息，另一方有义务予以保密。未经其书面同意，任何一方不得使用或泄露从他方获得的上述保密信息。

**第六条　税费**

1. 中华人民共和国政府根据其税法对委托方征收的与执行本合同或与本合同有关的一切税费均由委托方负担。

2. 中华人民共和国政府根据中国税法和中华人民共和国政府与咨询方国家政府签订的避免双重征税和防止偷逃所得税的协定而向咨询方课征的各项税费均由咨询方支付。委托方依据本国的税法有义务对根据本合同而应得的收入按比例代扣一定的税费并代向税务机关缴纳，在收到税务机关出具的关于上述税款税收单据后，委托方应毫不迟延地转交给咨询方。

3. 中华人民共和国以外所发生的与本合同有关和履行本合同的各项税费均由咨询方承担。

**第七条　保证**

1. 咨询方保证其经验和能力能以令人满意的方式富有效率且迅速地开展咨询服务，其合同项下的咨询服务由胜任的技术人员依据双方接受的标准完成。

2. 如果咨询方在其控制的范围内在任何时候、以任何原因向委托方提供本合同附件一中的工作范围内的服务不能令人满意，委托方可将不满意之处通知咨询方，并给咨询方_____天的期限改正或弥补；如咨询方未在委托方所给的期限内改正或弥补，所有费用立即停止支付，直到咨询方能按照本合同规定提供令人满意的服务为止。

3. 咨询方的保证义务在本咨询服务经委托方最后验收后或最后一批款项支付后的_____个月到期。

**第八条　技术咨询报告的归属**

1. 所有提交给委托方的技术咨询报告及相关的资料的最后文本，包括为履行技术咨询服务范围所编制的图纸、计划和证明资料等，都属于委托方的财产，咨询方在提交给委托方之前应将上述资料进行整理归类和编制索引。

2. 咨询方可保存上述资料的复印件，包括本合同第五条所指的委托方提供的资料，但未经委托方的书面同意，咨询方不得将上述资料用于本咨询项目之外的任何项目。

**第九条　转让**

未经另一方事先书面同意，无论是委托方或是咨询方均不得将其合同权利或义务转让或转包给他人。

**第十条　违约和合同的解除**

1. 如果由于咨询方的责任，技术咨询报告不能在本合同第四条规定的交付期内交付，咨询方应按下列比例向委托方支付迟延罚金：

a. 第一周至第四周，每周支付合同总价的_____%；

b. 第五周至第八周，每周支付合同总价的_____%；

c. 从迟延的第九周起，每周支付合同总价的_____%。

在计算违约金时，不足一周按一周计。

2. 迟延交付的违约金总额不得超过合同总价的_____%。迟延交付违约金的支付并不免除咨询方交付技术咨询报告的义务。

3. 对咨询方的下列违约行为，委托方可书面通知的方式全部或部分解除合同，并不影响其采取其他补救措施：

a. 在本合同第四条规定的交付任何一项的技术咨询报告期限后_____天内仍不能交付部分或全部技术资料；

b. 无法使技术咨询报告达到合同附件一规定的最低验收标准。对上述解除合同，咨询方应退还委托方已支付的所有金额，并按年利率_____加付利息。

4. 如果一方有下列行为，任何一方可书面通知对方全部或部分解除合同，并不影响其采取其他补救措施：

a. 没有履行合同规定的保密义务；

b. 没有履行合同规定的其他义务，轻微的违约除外，并在收到对方书面的通知后_____天内或双方商定的时间内对其违约予以弥补；

c. 破产或无力偿还债务；

d. 受不可抗力事件影响超过_____天。

**第十一条　不可抗力**

1. 任何一方由于战争及严重的火灾、台风、地震、水灾和其他不能预见、不可避免和不能克服的事件而影响其履行合同所规定的义务的，受事故影响的一方将发生的不可抗力事故的情况以传真通知另一方，并在事故发生后十四天内以航空挂号信件将有权证明的机构出具的证明文件提交另一方证实。

2. 受影响的一方对因不可抗力而不能履行或延迟履行合同义务不承担责任。然而，受影响的一方应在不可抗力事故消除后尽快以传真通知另一方。

3. 双方在不可抗力事故停止后或影响消除后立即继续履行合同义务，合同有效期和/或有关履行合同的预定的期限相应延长。

**第十二条　仲裁**

1. 凡因本合同引起的或与本合同有关的任何争议，均应提交_____仲裁委员会，按照申请仲裁时该会现行有效的仲裁规则在_____进行仲裁。仲裁裁决是终局的，对双方均有约束力。仲裁适用中华人民共和国法律。

2. 除非另有规定，仲裁不得影响合同双方继续履行合同所规定的义务。

**第十三条　语言和标准**

1. 除本合同及附件外，委托方和咨询方之间的所有往来函件，咨询方给委托方的资料、文件和技术咨询报告、图纸等均采用_____文。

2. 尺寸均采用公制。

**第十四条** 适用的法律

本合同的法律含义、效力、履行等均受中华人民共和国法律管辖。

**第十五条** 合同的生效及其他

1. 本合同在双方授权代表签字后，如果需要，由各方分别向本国政府当局申请批准。双方应尽一切努力使合同在签字后三十天内获得各自国家当局的批准，各方应立即将批准日期书面通知对方。最后一方的批准日期为本合同生效日期。

2. 本合同有效期自合同生效之日起为_____年。

3. 本合同期满时，合同项下的任何未了的债权债务不受合同期满的影响。

4. 本合同的附件为本合同不可分割的组成部分，与合同正文具有同等法律效力。如合同正文与附件有矛盾之处，合同正文内容优先。

5. 所有对本合同的修订、补充、删减或变更等均以书面完成并经双方授权代表签字后生效。生效的修订、补充、删减或变更构成本合同不可分割的组成部分，与合同正文具有同等法律效力。

6. 双方之间的联系应以书面形式进行，涉及重要事项的传真应随后立即以挂号信件或特快专递确认。

7. 本合同用中英文两种文字写成，两种文字具有同等效力。本合同正本一式四份，双方各二份。

委托方：_____（盖章）

授权代表：_____（签字）

签署日期：_____年_____月_____日

签署地点：_____

咨询方：_____（盖章）

授权代表：_____（签字）

签署日期：_____年_____月_____日

签署地点：_____

# 附录6  技术服务合同❶

委托方（以下称甲方）：＿＿＿＿＿＿＿＿＿＿＿＿＿＿＿

法定代表人或负责人：＿＿＿＿＿＿＿＿＿＿＿＿＿＿

服务方（以下称乙方）：＿＿＿＿＿＿＿＿＿＿＿＿＿＿＿

法定代表人或负责人：＿＿＿＿＿＿＿＿＿＿＿＿＿＿

经双方协商一致，订立本合同。

**第一条** 项目名称：＿＿＿＿＿＿＿＿＿＿＿＿＿＿＿＿＿＿＿。

（注：本参考格式可以应用于产品设计、工艺编制、测试分析、计算机程序编制、工程计算等辅助性技术服务活动）。

**第二条** 甲方的主要义务

1. 在合同生效后＿＿＿＿日内向乙方提供下列技术资料、数据、材料、样品：＿＿＿＿＿＿＿＿＿＿＿。

2. 在接到乙方关于要求改进或更换不符合合同约定的技术资料、数据、材料、样品的通知后天内、及时作出答复；

3. 按约向乙方支付报酬元，支付方式如下：

合同生效后＿＿＿＿日内向乙方支付报酬总额的＿＿＿＿％，合同履行完成后（验收合格之日起）＿＿＿＿日内向乙方支付全部报酬余额。（注：双方可约定由乙方实报实销或包干使用等方式）

乙方开户银行账户为＿＿＿＿＿＿＿＿＿＿＿＿＿＿＿＿＿＿。

4. 协助乙方完成下列配合事项：

＿＿＿＿＿＿＿＿＿＿＿＿＿＿＿＿＿＿＿＿＿＿＿＿＿＿

**第三条** 乙方的主要义务

1. 在＿＿＿年＿＿＿月＿＿＿日前完成技术服务工作；

2. 依照下列技术经济指标完成技术服务工作：＿＿＿＿＿＿＿＿＿。

3. 发现甲方提供的技术资料、数据、样品、材料或工作条件不符合合同约定时，应在合同生效后＿＿＿＿天内通知委托方改进或者更换；

4. 应对甲方交给的技术资料、样品等妥善保管；在合同履行过程中，如发现继续工作对材料、样品或设备等有损坏危险时，应中止工作，并及时通知

---

❶ 技术服务合同范本参见 http：//www.dabaoku.com/baike/fanwen/hetongfanben。

甲方；工作完成后应归还上述技术资料、样品，不得擅自存留复制品。

**第四条** 保密条款

甲乙双方应对各自提供的下列技术资料、数据承担保密义务：_____。

保密期限为：_____。

**第五条** 技术成果归属

在履行本合同中，甲方利用乙方提供的技术资料和工作条件完成的新的技术成果，属于甲方所有，乙方利用甲方提供的技术资料和工作条件完成的新的技术成果，属于乙方所有。（注：当事人还可以有其他不同的约定）

**第六条** 甲方的违约责任

1. 甲方未按照合同约定提供有关技术资料、数据、样品和工作条件，影响工作质量和进度的，应当如数支付报酬。逾期两个月不提供约定的物质技术条件，乙方有权解除合同，甲方应当支付数额为报酬总额_____%的违约金。

2. 甲方迟延支付报酬，应当支付数额为报酬总额_____%的违约金，逾期两个月不支付报酬或者违约金的，应当交还工作成果，补交报酬，支付数额为报酬总额_____%的违约金。

3. 甲方迟延接受工作成果的，应支付数额为报酬总额_____%的违约金和保管费。逾期两个月不领取工作成果的，乙方有权变卖、处理工作成果，从获得的收益中扣除报酬、违约金和保管费后，剩余部分返还甲方，所获得的收益不足抵偿报酬、违约金和保管费的，有权请求甲方赔偿损失。

**第七条** 乙方的违约责任

1. 擅自不履行合同，应当免收报酬并支付数额为报酬总额_____%的违约金。

2. 未按约定的期限完成工作的，应支付数额为报酬总额的违约金。

3. 未按质按量完成工作的，应当负责返工改进或如数补足。如果给甲方造成损失的，应赔偿损失；

4. 在工作时间，发现对方提供的技术资料、数据、样品、材料或工作条件等不符合合同规定，未按约定期限通知委托方，造成技术服务工作停滞、延误或不能履行的，应酌减或免收报酬；

5. 在工作期间，发现甲方提供的物品有受损的危险，未按约定期限通知甲方的，应对由此造成的损失承担责任。

6. 违反合同约定、擅自将有关技术资料、数据、样品或工作成果引用、发表或提供给第三人，应支付数额为报酬总额_____%的违约金。

7. 对甲方交付的样品，材料及技术资料保管不善，造成灭失、短少、变质、污染或者损坏的，应赔偿损失。

（注：技术服务合同的标的短期难以发现缺陷的，当事人可以在合同中约定保证期，在保证期内发现服务质量缺陷的，服务方应当负责返工或者采取补救措施；但因委托方使用、保管不当引起的问题除外。）

**第八条** 验收标准和方法

1. 验收标准：本合同约定的各项技术指标；

2. 验收方法：由甲方组织有关同行业专业技术人员验收，写出验收报告；

3. 验收费用由方负担。

**第九条** 有关名词和术语的解释

_____

_____

**第十条** 合同争议的解决方法

_____

_____

**第十一条** 合同的生效

本合同自双方当事人签字盖章后生效。

委托方：_____（盖章）

授权代表：_____（签字）

签署日期：_____年_____月_____日

签署地点：_____

服务方：_____（盖章）

授权代表：_____（签字）

签署日期：_____年_____月_____日

签署地点：_____

# 参考文献

## 1. 中文文献

[1] 埃弗雷特，特鲁西略，2014. 技术转移与知识产权问题［M］. 王石宝，王婷婷，李娟，等，译. 北京：知识产权出版社.

[2] 伯兰斯卡姆，凯勒，1999. 为创新投资：21 世纪的创新战略［M］. 陈向东，译. 北京：光明日报出版社.

[3] 陈向东，2008. 国际技术转移的理论与实践［M］. 北京：北京航空航天大学出版社.

[4] 陈孝先，2004. 技术特性对技术转移的影响初探［J］. 科技管理研究（3）.

[5] 狄德罗，1992. 狄德罗的《百科全书》［M］. 梁从诫，译. 沈阳：辽宁人民出版社.

[6] 丁芳，2014. 科技中介技术转移成果的筛选标准及流程研究［D］. 北京：中国科学院大学.

[7] 董福忠，1995. 现代管理技术经济大辞典［M］. 北京：中国经济出版社.

[8] 都晓岩，2005. 智力成果营销的理论框架研究［D］. 青岛：中国海洋大学.

[9] 杜因，1991. 经济长波与创新［M］. 刘守英，罗靖，译. 上海：上海译文出版社.

[10] 对外经济贸易大学技术贸易课题组，1999. 中国技术贸易 50 年［J］. 国际贸易问题（10）.

[11] 多西，弗里曼，纳尔逊，等，1992. 技术进步与经济理论［M］. 钟学义，沈利生，陈平，等，译. 北京：经济科学出版社.

[12] 傅家骥，姜彦福，雷家骕，1992. 技术创新：中国企业发展之路［M］. 北京：企业管理出版社.

[13] 高建，2000. 中国企业技术创新分析［M］. 北京：清华大学出版社.

[14] 郭燕青，2003. 对技术转移的基本理论分析［J］. 大连大学学报（6）.

[15] 何国祥，1997. 开拓市场：高技术产品市场营销［M］. 济南：山东教育出版社.

[16] 胡保民，2002. 技术创新扩散理论与系统演化模型［M］. 北京：科学出版社.

[17] 经济合作与发展组织，1998. 以知识为基础的经济［M］. 杨宏进，薛谏，译. 北京：机械工业出版社.

[18] 卡恩，2014. 技术转移改变世界：知识产权的许可与商业化［M］. 李跃然，张立，译. 北京：经济科学出版社.

[19] 康荣平，1994. 90 年代中国技术引进的新格局［J］. 管理世界（1）.

［20］兰德斯，2001. 国富国穷［M］. 门洪华，等，译. 北京：新华出版社.

［21］李秋霞，2005. 我国境内跨国 R&D 与技术转移研究［D］. 太原：山西大学.

［22］李志军，1997. 当代国际技术转移与对策［M］. 北京：中国财政经济出版社.

［23］李健，2011. 基于国际技术转移的中国技术市场发展分析［D］. 北京：中国科学技术大学.

［24］李建国，1997. 我国技术转移的现状与问题［J］. 中国投资与建设（10）.

［25］林耕，李明亮，傅正华，2006. 实施技术转移战略 促进国家技术创新［J］. 科技成果纵横（1）.

［26］刘凤朝，马荣康，2013. 区域间技术转移的网络结构及空间分布特征研究：基于我国2006—2010 省际技术市场成交合同的分析［J］. 科学学研究，31（4）：23 - 34.

［27］刘志远，张路，王光会，等，1999. 论专利技术的营销［J］. 齐鲁石油化工（4）.

［28］刘俊婉，赵良伟，单晓红，2014. 我国跨地区技术转移路径选择研究［J］. 科技进步与对策，31（20）：27 - 33.

［29］柳卸林，何郁冰，胡坤，等，2012. 中外技术转移模式的比较［M］. 北京：科学出版社.

［30］罗杰斯，2002. 创新的扩散［M］. 4 版. 辛欣，译. 北京：中央编译出版社.

［31］梅永红，2006. 自主创新与国家利益［J］. 中国软科学（2）.

［32］倪金朝，2015. 移动通信设备制造企业技术转移中的专利价值评估［D］. 北京：北京交通大学.

［33］牛芳，2004. 新时期加速我国技术转移的战略研究［D］. 北京：北京机械工业学院.

［34］彭峰，2013. 高技术产业中技术转移与效率变化：中国工业企业的证据［D］. 武汉：武汉大学.

［35］彭学兵，2005. 技术商品的营销策略探析［J］. 江苏商论（12）.

［36］齐建国，等，1995. 技术创新：国家系统的改革与重组［M］. 北京：社会科学文献出版社.

［37］芮明杰，吴嵋山，1999. 现代公司高新技术市场经营［M］. 济南：山东人民出版社.

［38］石柱成，1992. 技术市场论［M］. 成都：四川大学出版社.

［39］司云波，2010. 面向企业技术能力提升的校企技术转移研究［D］. 天津：天津大学.

［40］宋文宇，2014. 技术转移的营销4P决策模型［D］. 北京：北京大学.

［41］孙亚轩，2014. 对外产业转移与母国贸易技术结构升级：基于日本的经验分析［D］. 上海：复旦大学.

［42］陶鑫良，赵启杉，2011. 专利技术转移［M］. 北京：知识产权出版社.

［43］田松，2007. 有限地球时代的怀疑论［M］. 北京：科学出版社.

［44］童泽望，王培根，2004. 技术中介服务体系创新研究［J］. 统计与决策（9）.

［45］涂俊，吴贵生，2006. 三重螺旋模型及其在我国的应用初探［J］. 科研管理，27（3）.

［46］吴林海，朱华桂，2003. 中国技术引进的历程考察与历史经验的评析［C］// 财政部财政科学研究所. 探索·交流·发展：第七届全国经济学·管理学博士后学术大会论文集. 北京：经济科学出版社.

［47］吴翠花，万威武，张莹，2004. 从文化的视角看国际技术转移［J］. 中国软科学（1）.

［48］武春友，戴大双，苏敬勤，1997. 技术创新扩散［M］. 北京：化学工业出版社.

［49］武贻康，杨逢珉，2003. 战后经济强国盛衰的几点启示［J］. 世界经济研究（10）.

［50］肖雪婷，2014. 国际技术转移对中国技术创新影响：基于高技术产业实证研究［D］. 广州：暨南大学.

［51］谢富纪，2006. 技术转移与技术交易［M］. 北京：清华大学出版社.

［52］徐殿金，2012. 中欧新能源合作的技术转移法律问题研究［D］. 上海：复旦大学.

［53］徐冠华，2005. 把推动自主创新摆在全部科技工作的突出位置［J］. 中国软科学（4）.

［54］许庆瑞，1996. 技术创新研究［C］// 邓寿鹏. 技术创新研究. 北京：科学出版社.

［55］许斌，2012. 组织间技术转移价值增值问题研究［D］. 南京：南京航空航天大学.

［56］许云，李家洲，2015. 技术转移与产业化研究：以中关村地区为例［M］. 北京：人民出版社.

［57］亚里士多德，1999. 尼各马科伦理学：修订本［M］. 苗力田，译. 北京：中国社会科学出版社.

［58］杨龙志，刘霞，2014. 区域间技术转移存在"马太效应"吗?：省际技术转移的驱动机制研究［J］. 科学学研究，32（12）：48 - 62.

［59］杨善林，郑丽，冯南平，等，2013. 技术转移与科技成果转化的认识及比较［J］. 中国科技论坛（12）：116 - 122.

［60］斋藤优，1985. 技术转移理论与方法［M］. 丁朋序，谢燮正，等，译. ［出版地不详］. 中国发明创造者基金会，中国预测研究会.

［61］张德斌，关敏，2002. 高新技术企业营销策略［M］. 北京：中国国际广播出版社.

［62］张德霖，2002. 中国社会信用体系建设：理论、时间、政策、借鉴［M］. 北京：机械工业出版社.

［63］张士运，2014. 技术转移体系建设理论与实践［M］. 北京：中国经济出版社.

［64］张晓凌，2014，张玢，庞鹏沙. 技术转移绩效管理［M］. 北京：知识产权出版社.

［65］张晓凌，周淑景，刘宏珍，等，2009. 技术转移联盟导论［M］. 北京：知识产权出版社.

［66］张晓凌，侯云达，2013. 技术转移业务运营实务［M］. 北京：知识产权出版社.

［67］张玉臣，2009. 技术转移机理研究：困惑中的寻解之路［M］. 北京：中国经济出版社.

［68］赵新军，2004．技术创新理论及应用［M］．北京：化学工业出版社．

［69］邹富发，2005．面向企业的高技术产品营销策略研究［D］．广州：广东工业大学．

［70］SCHUMPETER J A，1912．经济发展理论［M］．北京：商务印书馆．

［71］2004．大不列颠百科全书［M］．北京：中国大百科全书出版社．

## 2. 外文文献

［1］ALLEN T J，O'SHEA R P，2014. Building technology transfer within research universities：An entrepreneurial approach［M］. Cambridge：Cambridge University Press.

［2］ALMEDIA P，SONGJ，GRANT R M，2002. Are firms superior to alliances and market? an empirical test of cross – border knowledge building［J］. Organization Science，13（2）：147 – 161.

［3］BRADLEY S R，HAYTER C S，LINK A N，2013. Models and methods of university technology transfer：Foundations and trends（r）in entrepreneurship［M］. 5th ed. Boston：Now Publishers Inc.

［4］BUCKLEY P J，CASSON M，1976. The future of the multinational enterprise［M］. London：Palgrave Macmillan UK.

［5］CAVES R E，1971. International Corporations：The industrial economics of foreign investment［J］. Economica，38（149）：1 – 27.

［6］De CLEYN S H，FESTEL G，2016. Academic spin – offs and technology transfer in europe：Best practices and breakthrough models［M］. Cheltenham：Edward Elgar Publishing limited.

［7］HEDLUND G，1994. A Model of knowledge management and the N – form corporation［J］. Strategic Management Journal，15（Summer）：73 – 90.

［8］KRUGMAN P，1979. A model of Innovation：technology transfer and the world distribution of income［J］. The Journal of Political Economy，87（2）：253 – 266.

［9］LINK A N，SIEGEL D S，WRIGHT M，2015. The chicago handbook of university technology transfer and academic entrepreneurship hardcover［M］. University of Chicago Press.

［10］MANSFIELD E，ROMEO A，1980. Technology transfer to overseas subsidiaries by U. S based firms［J］. Quarterly Journal of Economics，95（4）：737 – 750.

［11］MCJOHN S M，2015. Intellectual property：Examples & explanations［M］. New York：Wolters Kluwer Law & Business.

［12］MENELL P S，LEMLEY M A，MERGES R P，2016. Intellectual property in the new technological age：2016：Vol. I：Perspectives，trade secrets and patents series［M］. Clause 8 Publishing.

［13］MERGES R P，MENELL P S，LEMLEY M A，2015. Intellectual property and the new technological age: 2015 case and statutory supplement paperback [M]. New York: Wolters Kluwer Law & Business.

[14] POLTORAK A I, LERNER P J, 2013. Essentials of licensing intellectual property paperback [M]. Hoboken: John Wiley & Sons, Inc.

[15] POSNER M V, 1961. International trade and technical change [J]. Oxford Economic Papers, 13 (3): 323 –341.

[16] RODRIGUEZ E, SOLBERG S, 2015. The technology transfer law handbook [M]. American Bar Association.

[17] ROGERS E M, 1995. Diffusion of innovation [M]. 4th ed. New York: Free Press.

[18] RYAN B, GROSS N C, 1943. The Diffusion of hybrid seed corn in two Iowa communities [J]. Rural Sociology, 8 (1): 15 –24.

[19] SPESER P L, 2006. The art and science of technology transfer [M]. Hoboken: John Wiley & Sons, Inc.

[20] TEECE D, 1997. Time – Cost Tradeoffs: Elasticity estimates and determinants for international technology transfer projects [J]. Management Science, 23 (8): 830 –837.

[21] JOHNSON S, 2015. The Economist: Guide to intellectual property: What it is, how to protect it, how to exploit it [M]. New York: Public Affairs.